创新思维观念与应用技法训练

姚列铭 著

上海交通大學出版社

内 容 提 要

本书是作者多年研究和体验的成果，强调应用性，旨在揭示隐藏在创新思维背后的某些东西，使“无序”的创新思维变得“有序”，使创新思维过程的“难见”变得“可见”。

本书首次提出“思维观念”的概念，以常见的20个观念来引导读者的思路和技法。书中列举了90多个说明性的案例，大多安排了“点评”，其中涉及40多位天才人物。书中还有90个“要点提示”和50个操作技法，这种独特的方式能够为读者提供更多、更切实的帮助。读者通过训练，可以更容易、更有规律性地掌握创新思维中的某些原理和方法，快速成为富有创新能力的高手。

本书具有初步的体系性，也具有模块性，适合大专院校学生和其他各类人士研读；既可自我研习，也可作为技术人员学习TRIZ理论和企业创新思维培训的参考用书。

图书在版编目(CIP)数据

创新思维观念与应用技法训练/姚列铭著. —上海：上海交通大学出版社，2011(2014重印)
ISBN 978-7-313-07745-5

Ⅰ. ①创… Ⅱ. ①姚… Ⅲ. ①创造学－通俗读物
Ⅳ. ①G305－49

中国版本图书馆CIP数据核字(2011)第193385号

创新思维观念与应用技法训练

姚列铭 著

上海交通大学出版社出版发行

(上海市番禺路951号 邮政编码200030)

电话:64071208 出版人:韩建民

上海交大印务有限公司 印刷 全国新华书店经销

开本:787mm×960mm 1/16 印张:23 字数:380千字

2011年10月第1版 2014年7月第2次印刷

ISBN 978-7-313-07745-5/G **定价:39.00元**

本书的第一个建议，就是请你花上几分钟读完序言，也许就是这个序言会给你带来一些改变。

人类已迈入了自身历史上最富有挑战性的时代——创新时代。在这个时代，国家和民族的振兴乃至地区和企业的振兴，从根本上说取决于其成员创新能力的高低。创新思维是一门科学，这就需要我们对其进行积极和有益的探索，从中找到某些规律，并通过训练等方式来提高成员的创新能力。训练可以是在岗形式的训练，也可以是离岗形式的训练，但更多的是自我形式的训练。

通过有效的训练，你也可以成为富有创新能力的创新者

创新能力不仅仅是天才才具有的能力，所有的人都具有创造及发明的能力，只是程度不同罢了。初中等水平的创新思维对知识资源的需求有一个明显的特点，那就是要求面"宽"而不一定是"深"。本书中，日本学者"学科知识数量与创新成果关系"的调查表和 TRIZ 理论中的"发明五个等级划分表"中都可以对此进行证明。当你阅读了案例 1 - 12(通过训练提高创新思维能力)、案例 1 - 13(讲的是一个没有学历的星际航行先驱者)后，一定会深有感触。

对天才们思维事例的剖析——你也可以像天才们那样地思考

本书列举了 90 多个案例，多为说明性的，并且大多都有解读式的"点评"。在选择上，力求经典、易懂，并且更多地剖析和选择了天才们的思维方式及其事例，例如达·芬奇、牛顿、凯库勒、哥白尼、法拉第、魏格纳、达尔文、爱因斯坦、爱迪生、伦琴、弗莱明、居里夫人、鲁班、沈括、朱可夫、笛卡尔等 40 多位天才类人物。为了说明同一事例可以从不同观念、技法去认识和操作，个别的案例将从不同的角度或阶段多次地使用。

一个新颖而独特的视角——从目的成果角度将创新活动分为四个阶段

本书以一个新颖而独特的视角，即从目的成果的角度将创新活动分为四个阶段，即：主题分析（S）、发散信息（D）、收敛选择（C）和实现转换（A），并且指出了每一阶段需要达到的预期结果、该阶段涉及的创新思维观念、路径、方法或技法等。例如，在主题分析阶段（S），我们给出了这样的I/O模型图，这个模型对于尝试设计创新思维软件的人来说，是有一定启发性的。

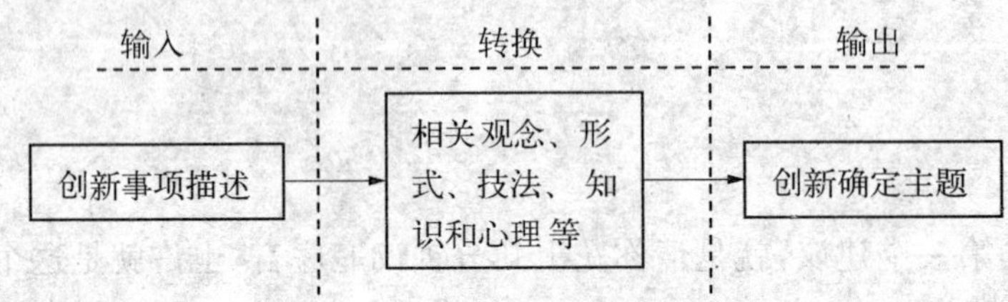

万丈高楼平地起——主题分析是问题解决的共同基础

无论是日常问题还是创新问题，主题分析都是非常重要的基础。通过阅读本书"主题分析确定方法"等章节，你肯定会得到不一样的收获，因为这是本书具有特色的章节之一，它会帮助你从多角度细化和明确主题，从"要解决什么"提升到"究竟要解决什么"。

此外，你也可以阅读"管理者的问题解决"这一章节，避免创造性解决问题的一般障碍，以此来提高你解决问题的能力。

一个新颖而独特的路径——什么样的思维观念下引导出什么样的认识和方法

思维观念在思维运行中发挥着机理、"推手"和筛选等作用。在思维活动中，它规定和支配着思维的路径、认识和方法等。达尔文因受英国著名地质学家赖尔的《地质学原理》的影响，萌发了地质演化和物种进化的观念，因此，在进行环球考察时，就对材料进行了"意识性"的取舍。在我们平时的生活中也是如此，比如，以"曹冲称象"这个脍炙人口的故事为例，可以在不同思维观念的引导下对其进行分析或组合性地思考，如下图所示。

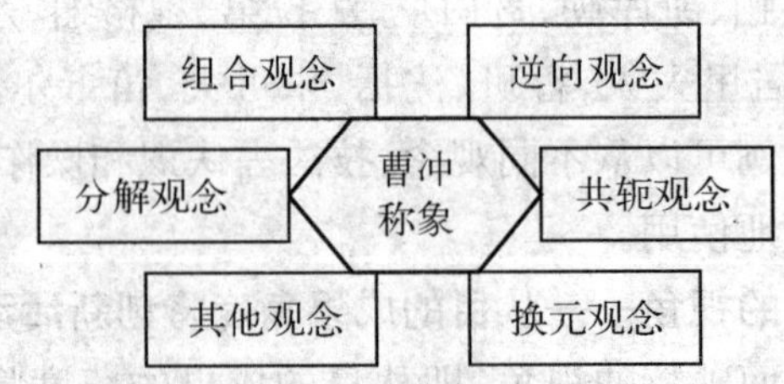

在这些观念引导下，读者可以按图索骥在书中找到相应的简单技法或方法，也可使用书中没有介绍而自己熟悉的其他技法来解题。当然，并不是某一技法仅相对于一个观念，有些技法是几个观念的组合。在创新思维方法论中，这是一个新颖而独特的观点，只要掌握一些重要的思维观念，就可以分立出一些思维方法和与之相关的技法。本书对常用的20个思维观念进行了富有价值性的讨论，认真研读定会有收获。

特定空间中的二类对象——主观存在对象和客观存在对象

人类生活在两个空间中，这两个空间就是自然空间（客观空间）和思维空间（主观空间）。空间和物质是不可分离的，物质必定在空间中存在，空间也只有在物质中存在。如果将物质看成是对象，那么在一个特定的空间中一定有“主观存在对象”和“客观存在对象”。比如，在一个1～10的自然数集合中，现有1＋3＝4。显然1、3和4属于主观存在的对象，而2、5、6、7、8、9和10属于客观存在的对象。如果把“用其他方法使结果4不变”看作是创新思维目标的话，那么更多的方法就需要使用到客观存在的对象，如10－6＝4，9－5＝4，2＋2＝4，5－1＝4等，见下图所示。

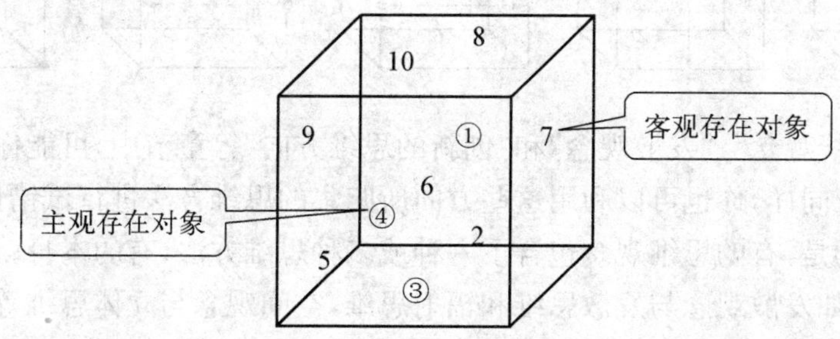

你在“点线观念”章节中会读到关于空间观念与创新思维中生产信息关系的讨论，如果与“空间观念”、“对象观念”等联系起来，则在理解上会更全面些，并且会有进一步发展的体验。

从自然空间到思维空间——通过几何的三要素来使创新思维过程的“难见”变得“可见”

在空间观念基础上，通过借助几何的点、线、面三要素来使创新思维过程的“难见”转换成“可见”。为了达到这一目的，需要我们将几何三要素在思维空间中模拟性地表达出来；以此，初步体现出“笛卡尔连接法”的基本含义、“可拓学理论”的集合概念和“TRIZ 理论”的多屏幕原则。

比如，你当前所思考的问题是处在下图中的哪一个状态呢？是 A 状态？还是 B 状态？

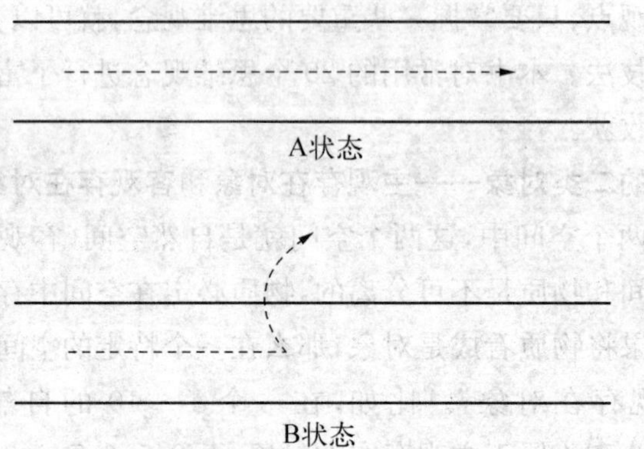

又比如，你当前所思考的问题是从以下哪个方向进行的呢？

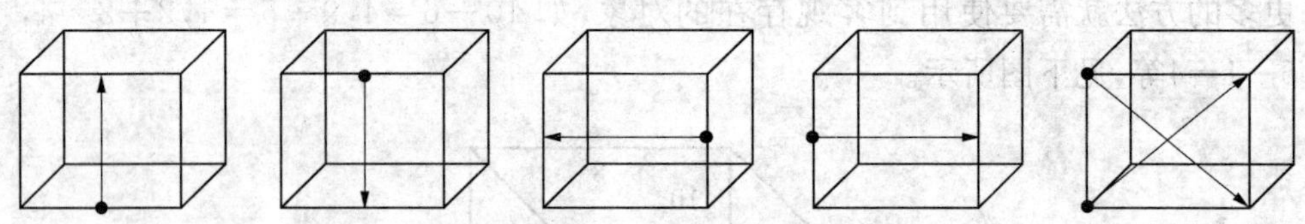

在“点线观念”、“发散观念”和“创新的思维方向”等章节中，可能你会顺利地得到答案。同样，你也可以利用这些方向所归集的思维方法进行试错性的尝试。需要指出的是，有的思维观念包含了一种或多种思维方法，有的本身就是一种思维方法，比如发散观念与发散思维和辐射思维，空间观念与立体思维等。

词汇意义结构对象换元技法——谁说文科人员没有创新思维的资源？

词语相对文科人员来说是比较熟悉的。在词义所包括的词汇意义、语法意义和色彩意义三个部分中，词汇意义是最主要的。在中外创新思维大师的书籍中，“弄清”这个行为动作会经常地被用到(我国有的学者使用了“抠清”这个词)。有时“弄清”词汇意义将成为我们进行创新思维的必须前提；在此基础上也可以直接借用，进行创新思维。“书”一词所表示的词汇意义是“装订成册的著作”；它的结构是：“装订成册”+“著作”=“书”。相信你对诗词的填词一定比较熟悉，如果结构不变，改变其中“装订成册”或“著作”的任何一个元，都会产生新的东西。比如，改变“著作”，那么就会产生如表格中列举的一些新东西：

将"著作"改为下列东西	"装订成册"不变	新东西产生的想象设计
白纸	装订成册	练习簿
文章		刊物
图画		画册
照片		?
X		Z

你在"词语观念"的章节中会找到"词汇意义结构对象换元技法"。从这个简单的技法中,你能够获得更多的理解和具体操作的方法,也可以此类推、举一反三。

书中介绍了 50 种简繁和大小不一的技法,其中大多数是作者创造的,个别是为了适合读者而重新编写的,这些技法对于问题的解决是具有实用性的。适时方法的应用是创新思维活动的一般境界,而创造方法才是创新思维活动的最高境界。

本书汲取的精华之一——中国学者原创的可拓学

可拓学是中国学者蔡文原创的。本书吸取了物元等精华,在原来对象、特征和量值的基础上增加了载体,也可以说是从对象中分离并独立出来的。当我们将其与特征相联系时,一般可以理解为:"载体"是指能够承载某一特征的事物。这样,"车重 5 t"中,重量特征的载体不是"车"而是"轮胎";"红苹果"中,颜色特征的载体不是"苹果",而是"果皮"等。由此,作为一个物元对象的换元,起码就存在四种因素的变化,即:对象变换、特征变换、量值变换和载体变换。我们在迁居新家时,常常将家具横过来搬进新家的门,就是利用特征变换的方法;在"曹冲称象"中,就是将重量的载体变换后才称出大象重量的。你也许想到了,没有物元的概念,置换的方法也许更多地带有盲目性。在本书的许多技法中都要用到物元中"元"的概念,比如:"短语物元 OTVC 素元定位技法"与"特征和功能等值载体置换技法"等。这些技法,你在"换元观念"章节中都可以找到。

全世界正在掀起的热潮——技术人员学会就可使用的 TRIZ 创新方法

一股研究和学习 TRIZ 理论的热潮已经在全世界掀起,中国也不例外。本书对 TRIZ 理论中的一般观念、原理进行了通俗而简单的叙述,并将其中的部分方法以技法的形式作了编排,以达到适合非技术人员阅读和对技术人员一般性普及和了解的目的。有些内容或许并未安排在该章节,但你在许多章节都会感到有它的身影。比如我们在解决某一问题(无论是什么性质的问题)时,能够将最终理想解的四个特点作为评估要求之一的话，那么对问题解决的系统性会做得更好，资源也会更节约。当你阅读了"TRIZ 初步认识"章节后，会对这句话有更深刻的思考和感悟。

一种给你更大帮助的方式——要点提示

本书安排了 90 多个"要点提示"，其作用有的在于提醒，有的在于辨清一些关键性的概念和指导操作，有的在于给出部分相关原理性的知识。其中更是隐含了作者的经验、体会和认识。这也是本书的一个特色或亮点，希望能给你带来更大的帮助。

创造出你的蓝海——美国西南航空公司蓝海战略中的思维结构是什么

每每讲到蓝海战略，都会提到美国西南航空公司蓝海战略的案例。遗憾的是有些书大多是策划过程的描述，却没有对蓝海战略的思维结构模式进行分析。至少，用逆向观念中的黑格尔式思维是可以破解它的。在本书的"因果与逆向观念"章节，你会看到用"黑格尔式思维技法"对该案例进行的分析，读者可以借此结构形式，创造出适合自己的"蓝海战略"；同样，借助这一结构也可以创造出更多的"蓝海产品"。

供你参考——如何阅读本书

本书具有初步的体系性，但同时也具有模块性，它具有纵横连接的网状结构。因而，求"渔"的读者可阅读全书，求"鱼"的读者可阅读技法部分。当然，你也可以按照自己的兴趣或思维风格，选择某一应用性的观念模块，并将其"读深"、"读透"，从点上得到突破。不过，这里还是建议求"鱼"的读者阅读完本书第 1～5 章的基础内容。

本书既可自我研习，也可作为企业(组织)的创新思维培训用书，同样可以作为技术人员学习 TRIZ 理论的补充书籍。相信本书会给每一位读者，无论是工作、学习还是生活方面，都带来很大的裨益，至少会使你变得更加聪明。

祝愿你的成功，并期待着分享你的成功……

值此，向著书过程中参考的国内外文献的所有作者(无论是列出的还是未列出的)表示感谢！

作　者

2011 年 8 月

目录 CONTENTS

一种具有推本溯源、顺藤摸瓜的关系和反向式、雅努斯式、黑格尔式的三种思维技法

爱因斯坦说:“想象力远比知识更重要,因为知识是有限的,而想象力概括着世界上的一切并推动着进步。想象才是知识进化的源泉。”康德说:“每当理智缺乏可靠论证的思路时,类比这个方法往往能指引我们前进。”

两种不同出发点的移植技法和从“捉”老虎到“捉”游客的转变

学贵有疑;小疑则小进,大疑则大进。用假设掀开事物神秘的面纱

在空间模型中显露常见的创新思维方向

技法索引

第 14 章 想象与类比观念

第 15 章 移植与转换观念

第 16 章 质疑与假设观念

第 18 章 主题分析确定方法

第 19 章 TRIZ 初步认识

创新思维是人类思维花族中最绚烂的一朵，但也是一个难解的“达芬奇之谜”

第1章 创新思维

一、 人类的思维

1. 思维的力量

地球上约有150万种动物，就一项一项的“本领”来较量，很多动物都远比人类要高超得多。比如：人的眼睛，比不上鹰隼眼睛的锐利；人的耳朵，听不见许多小动物都能感知的超声波；人的鼻子，比不上狗的灵敏；人的嘴巴，比不上虎狮的硕大；人的手掌，比不上熊的厚实；人的双脚，比不上猴子的灵活；人的身体，比不上蛇的柔软；人的速度，比不上豹的飞奔；人的体重，比不上大象的庞然；人不能像鸟一样在空中飞翔；人不能像鱼一样在海中遨游……

这不令人感到颇有些奇怪吗？既然许多动物的“本领”都远远超过了人类，为什么在激烈、残酷的生存竞争中，那么多各有绝招的动物竟然全都不是人类的对手？人类的力量究竟从何而来呢？其实，追根究底不难发现，这不过是因为人拥有其他生物所没有的极其复杂精密的大脑。我国古语说：“人为万物之灵”。那么“灵”在哪里？也就是灵在人的大脑上，更确切地说是“灵”在思维上，人类具有其他动物所没有的思维能力。

人类的每一种行为、每一种进步，都是与自己的思维能力息息相关的；离开了思维，人也就不成其为人了。因而，无论是个人、组织，甚至一个民族、组织还是个人，现代竞争的核心是思维能力的竞争。

2. 左右脑功能

20 世纪五六十年代，美国加利福尼亚大学的罗杰·斯佩里教授对脑波的功能进行了长期研究，发现大脑皮质的活动区域可以清晰地划分为左脑和右脑：左脑被称为“文字脑”，主要处理文字和数据等抽象信息，具有理解、分析、判断等抽象思维功能，有理性和逻辑性的特点，所以又称为“理性脑”；右脑被称为“图像脑”，处理声音和图像等具体信息，具有想象、创意、灵感和超高速反应(超高速记忆和计算)等功能，有感性和直观的特点，所以又称“感性脑”，见图 1-1。

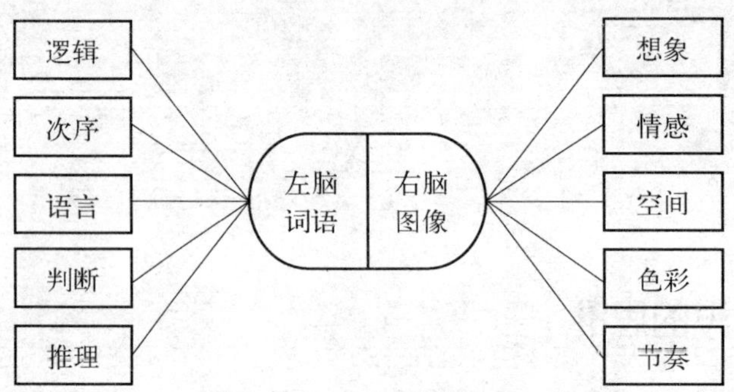

图 1-1　左右脑主要功能图

【要点提示 1-1】　理解左右脑之间的基本关系

(1) 研究显示，当人看到词语之后，整个大脑皮质都会活跃起来，也就是说你的左右脑都会参与思考。同样，当人看到某一图像后，通过一定的思维过程，总会产生某些认识，而这种认识是由词语来体现的。由此看来，词语与图像同是信息，但它们之间具有一定内在的联系性；这种联系性一方面表现在它们之间的相互转换，另一方面也表现为通过任一的刺激将会激发全脑。

(2) 我们想借品川嘉也的话提示你：右脑的联想作用，是重大发现不可缺少的；同时，为了把联想变成语言，并从逻辑上证明它，左脑的功能也是十分重要的。想法虽然富有创造性，如不把它上升为理论，那么它只能停留在最初阶段上。

【要点提示 1-2】　主体在思维或创新思维操作中的“2+1”基本结构

一般来说，在特定的思维空间中，主体思维或创新思维操作的最基本结构是“2＋1”；其中“2”是指“词语”和“图像”；“1”是指“影响因素”。词语主要适应于左脑的功能，图像主要适应于右脑的功能，并且应该特别强调二者之间的相互转换。影响因素主要指主体思维或创新思维中的个体主客观环境和心理因素，并且应该特别强调位于空间中影响因素的系统性作用。图1－2表达了位于某特定思维空间中“词语”、“图像”和“影响因素”之间的基本关系。

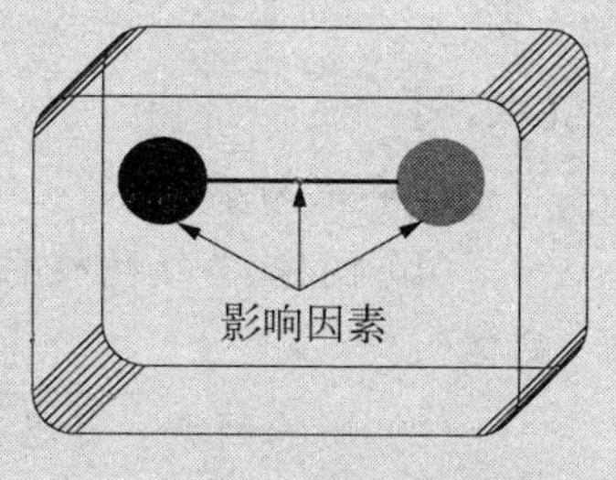

图1－2　主体在思维或创新思维操作中的“2＋1”要素示意图

主体在思维或创新思维操作中的“2＋1”基本结构是一种意会性知识，需要深入地理解和体会，可以结合“图2－1　创新思维的I/O模型”进行理解。

【案例1－1】　咬住自己尾巴的蛇与苯环

苯是一种从煤焦油中提炼出来的芳香液体；它的分子中含有6个碳原子和6个氢原子。已知碳的化合价是4价，而氢只有1价。按照常识，要有4个氢原子才能和1个碳原子化合。而苯怎么会是6个碳原子和6个氢原子化合的呢？这个难题使德国化学家凯库勒百思不得其解，为了破解这个谜，他着迷似地日思夜想。常常通宵达旦地在纸上、黑板上、墙壁上，甚至桌布上、床单上都画着各种分子结构式，画来画去，始终没有找到令人满意的答案。

有一天，凯库勒在实验室里编写着教科书。壁炉里温暖的炉火让他感到一阵倦意，于是他就坐在椅子上不知不觉地进入了梦乡。在梦里，凯库勒看见一些原子好像在跳舞，不一会儿，它们便连在了一起，好像一条白蛇在摇摆着、扭动着。突然，白蛇咬住了自己的尾巴，长链般的身体变成了一个大圆环，不停地旋转、旋转，仿佛在得意地嬉戏着……凯库勒醒了过来，他揉了揉眼睛，白蛇不见了，看到的只是画在墙壁上的碳原子和氢原子。凯库勒立即醒悟了过来，那白蛇不就是由碳原子连起来的吗？白蛇咬尾，变成了圆环，是否意味着苯分子也是一种环状结构呢？想到这里，凯库勒兴奋地拿起笔在纸上画了起来，他满意地画出了苯分子的结构式。

【点评】

在本案例中：

(1) 图像："白蛇咬住了自己的尾巴，长链般的身体变成了一个大圆环"；

(2) 影响因素：日思夜想，常常通宵达旦；并且到处"乱画"；

(3) 词语："圆环"→"苯的圆环"→"苯环"；在影响因素的作用下，图像转化为词语。

【案例 1-2】 受"影响因素"的影响而与科学瑰宝失之交臂

门捷列夫经过苦苦思索、反复比较和多次失败之后，终于发现了化学元素周期表。而同时代的英国化学家纽兰兹，本来也已了解到化学元素是按原子量的递增而呈现出周期性的变化的，但是由于他在遭到嘲笑、指责之后中断了研究，结果使顺手可得的科学瑰宝从手中滑落了。

【点评】

英国化学家纽兰兹属于受到"影响因素"中客观环境原因性的影响而导致主观结果性的变化——放弃目标。

二、 思维描述

1. 思维含义

在现代科学中，由于研究和观察的角度不同，不同的学科对什么是思维的回答也不同。许多学者从功能、机制、信息原理、生理学、心理学和哲学等不同角度进行定义或描述。结合众多学者的定义，笔者认为：思维是人脑的机能，是人类的认识活动和认识的高级形式；它能揭示事物的本质和联系，具有概括性、间接性、更改性、不可分割性和共时性等特点。它是以主体需要为根据，借助语言、图形、表象或动作等形式对客体作出的反映和反应。在主体自身的心理、观念、知识、经验、行为、路径方向和目的等参与下构成的特定空间中形成主体连接客体的中介图式，主要表现在概念形成和问题解决的活动中。

2. 思维特点

通过以上给出的思维含义，我们知道思维具有概括性、间接性、更改性、不可分割性和共时性等主要特点。

(1) 思维的概括性。其基本含义是指把事物的共同特点归结在一起，即在大量感性材料的基础上，把一类事物共同的特征和规律抽取出来，加以概括。它是从大量的个别现象中概括出一般的东西，从许多的特性中概括出本质的特性，从无数的联系、关系中概括出规律性的联系。比如，"凡正常运行的汽车都有发动机"这种思维就概括了"正常运行的汽车"这一事物的某一共同特征。

概括有初级概括与高级概括之分，一切定理、定义、概念等都是高级概括的产物。概括在人们的思维活动中有着重要的作用：① 概括使人们的认识活动摆脱了具体事物的局限性和对事物的直接依赖；② 概括是人们形成概念的前提，也是思维活动能迅速进行迁移的基础；③ 概括不仅扩大了人们认识的范围，而且也加深了人们对事物的了解；④ 概括的水平在一定程度上表现了思维的水平，人们的认识水平越高，对事物的概括的水平也越高。

【案例1-3】 对尼罗河定期泛滥的认识到人类历史上第一部太阳历

尼罗河自南向北贯穿埃及全境，大约在1万年前的新石器时代，埃及人的祖先就生活在尼罗河两岸。尼罗河定期泛滥，每年6月尼罗河河水上涨，7月至10月是泛滥期，洪水夹带着大量的腐殖物灌满了久旱的土地，随后，洪水退去，留下一层肥沃的淤泥。埃及人民把历年尼罗河泛滥的感性材料刻在杆子上，年代久了就发现一些共同的特征和规律：尼罗河每次泛滥的间隔期总在365天左右。同时，埃及人也发现：黎明前天狼星自东方与太阳同时升起（这种现象在天文学上称为"偕日升"），每一个周期也是365天。因此，古埃及就把一年定为365天，把天狼星与太阳从地平线上同时升起的这一天定为一年的起点，并在此基础上制定出人类历史上第一部太阳历，我们今天通用的"公历"（或称"阳历"）即产生于此。

【点评】

每年6月尼罗河河水上涨，7月至10月是泛滥期，随后洪水退去，这种周而复始的现象显示了周期性；每次天狼星与太阳从地平线上同时升起的周而复始现象显示了周期性；每次春夏秋冬顺序的自然现象也显示了周期性。

周期性是指事物在运动、变化的发展过程中，某些特征多次重复出现，其接续两次出现所经过的时间叫周期。周期所表示的主要是三个方面：其一是特征，在这里是指时间；其二是特征的量值（关于什么是量值将在"换元观念"章节中阐明），在这里是指时间的长短；其三是现象，某些周而复始的活动或表现。

(2) 思维的间接性。人们借助一定的媒介和一定的、经过实践检验的知识经验对客观事物进行间接的认识或推出新的知识来，这就是思维的间接性。这种间接性可以表现在由表及里、由此及彼、由外部到内部的过程中。比如，人们望见远处冒烟，不必直接去查看，便可推断那里有火。

【案例1-4】　在纸上推算出来的海王星

自从赫歇尔发现天王星以后，天文学家对天王星不按正常轨道运行的现象大惑不解。1840年，德国天文学家贝塞耳提出一种看法，他认为：在天王星轨道外面，一定有一颗别的行星，在它的引力影响下，"扰乱"了天王星的正常运行轨道。但是，这颗"别的行星"究竟藏身何处呢？

1845年的一天，巴黎天文台台长阿拉贡将这一工作交给了数学家勒威耶。勒威耶认可贝塞耳的看法，认为必须首先找出这颗新行星，否则，天王星的轨道就永远也算不准。他经过认真的观察和计算，终于向阿拉贡台长交出了研究报告，并给他远在柏林天文台的友人加勒写了封信，信中详细介绍了新行星的位置。收到信的当晚，也就是1846年9月23日晚上，加勒和他的两个助手一起，把望远镜对准了勒威耶信中所说的那片天空，他们搜索了7个小时，终于发现了太阳系的第八颗行星——海王星。

与此同时,英国剑桥大学数学系有个23岁名叫亚当斯的学生,读到了英国格林尼治天文台长文利的著作《最近的天文学》,从中得知了天王星轨道之谜,当即对它产生了浓厚的兴趣。1845年10月21日,他终于完成了计算,并把计算结果送给了文利。但可惜的是,亚当斯的研究报告被文利台长束之高阁,丧失了进一步精确计算的机会。

海王星是由勒威耶和亚当斯两位数学家各自用数学方法推算出来的,所以也被人们称为"在笔尖上找到的新星"。

【点评】

勒威耶和亚当斯是数学家,并不是天文学家。但是,他们通过数学的方法,推算出海王星的位置。由此可见,由于思维的间接性,人们才可能超越感知觉提供的信息,认识那些没有直接作用于人的感官的事物和属性,从而揭示事物的本质和规律。从这个意义上讲,思维认识的领域要比感知觉认识的领域更广阔、更深刻,特别是在现代科技的发展中具有重要的作用。

(3) 思维的更改性。思维的更改性主要表现在两个方面:

首先是知识经验的更改。思维是一种探索和发现新事物的心理过程,它常常指向事物的新特征和新关系,这就需要人们对头脑中已有的知识经验不断进行更新和改组。据统计,一个人所掌握的知识半衰期在18世纪为80—90年,19—20世纪为30年,20世纪60年代为15年,进入80年代后缩短为5年左右;这说明当前知识老化的速度在加快。

【案例1-5】 从地心说到日心说

地心说是长期盛行于古代欧洲的宇宙学说。它最初由古希腊学者欧多克斯提出,后经亚里士多德、托勒密进一步发展而逐渐建立和完善起来。千百年来,没有人对"地心说"提出过疑问。

15世纪,意大利帕多瓦大学教授诺法拉首先对"地心说"提出了怀疑,他的这种新鲜的理论吸引了来自波兰的学生哥白尼。经过长期的观测,哥白尼发现唯独太阳的周年变化不明显。这意味着地球和太阳的距离始终没有改变。如果地球不是宇宙的中心,那么宇宙的中心就是太阳。哥白尼相信,在茫茫宇宙中,太阳才是中心,而包括地球在内的行星都是绕太阳转动的;只有月球是绕着地球转动的。他花费了三四十年时间来测算、核对、修订自己的学说,终于比较系统地创立了全新的日心地动说,写成了《天体运行论》一书。1543 年 5 月 24 日,当一本刚刚印刷好的《天体运行论》送到哥白尼的身边时,他只是匆匆看了一眼,便黯然长逝了……

坚实的大地是运动的,这一点在古代是令人非常难以接受的,而另一方面,托勒密的地心说体系可以很好地和当时的观测数据相吻合。因此,即使在《天体运行论》出版以后的半个多世纪里,日心说仍然很少受到人们的关注。直到 1609 年伽利略发明了天文望远镜,并以此发现了一些可以支持日心说的新的天文现象后,日心说才开始引起人们的关注。

然而,由于哥白尼的日心说所得的数据和托勒密体系的数据都不能与第谷的观测相吻合,因此日心说此时仍不具优势。直到开普勒以椭圆轨道取代圆形轨道修正了日心说之后,日心说在与地心说的竞争中才取得了真正的胜利。

其次是思维方式的更改。思维活动常常是由一定的问题情景引起的,并表现为试图解决这些问题的目的。而不同类型问题的性质、结构、组成要素和环境是不一样的,运用已知或者常规的思维程序和方法有时很难起到预期的效果,这就需要通过改变来建立新的思维程序和方法。在这方面的改变,主要是指创新思维的运用。

【案例 1-6】 法拉第的发电机

法拉第通过观察发现,如果将罗盘磁针放在电线附近的话,经过电线的电流可以造成罗盘磁针偏转的效果,这一发现成为他发明电动机的基础。然而,法拉第并没有到此停止。他大胆设想了相反的情况,即:运动中的磁体是否能够造成电的流动?他经过认真研究,兴奋地发现了这一可能性确实存在。并在此基础上发明了现代发电机。

(4) 思维的不可分割性。思维的不可分割性是指思维与语言的不可分割性。也就是说,思维不可能以赤裸裸的形式存在,思维和语言互为表里,彼此依存。思维是人脑对外部现实的反映,语言则是实现思维、巩固和传达思维成果,即思想的工具。思维是语言表达的内容,语言是思维的表达形式,是思维的物质外壳。语言思维是人类特有的意识形式,但它并不排斥人类直观思维、动作思维和其他特殊类型思维。

(5) 思维的共时性。人脑的思维活动与人的其他"活动"不同,在思维过程中,人们能够根据思考的需要,把相隔遥远的事物或相距久远的事物同时呈现在主体的思维空间中。比如说,当你想到几颗星星时,居然能够把在空间上离你遥远并且彼此间隔也遥远的星星"拉"过来,同时展现在你的头脑中;当你想到历史上的大禹治水和童年时代戏水的情景时,居然能够把在漫长时间点上不同的情景"拉"在一起,同时呈现在你的头脑中。这就是人脑所具有的一种特殊属性——共时功能。

【要点提示1-3】 思维的共时特征

共时特征是思维的重要特征之一。所谓"共时",表现为在一个思维空间境域里呈现和/或同时呈现不同时空状态下的事物(主体与客体和/或客体与客体所表现的事物)。在这里,物质运动中的一种存在方式和事物在空间上相隔的一种表达形式——时间,都由于"呈现"和/或"拉移"而被抽离或失落了,表现出唯一的状态——同时。

这种共时的特征,在主体的安排或授意下,从"记忆库"中提取,或者通过提取"记忆库"中的信息并与客观现实相结合等形式,将不同空间位置、不同时间跨度的事物组合在一起,就像一幅幅图画;也可以将不同空间位置、不同时间跨度的事物连接在一起,就像一部部电影。无论是"图画"还是"电影",在主体心理情景的影响和主体企图的导向下,都能在你的头脑中任意地编辑、修改和创造。

共时特征是人类思维或创新思维的特殊属性和客观基础,它所构建的场景就形成了思维空间的内容。所以,它是思维空间能够实现的重要前提,也是我们研究思维或创新思维规律的重要基础和立足点之一。在空间观念的支持下,我们可以借助欧几里得几何学基本原理来认识、理解和分析创新思维中空间与对象的关系以及方向等。

三、 表象

表象是经过感知的客观事物在脑中再现的形象,或者说表象是指事物不在面前时,人们在头脑中出现的关于事物的形象。表象也是对客观世界的直接感知过渡到抽象思维的一个中间环节。在表象中,人们摆脱了对直接呈现的客体物象的依赖,主体能够对表象进行自由的加工和改造。

从表象产生的主要感觉通道来看,表象可分为视觉表象(如想起朋友的笑脸)、听觉表象(如想起二胡的声音)、运动表象(如想起舞蹈的动作)等。

从表象创造程度的不同来看,表象可分为记忆表象和想象表象。记忆表象是在记忆中保持的客观事物静态的和动态的知觉的再现,如想起暴风骤雨。想象表象是在头脑中对知觉的概括和重组后形成的新形象,这些形象可能从未经历过,或者世界上还不存在,因而具有新颖性。

四、 创新

创新是指在前人基础上的一种超越,只要能在前人或他人已有成果上有新的发现,提出新的见解,开拓新的领域,解决新的问题,创造出新的事物,或者对既有成果进行创造性地运用,都可以称为“创新”。比如,科学创新、技术创新、管理创新、制度创新、企业创新乃至通过社会变革产生的社会体制上的创新等。它们所表明的是作为认识主体的人(个体或团体),通过某种创造性的活动达到了革旧出新的结果,其中既包括新事物的引起和采用,也包括旧事物的改革或革新。

五、 创新思维

创新思维也许是人类思维花族中最美的一朵,但也是一个难解的“达芬奇之谜”。一般认为,创新性思维是指以新的思路或独特的方式来阐明问题的一种思维模式,也是对富有创造力、能导致创新性成果的各种思维形式的总称。比如,诗人的激情、科学家的预见、政治家的论断、改革者的胆略、探索者的直觉、创作者的灵感、技术人员的发明等,无不与创新思维相关。

对于创新思维，学术界尚无较为完整的定义。笔者认为：创新思维是一种主体有目的的、在思维观念引导下综合性思维能力的反映。从思维方式看，发散思维和收敛思维则是其运动的基本形式；它是多种思维方式复合作用的结果，是主体关联中介、穿越内外空间并搜索一条通往目标状态或客体路径的活动。这种活动是追求对事物独创性的认识过程，是建立新的理论、概念，产生新的发明、发现以及塑造新的观念、艺术形象等的思维过程；在此过程中的顿悟、灵感等现象并非是偶见的。这种活动也意味着人们在解决问题过程中，选择、依靠其他相关学科并从不同角度思考而得出新技术、新观点、新思路和新方法等的成果，也表现为在前人或以往基础上的一种继续或超越。

六、 创新思维中的重要因素

在创新思维中有许多因素起着重要的作用，比如情感、形象、直觉、灵感、顿悟、经验、想象、联想和质疑等。关于“想象”、“联想”可阅读“想象与类比观念”章节，关于“质疑”可阅读“质疑与假设观念”章节，下面就形象、直觉、灵感、顿悟、思维观念和创新视角作些简单的讨论。

1. 形象

形象的反义词是抽象。一般是指能够引起人的思想或感情活动的具体形状或姿态；比如，图画教学是通过形象来发展儿童认识事物的能力。从心理学的角度来看，形象就是人们通过感觉器官在大脑中形成的关于某种事物的整体印象，也就是知觉。

【要点提示1-4】 对事项的描述应该具有客观性

印象是指客观事物在人的头脑里留下的迹象。由于形象就是人们通过感觉器官在大脑中形成的关于某种事物的整体印象，所以，形象不是事物本身，而是人们对事物的感知，不同的人对同一事物的感知不会完全相同，因而其正确性或客观性将受到人的意识、认知过程和其他因素的影响。

在思维或创新思维中对事项的描述应该是客观的，并且需要通过一定的技法来确定它的客观性。这虽然是一个显而易见的问题，但是许多人却经常忽略了它，导致了事倍功半、甚至失败的结果。

2. 直觉

直觉一般是指直观感觉，或没有经过分析推理的观点。但在思维科学领域，直觉是对事物本质和客观规律的直接把握或洞察。直觉可以是纯经验的，比如人们直觉感到他是个好人或坏人；也可以是理性的，例如科学家经常要用到理性阶段的直觉（不是灵机一动的感想）来推进科研工作。笔者认为，产生直觉的原因很多，但是本领域内知识、经验体验性的多少或高低是能否产生直觉的重要原因之一。直觉的六个主要特点是：

(1) 非逻辑性，即主体不是通过一步步的分析过程而直接获得对事物的整体认识，这是直觉思维最基本和最显著的特征。

(2) 快速性，即思维结果的产生显得很迅速，这种快速性甚至导致思维者对所进行的过程无法作出逻辑的解释。

(3) 跳跃性，即直觉一旦出现，便摆脱了原先常规思维的束缚或框架。

(4) 个体性，即与主体个体特征的思维观念和知识经验相联系，或者说是主体个体特征的一种反映。

(5) 理智性，即主体以直觉方式得出结论时，理智清楚，意识明确，这使直觉有别于冲动性行为，并且主体对直觉结果的正确性持有本能的信念。

(6) 或然性，即直觉的结果具有或然性，可能是正确的，也可能是错误的；直觉如同灵感一样，其结果都要经过一定的验证。

【案例 1-7】 丁肇中和居里夫人的直觉

美籍华裔物理学家丁肇中在谈到“J 粒子的发现”时写道：“1972 年，我感到很可能存在许多有光的而又比较重的粒子，然而理论上并没有预言这些粒子的存在。我直观上感到没有理由认为这种较重的发光的粒子（简称重光子）也一定比质子轻。”这就是直觉。正是在这种直觉的驱使下，丁肇中决定研究重光子，终于发现了 J 粒子，并因此获得诺贝尔物理学奖。

居里夫人在深入研究铀射线的过程中，凭直觉感到，铀射线是一种原子的特性，除铀外，还会有别的物质也具有这种特性。她马上扔下对铀的研究，决定检查所有已知的化学物质，不久就发现另外一种比铀元素放射性强 400 倍的新元素——钋。这使居里夫人着了迷，她开始测量矿物的放射性。一天，突然她在一种不含铀和钋的矿物中测量到了新的放射性，而且这种放射性比铀和钋的放射性要强得多。凭直觉，她大胆地假定：这些矿物中一定含有一种放射性物质，它是今日还不知道的一种化学元素。这年 12 月 26 日，居里夫妇在沥青铀矿中发现了另一种放射性元素——镭。居里夫人以她出色的工作，两次荣获诺贝尔奖。

【点评】

以上两个例子说明，直觉在创新中具有重要的作用。直觉总是具有引导性的，有时候的直觉与当前活动主方向一致，比如"丁肇中的直觉"；有时候的直觉与当前活动的主方向不一致，如果选择转向，也许会有意想不到的效果，比如"居里夫人的直觉"；这种直觉也许会"扑空"。居里夫人实际上在直觉的引导下，采用了无障碍性侧向思维。关于这方面更多的了解，可阅读"创新的思维方向"章节。

3. 顿悟

佛教指顿然破除妄念，觉悟真理为顿悟，也可指忽然领悟。顿悟的前期必定有艰苦的解题或探索过程；直觉则不一定必须经过这样的过程(但却需要"体验过程")；而灵感一般要受到外界事物的启发，但也有从心灵内部产生的、无法说清产生途径的启迪。顿悟一般是在思维内在的活动加工过程中，忽然得到结果，中介的引导作用比较少。因此，伴随顿悟的是平静的喜悦。顿悟主要得到的是"是什么"、"是谁"、"是什么时间地点"和"是多少"的回答。

4. 灵感

灵感一般是指在文学、艺术、科学、技术等活动中，由于艰苦学习，长期实践，不断积累经验和知识而突然产生的富有创造性的思路。北京大学的傅世侠教授认为，灵感是人们潜心于某一问题达到癫狂着迷的程度而又无法摆脱的情况下，由于某一机遇的作用(中介事物的启发)而受到启迪的心理状态，这种心理状态会导致灵感。在灵感产生前，所有积极的心理品质都得到调动，借助中介的启发，使问题一下子得到启发性的答案。伴随着灵感的是极强烈的情感，多少有点"天上掉馅饼"的感觉。所以，灵感有六个最显著的特征：① 长期的艰苦性；② 中介的启发性；③ 引发的随机性；④ 显现的瞬时性；⑤ 过程的应激性；⑥ 结果的模糊性。由于这些特点，当人们产生灵感时，往往充满了激情，甚至缺乏应有的理智，就像阿基米得赤裸身体地喊叫那样。

灵感是突如其来的，并没有逻辑的一步一步推导，所以，灵感的出现意味着思维的跳跃。灵感的产生，都是经过长期观察、实验、勤学、苦想的结果，没有这个基础，灵感是不会飞进你的大脑的。同时，由于灵感结果往往是模糊的，如果不重视就可能让灵感结果白白地溜掉。

【案例 1－8】 从看地图中闪烁出的“大陆漂移说”

德国地球物理学家魏格纳是个好冒险、多幻想的人。1909 年，他参加了格陵兰探险队去北极探险，这使他的健康大受损伤。在以后的一年里，他不时生病卧床。1910 年的一天，魏格纳躺在床上，心里却思索着下一个探险目标，所以他的目光全神贯注地盯在他对面墙上的世界地图上。突然，他发觉在地图上有个奇妙的现象：南美洲巴西东部的一块突出部分，同非洲的喀麦隆西海岸凹陷进去的部分，像古代符契似的惊人吻合。魏格纳兴奋得跳下床来，拿过一张世界地图，握着放大镜仔细研究起来。结果他发现几乎巴西海岸的每一个突出部位都恰好和非洲西部的几内亚湾的凹进部位可以吻合在一起。这难道是偶然的巧合吗？如果不是，那只能说明南美洲和非洲这两块大陆过去是连在一起的，后来才分离开来。他一口气把地图上所有的陆地一块块地像拼七巧板似的进行了拼接，结果发现从海岸线的形状来看，地球上所有的大陆块都是大致吻合的。看来，这绝不是偶然的巧合！他确信，在地球形成的初期，地球上只有一大块陆地，后来它们分散漂移开来，形成了现在这样好多块陆地。

为了证明自己的这一发现，魏格纳开始调查研究两个大陆上的生物，发现彼此有许多共通之处。他又收集了包括海岸线的形状、地层、构造等方面的资料，更坚定了他关于地球上当初只有一块陆地的设想。在做了充分的研究之后，1912 年，魏格纳出版了《海陆的起源》一书，正式提出了“大陆漂移说”。

5. 思维观念

思维观念基于空间观念、系统观念和辩证观念等的前提下，与思维风格有所不同，在思维活动中具有定向的作用，它有意或无意地规定和支配着思维的角度和性质、路径和方法等，并在思维运行中发挥着机理、“推手”和筛选等作用。爱因斯坦说：“我们的观念决定我们所看到的世界。”观念在思维中主要有如下三个方面的表现：

(1) 观念不同，思维的指向和时空视野也就不同。比如，系统观念使人具有宽展的时空视野，使思维朝着整体目的和整体效用的方向运动。

(2) 已形成的思维观念使思维活动对于客体所发出的信息具有选择和同化的作用，我们用下面的案例来加以说明。

【案例1-9】 引导或引擎达尔文的观念

大家知道，达尔文在环球考察中曾如饥似渴地阅读了英国著名地质学家赖尔的《地质学原理》。赖尔在这部著作中提出了地球缓慢变化的理论，指出地球变化的原因不是什么超自然的外力，而是自然界本身的力量：风雨、温度、水流、潮汐、冰川、火山、地震等因素，在漫长的时间里逐渐造成的。这些观点给了刚从神学院毕业的达尔文极大的启发，使他萌发了物种进化的观念，他在考察中对于材料的取舍也就与原来的不同。在这种状况下，他意识性地知道(请注意：这里用的是“意识性地知道”)什么是他最感兴趣的东西，什么是最有价值的资料(请注意：也就是他意识到应该怎么做)。正是由于达尔文形成了地质演化和物种进化的观念，他在野外考察中，原来曾认为是“杂乱无章”的岩石就不再是杂乱无章的了，而是“按照一定规律展现在自己眼前的，尤其是河流两岸和新近断裂的地带，岩石和贝壳之类的分布，层次格外清楚”。

【点评】

达尔文的这种选择、同化作用和表现出来的特殊敏感性是在观念引导下不知不觉产生的。这说明：主体存在的知识资源和主体注意的客观现象在某种思维观念的作用下被引擎和筛选了。

(3) 观念因素还制约着思维活动的结果。在思维过程中，使用的观念正确与否，就会导致思维的结果是否与实际相符合。

观念因素在思维活动中起着相当重要的作用，观念的变化和发展就必然引起思维方式和方向等的变化、发展和选择、应用。所以，观念的变革也就成了制约思维方式、方法等变革的内在因素之一。为了帮助进一步地理解思维中观念的作用、影响等，下面，我们摘录休谟在《人类理解研究》中的一段话，以供参考："很显然，在人心的种种思想或观念之间，有一种联系的原则，而且当它们出现于记忆或想象中时，它们会以某种次序和规则来互相引生。在我们的较严肃的思想或谈讨中，我们最容易看出这一点来，所以任何特殊的思想如果闯入各观念的有规则的路径或连串中，那它就立刻被人注意，而加以排斥……我们如果把最松懈最自由的谈话记录下来，则我们立刻会看到，有一种东西，贯穿着谈话中一切的步骤。"

思维观念就像在人脑思维空间中不时闪烁的一座座导航灯，既有方向性，也有区域性；既引导了方向，照亮了区域，又引擎着你注意什么方向和注意些什么。建议你暂时离开书本，静静地想一想深夜大海中的导航灯照射的情景，也许你会感悟到些什么。

【案例 1 - 10】 教育心理学家的试验

教育心理学家已经进行了多个试验，以揭示观点的多样性是如何开启人的认知和创造力的。比如，有一个是针对钢琴初学者的研究：向两组学生介绍一个简单的C大调音阶，其中一组被告知通过多种观点学习该音阶，包括思想和感情，而另一组被告知通过传统的重复练习默记该音阶。事后，心理学家发现第一组学生的演奏高出一筹，并且富有创造力。

在另外一个实验中，研究者将同一篇文章分给两组学生，要求第一组学生从多种观点阅读该文章，包括作者的观点、文中人物的观点等，思考文中人物的所感、所思、所想，另一组学生则只需要简单地进行学习即可。事后，对两组学生进行的测试表明，第一组学生从文章中获得的信息更多，对文章的理解更深刻。在对原文进行改写时，他们的文章内容和提出的创造性方案也比第二组学生强。

【点评】

以上试验中，第一组受试者的行为有多种观念的引导，而第二组却是就事论事，无观念的活动。其实，观念也是促使形成特定空间的方法之一，虽然对于同一主题每个人都会客观地形成一个思维空间，但是，由于观念不同，思维空间的范围、内容和色彩等都会有所不同。

【要点提示1-5】 思维观念决定着思维的思路、视角、视野、方向或方法等

观念具有引导思维活动的作用。观念是人们在实践当中形成的各种认识的集合体，人们会根据自身形成的观念进行各种活动。观念具有主观性、实践性、历史性、发展性等特点。

人类的行为都是受观念支配和指挥的，观念正确与否直接影响到行为的结果，人们常说"观念先行"就是这个道理。在思维中，特别是在创新思维中，主体取哪一种思维方向，采用哪一种思维形式、方式和方法等主要也是由其思维观念决定的。

富兰克林·D·罗斯福说过："人并不是命运的囚徒，而是自己思想的囚徒。"德鲁克说："观念的改变并没有改变事实本身，改变的只是对事实的认识和看法。"由此，笔者认为，在思维或创新思维中，应当注意：

(1) 主体要学会通过观念来"管理"自己的思维，因为在主体思维自然而然的过程中，思维的观念决定着思维的视野、视角、方向或方法等；

(2) 在学习创新案例时，我们要善于发现躲藏在创新行为背后的观念。从技法中学习仅是一种模仿，如果以观念为基础进行学习，不仅能够理解、运用技法，而且还能够创造技法。

(3) 驾驭自己思维的办法除了"强制"，比如运用"思维检核表"或相关软件外，掌握思维观念、更新思维观念和创新思维观念就是最有效的方法了。

比如，在"曹冲称象"这个故事中，其主题是"小秤不能称大象"。我们可以在不同的思维观念引导下对其进行简要的分析和思考(见图1-3)。

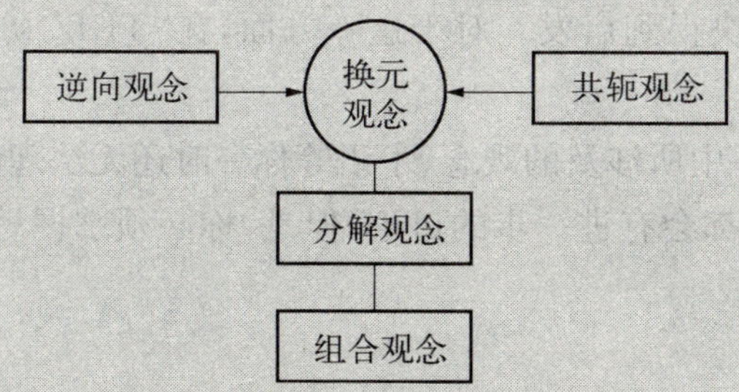

图1-3 案例中的观念组成示意图

(1) 在逆向观念引导下：① 将主题"小秤不能称大象"反向一下，变为"大秤能够称小象"，成了期望的命题。② 小与大在特定的环境中是相对而言的，也就是说，如果秤不发生变化，但是，假设“象”变小了的话，并且小到秤能够称起的时候，那么也就可谓是“小象”了。③ 这样的问题关键是：秤不变化，怎么才能够使大象成为“小象”。

(2) 在共轭观念引导下：① 将主题“小秤不能称大象”完善，即成为“小秤的秤重不能称大象的重量”；这样，就明显地看出共轭对象是“重量”。② 它们之间的“不能”是各自重量的量值不能相融所造成的。③ 这样的问题关键是：在秤重量值不变的情况下如何改变象的重量。

(3) 在换元观念引导下：① 因为重量具有累计性的特点，说明它是可以分解的。② 作为整体的象是不能分割的，但是从重量具有替代性的特点来看，重量的载体是可以置换的。③ 由于任何的置换都是有条件的，一般需要特征或功能等值，在这里是特征中的重量等值。④ 这样的问题关键是：象的原重量不变，用什么载体来等值置换象的重量，并且替代物的重量是可以化整为零的。

(4) 在组分观念引导下：① 如何满足秤重的要求，将等值物分解。② 如何将各重量组合，并还原成大象的整体重量。③ 这样的问题关键是：等值量不变，如何具体地分解和组合。

总之，思维观念决定着思维的思路、视角、视野、方向或方法等，在创新思维中是一个十分重要的概念或原理，因此，本书中将会讨论到许多常见的主要思维观念。

当我们把“重量”看作“特征参数”时，通过 TRIZ 的 40 项创新原理的引导，也可以使问题的解决得到启发。对于这一方面，在“TRIZ 初步认识”章节中有相关的介绍。

或许，以上列举中所涉及的观念、术语等你一时还无法理解，没有关系，这些在书的后续章节中都会有进一步的讨论，但是，你必须掌握思维观念这个词语，并理解这个示意图。

6. 创新视角

视角是指观察问题的角度，在思维或创新思维中也可以理解为是指观察目标对象的角度。对同一事物或对象，从不同的角度加以观察、思考所得到的认识或结果是不同的。所以，客观事物是一回事，人们对事物的认识是另一回事。这两回事不可能是完全一样的，当然，也不会是完全不一样的。面对同一种事物或现象，如果人们之间的认识发生差异，有时是正确和错误的关系，但更多的则是不同视角之间的关系，无所谓对与错。

【案例1-11】　抽　烟

有两个人一起去问牧师在祈祷的时候能否吸烟。

其中A先上前问："在祈祷的时候能否吸烟？"

牧师生气地回答："不可以！"A人闷闷不乐地退了下去。

B人上前问："在吸烟的时候能否做祈祷？"

牧师愉快地回答："当然可以！"

【点评】

其实"在祈祷的时候能否吸烟？"与"在吸烟的时候能否做祈祷？"这两句话具有相同的行为，即在某一特定的时间内完成两个动作：吸烟和祈祷。但是，它们的结构却不同：前一句是以"祈祷"为主兼带"吸烟"，后一句却是以"吸烟"为主兼带"祈祷"。

所谓创新视角，是指用不寻常、非常规的视角去观察事物，使事物显示出某些特殊的性质或特征。这里所指的特殊性质或特征，并不是事物新产生的，而是一直存在于事物之中，只不过以前人们从未发现而已。比如，地球一直处在不停的自转状态，但长久以来人们却把它当作静止不动的。当视角从静转向动时，就是一种新的视角。法国学者查铁尔说："你在做事时如果只有一个主意，这个主意是最危险的。"我们同样有理由认为，你在创新思维时如果只用一个视角，那么是很容易被引入歧途的。

七、　创新思维者应该关注的

日本学者高桥浩在《怎样进行创造性思维》(1987年版)中认为，创新思维应该具备五项基本能力。他曾为此事调查了那些提出各种创见的、被称为思想活跃的人，从中了解到他们大体上都具备如下的条件，即：发现问题意识、要有灵活性、平素勤于用脑、避免想象力枯竭、知识的准备和知识的调用等。

美国的迈克尔·米哈尔科在《创新精神》(2004年版)一书中通过分析和研究历史上数百位伟大的创新者,如达·芬奇、达尔文、米开朗基罗、爱迪生等天才人物的思维方式而提出,欲成为创新者,应当做到:知道如何去发现,使你的思维形象化,流畅地思考,进行新颖的组合,把不相关的事物联系起来,建立相反性或矛盾性的思想,抓住两个完全独立事物之间的相似之处,发现不是你要寻找的东西等。

八、 你也可以成为创新者

1. 学科知识数量与创新成果关系

日本学者通过调查,将科技人员懂得的专业数量与专利数量和论文成果数量的结果结合起来,画出了如图1-4所示的曲线。其中,纵坐标表示科技人员的创新数量,以专利数量和论文成果数量为依据,横坐标是科技人员懂得专业的数量,一般为0、1、2……

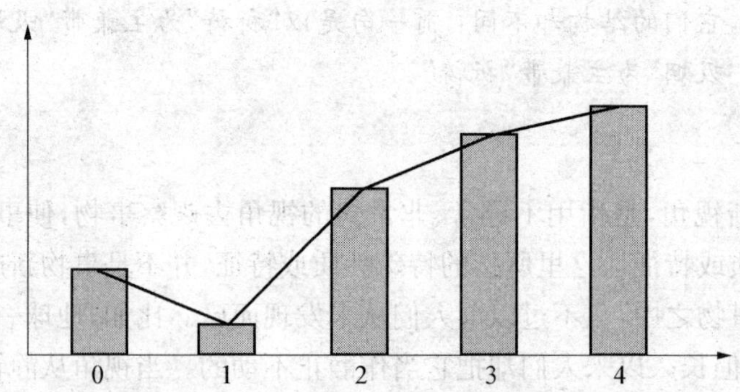

图1-4 科技人员的创新能力与懂得专业数量的关系

调查结果所描绘出来的曲线是意想不到的:只学一个专业的人,创造能力是最低的,甚至还不如没学过任何专业的人。它告诉我们:就创新成果的数量而言,多学科的横向联系比单学科的纵向发展更能获得成功。事实上也是这样:现代科学技术的生长点常出现在多学科的交叉区域,大量的课题需要用不同学科或领域的知识和方法才能解决。因此,知识是创新能力的基础,多领域的知识是创新的条件。

2. 通过训练可以提高创新能力

希格弗里德·普莱斯尔在《创造力的训练》一书中认为:"创造力适用于每一个人,即使是心理有病或心智有障碍的人,在其智力和能力的范围内仍然可以创造性地思想和行动……对每一个人来说，使自己具有创造力或获得创造力的确是一种挑战。”日本的高桥浩认为：除了为数极少的天才者外，不同的人在创造性思维的能力上并没有多大差异，无论哪个年龄段，“质疑性”和“训练性”是其中两个相当关键的因素。对于质疑性，我们将在“质疑与假设观念”章节中进行讨论；对于创新思维训练的作用，高桥浩列举了下面这个实例：

【案例1-12】 通过训练提高创新思维能力

日本的K钢铁厂每年都从大学和高中毕业生中录用技术人员，有一次，该厂把其中的12名高中毕业生集中起来利用每周的星期六进行半年的创新思维方法的训练，按教材学习创新思维的实例。不到半年，他们便纷纷开始提出发明项目。在将近结束实习时，他们申请了70余项专利权。

【点评】

训练的形式一般可分为在岗训练、离岗训练和自我训练三种。天才们更多采用的是自我训练的形式。其实，如果你想通过阅读本书而提高自己的创新思维能力，也属于自我训练的形式。

3. 人人都有创新的潜力

不要把创新和想出解决问题办法的能力仅仅同天才人物联系在一起。其实，所有的人都具有创造及发明的能力，只是程度不同罢了。

【案例1-13】 一个没有学历的“星际航行先驱者”

齐奥尔科夫斯基小时候就是异想天开的孩子，8岁时，他母亲送给他一个氢气球，这个能在空中自由飘动的小玩意引起了他极大的兴趣。他常常聚精会神地仰望天空思索：能否乘坐氢气球去航行？

10岁时，他因患了猩红热引起并发症，完全失去了听觉。在这种情况下，他以顽强的毅力在科学的道路上攀登，白天到图书馆自学，刻苦攻读。晚上，他运用联想思维方法，尽情地展开想象的翅膀，设想出种种理想飞行体，来实现飞行的愿望。他想：是否可以制造一个永远悬在天空中的金属气球呢？能否发明一种航行飞行器呢？能否利用地球旋转的能量呢？有志者，事竟成。1903年，他完成了《利用火箭仪器研究宇宙空间》的论文，并发表了著名的齐奥尔科夫斯基公式——火箭运动公式。他还提出了建立星际太空站的大胆设想，现在这些设想都已经成为现实。齐奥尔科夫斯基虽然未进过大学，没有受过任何专家教授的指导，甚至被当时的很多人贬为“无用的空想家”和“狂妄的设计师”，但他创立了星际航行理论，成为“星际航行先驱者”。在他墓前高大的纪念碑上镌刻着这样的话：“地球是人类的摇篮，但是人不能永远生活在摇篮里，他们不断地争取着生存世界的空间，起初小心翼翼地穿出大气层，然后就征服整个太阳系。”

4. 创新技法之母

下面我们通过“思维检核表技法”来讨论“创新技法之母”。

【思维检核表技法】

1. 原理点

检核表法是由美国A·F·奥斯本博士提出的。他起初只是设计了一种适用于新产品开发的检验表，后来因其既能开拓思路、启发想象力，又能避免泛泛的随意思考而被广泛用于创新思维的活动中。这种方法适合任何类型与场合的创造性活动，有着“创新技法之母”的美誉。

2. 理解点

(1) 我们平时需要“逻辑性思维”，而在创新时却需要“非逻辑思维”，这两种思维模式是矛盾的。这种机械、多变的适应状况，对于一个自然的人来说恐怕是难以适应和接受的。

(2) 有些人虽然经过多次的创新思维培训，但收效甚少；其原因可能并不是他不具备创新的能力，而是平时需要产生的习惯、环境定势模式等同化或阻碍了创新的思源，以致在创新思维中时不时地受到思维消极定势等的影响而不能进入应有的状态。如果我们事先设计好需要检查、对比或联系的程序、纬度和对象等，在创新思维中强制性地按照检核表所提供的路径、结构等进行活动，那么只有“华山一条道”，这些情况也许会得到改善。当然，最好的方法是设计成软件，就像游戏软件一样。

(3) 对于奥斯本的检核表法,我们不能停留在其基本的形式和内容上,而更应该思考其结构和所能够产生的作用。在平时工作中,我们可以将某时间或某项目中我们需要做的事情用表列出,然后逐一检查是否做了,以防止遗漏。

(4) 对"思维检核表技法",可通过研读"奥斯本检核表法"获得更多的了解和体会,此处就不再赘述。

3. 目的作用

在进行创新思维活动前,先设计、策划创新活动的基本进程、内容或要求等,然后做成检核表式样,以防止在创新思维过程中被消极定势所同化。

4. 检核表基本结构

检核表可分为简单式和复杂式两种,其结构可视对象的情况和主体的需要而相异。就一项创新活动而言,一份比较完整的检核表一般由四个部分组成:

(1) 目录,即将需要做的事情汇总成一份目录,以显示层次和系统结构。

(2) 流程,即事先根据某一较系统的方法,按照其结构、阶段和要求等,将应该思考的路径、内容、自问题目、方法等写在纸上,既是一份流程表,也像一份试题卷。

(3) 表图,为了描述或记录某些思维内容,以表格和思维图谱的式样来表达相关的数据或信息是可取的。

(4) 操作,在实施过程中,一方面对完成项进行记录,另一方面按照要求完成试题,此外,也可边做边修改。

对于"思维检核表技法"中具体阶段、结构、内容和要求等,建议你通过本书相关内容的阅读来加以熟悉和体会。例如,"想象与类比观念"章节的"常用联想方法检核表技法"是其中比较简单的一种,也许会对你有启发。

需要特别说明的是,在本书中,对于"创新"、"革新"、"发明"、"创造"、"发现"等词汇,在概念上就像TRIZ理论的处理方式一样,没有作严格的区别,我们都可以将它们视作为"创新"。

第2章 主体定势特征

一、思维程序过程

1. 思维过程

思维是通过一系列比较复杂的操作来实现的。人们在头脑中运用存储在长时记忆中的知识经验，在影响因素的参与下对外界输入的信息进行分析、综合、比较、抽象和概括等的过程就是思维过程，或称之为思维操作。“思维过程”是一个有深刻内涵的概念，它是自然、社会、思维运动在时间上的持续性和空间上的广延性，它是矛盾存在和发展的形式。

2. 思维程序过程

思维过程是程序过程、心理过程和哲学过程等的综合体现，在这里我们仅简单地介绍程序过程。对于过程，从管理学的角度来讲，应该具备三要素，即：输入、转化和输出。这也符合吉尔福特的智力三维结构模型。吉尔福特认为：智力结构应从内容、操作、产物三个维度去考虑，所谓的智力活动就是人在头脑里加工（操作）客观对象（内容）和产生信息（产物）的过程。不难看出，吉尔福特的“内容”相等于“输入”、“操作”相等于“转化”，而“产物”就相等于“输出”了。

对于程序，是指安排了事情进行的先后次序。程序对于思维过程来说，似乎也具有行为过程约束性的色彩。任何过程都可以看成是一组将输入转化为输出的相互关联或相互作用的活动。所以，思维活动与其他活动一样，其过程也应该具备输入、转化和输出三个基本要素。但是，它还要特别强调影响因素这个要素。所以，我们可以将其称为创新思维的 I/O 模型，见图 2－1。

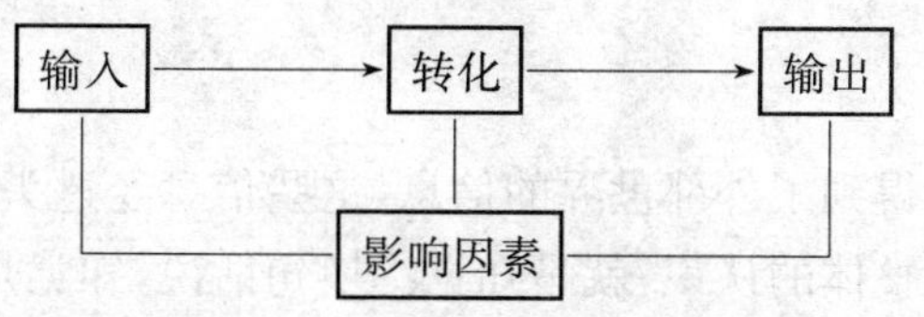

图 2－1　创新思维的 I/O 模型

【要点提示 2－1】　创新思维的 I/O 模型

这个图形似乎很简单，如果我们融入些管理常识，也许会帮助我们想到更多的东西。一般来说：

(1) 这个通俗易懂的模型对于我们理解和研究创新思维，甚至是软件化是有极大帮助的。

(2) 在输入、转化和输出这三个要素中，我们不能根据以往的经验只重视转化和输出的要素。在创新思维中，应更加关注输入和转化这两个要素。

(3) “影响因素”主要指主体思维或创新思维中的个体主客观环境，并且应该特别强调位于空间中影响因素的系统性作用；它不仅仅作用于转化上，而且对于输入也同样具有重要的作用。

在这里还需要说明以下几点：

(1) 思维作为一种活动，应该具有这样的程序性安排，或者说具有这种流程的意识。

(2) 因为思维的 I/O 是一个模型，所以，其基本结构是“输入→转化→输出”，在创新思维中是需要我们恰当地代入的；也许，同一事项，所代入的对象或内容会是不一样的。

(3) 这个模型特别表达了作为主体，在创新思维过程中既是活动的主体也是产生影响因素的客体并双重作用于整个过程。这不仅很好地解释了消极定势或习惯在创新思维中地位和作用，也回答了为什么要关注剥离或防止消极影响因素。

(4) 这个模型虽然很简单，但希望你不断地体会它在创新思维中美妙的意义和影响，也就是说，你应该具有思维 I/O 模型的基本结构概念。

二、 知觉

人们通过感官得到了外部世界的信息，这些信息经过头脑的加工（综合与解释），产生了对事物整体的认识，就是知觉。换句话说，知觉是客观事物直接作用于感官而在头脑中产生的对事物整体的认识。通过感觉，我们只知道事物的个别属性，通过知觉，我们才对事物有一个完整的映象，从而知道它的意义。

1. 知觉过程

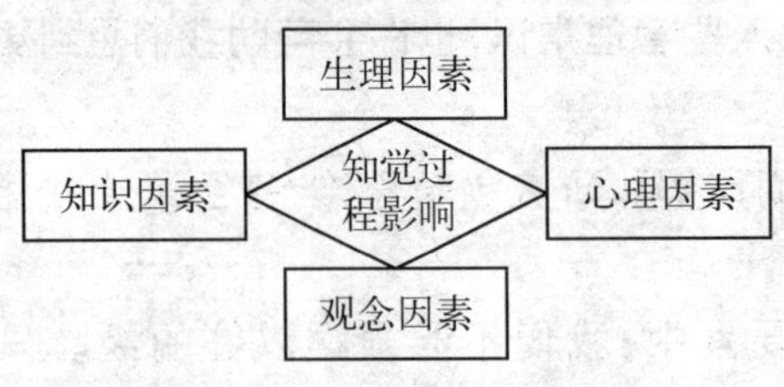

图 2－2　知觉过程的主要影响因素

知觉过程的主要影响因素有（见图 2－2）：① 感觉系统等生理因素；② 个人过去的知识和经验，比如，在阅读课文时，由于个人知识经验的不同，我们从文中提取的信息也是不一样的；③ 主体的心理因素，如兴趣、需要、动机、情绪等；④ 思维观念因素。

【要点提示 2－2】　心理需求强度和知觉敏感强度与心理因素

布鲁纳和戈德曼(1947)以出身贫富不同家庭的儿童(10 岁)为被试对象，要他们在同样的条件下估计各种硬币，以比较儿童的金钱价值与知觉的关系。结果发现两组儿童对硬币的估计都有夸大的倾向，但贫困儿童组的夸大倾向远超过富裕儿童组。这一结果说明了需求对知觉的影响，或者可以理解为，“心理需求强度”与“知觉敏感强度”呈正比例，即：某人对某事的“心理需求强度”越高，则对该事的“知觉敏感强度”也越高；反之，则相反。比如，我们去火车站接一位不认识的客人，我们对来人的期待，将影响到我们对他的识别和确认。

所谓心理因素是指对人的心理事件发生实际影响的系统性反应，是一个由多种心理要素整合而成的极为复杂的心理综合现象，一般由认知要素、感情要素、意志要素、个性要素、需求要素、知识要素和观念要素等组成，适宜的心理因素有助于提高对目标事物的敏感性。这也可以粗浅地解释：① 为什么不同主体对同一事物有不同的认识和行为；② 为什么在不同时期，同一主体对同一事物有不同的认识和行为;③ 为什么有些人对目标事物相当敏感,以致会经常地发生顿悟和灵感,而有些人却很难遇到这种机会。

2. 知觉主要特征

在讨论知觉的主要特征前,我们首先应该了解"对象-背景"和"主观对象-客观对象"这两组概念。

【要点提示 2-3】　"对象-背景"和"主观对象-客观对象"

(1) 客观事物是多种多样的,在特定时间内,人只能感受少量或少数刺激,而对其他事物只作模糊的反映。被选为知觉内容的事物称为对象,其他衬托对象的事物称为背景。某事物一旦被选为知觉对象,就好像立即从背景中凸显出来,被认识得更鲜明、更清晰。

(2) 通常,在知觉客观世界时,总是有选择地把少数事物当成知觉的对象,而把其他事物当成知觉的背景,以便更清晰地感知一定的事物与对象。在视觉或其他类型中,对象是指具体刺激物,即中心刺激物,背景是指与具体刺激物相关联的其他刺激物,即周围刺激物。在认识或思维中,我们可以将选择的对象称为主观对象,而将背景对象称为客观对象。

(3) 在一般情况下,"对象与背景"或者"中心刺激物-周围刺激物"或者"主观对象与客观对象"之间存在着主副的关系,即:对象是主题,背景是衬托;或者说主观对象是主题,客观对象是背景。知觉的对象与背景不仅相互依赖,而且可以相互转化。

理解这三组概念及其相互关系,在创新思维中是很重要的,也为我们以后理解"对象-空间"、"主观存在对象-客观存在对象"等打下了基础。

知觉的主要特征包括:知觉的选择性、知觉的相对性、知觉的对比性、知觉的整体性、知觉的理解性和知觉定势性。在这里,我们主要讨论后三个特征,也从中初步地体会到知觉的某些方面是如何介入思维的,以帮助我们认识定势思维。

(1) 知觉的相对性。知觉的相对性主要包括三个方面:

其一是对象与背景相互依赖。在一般情形下,我们看见一个物体存在,但不能以该物体孤立地作为引起知觉的刺激,而必须同时也看到物体周围所存在的其他刺激;前者是对象,后者是背景。也就是说,在一般情形下,我们将同时接受对象和背景两部分刺激,并且它们是相互依赖而客观存在的。比如,在课堂上,教师的声音成为学生知觉的对象,而周围环境中的其他声音便成为知觉的背景。在这个意义上,知觉过程是从背景中分出对象的过程。

其二是对象与背景相互转化。知觉的对象是从背景中分离出来的,与注意的选择性有关。当注意指向某一事物的时候,这一事物便成为知觉的对象,而其他事物便成为知觉的背景。当注意从一个对象转向另一个对象时,原来的知觉对象就成为背景,而原来背景中的某一事物便成为知觉的对象。图 2-3 显示了知觉中对象与背景的关系。图中,黑白相对两部分均可以被视为对象,如将白色部分视为对象则黑色部分为背景,该对象可解释为烛台或花瓶;相反,如将黑色部分视为对象则白色部分为背景,该对象可解释为两个人脸侧面的投影像。

图 2-3　知觉的相对性

其三是知觉经验是相对的。知觉是个体以其已有经验为基础,对感觉所获得资料而作出的主观解释,因此,知觉也常被称为知觉经验,并且知觉经验是相对的。它主要表现在:同一事物不同主体具有不同的知觉经验;同一事物主体在不同时期具有不同的知觉经验。

【案例 2-1】　　铁轨与车轮的互换

18 世纪中期,为防止火车脱轨,人们设计了一种凸缘铁轨,成千上万英里的铁轨都附带了钢铁凸缘,铁路安全的问题就被表述为"如何有效改进铁轨的凸缘"。后来,凸缘铁轨被改为平铁轨,火车的车轮却带上了凸缘,这一创举有效保障了行驶安全,而且节省了大量的人力物力。

【点评】

关于列车脱轨的问题,在我们可视的空间范围内,主要存在铁轨、车轮和枕木等几个对象。当我们把铁轨作为主观对象时,车轮和枕木即成了客观对象。最后的解决方案是把原来的主观对象与客观对象互换,将车轮作为主观对象。这是一个简单而有说服力的案例,我们在后面还会提到。

【案例 2-2】　采摘机与西红柿的互换

在欧洲，自从西红柿采摘机发明之后，不少机械学家们一直在忙于改进它。但是，那些经过改进的形形色色的采摘机，依然无法避免在采摘过程中把西红柿皮弄破。终于，人们注意到问题的关键不是采摘机太笨重，而是西红柿的皮太薄，要想彻底解决这个问题，只有请植物学家培育出一种新品种，使西红柿长出像水果那样厚的果皮。

【点评】

在这个案例中，起先需要改进的采摘机是主观对象，而西红柿是客观对象；而后来认为应将西红柿作为主观对象。

(2) 知觉的整体性。知觉的整体性主要表现在两个方面：

首先，知觉的整体性纯粹是一种心理现象，有时即使引起知觉的刺激是零散的，但所得的知觉经验仍然是整体的。在图 2-4 中，从客观的物理现象看，这个图形并不完整，只是由一些不规则的线和面堆积而成的。尽管如此，谁都会看出并明确地显示其整体意义：是由两个三角形重叠，而后又覆盖在三个黑色方块上的。其实，居于图最上层的三角形实际上是没有边缘和轮廓的；可是，在知觉经验上却是边缘、轮廓清楚的图形。像这种刺激本身无轮廓，而在知觉经验上却显示“无中生有”的轮廓，称为主观轮廓。由主观轮廓的心理现象看，人类的知觉是极为奇妙的。这种现象早为艺术家应用在绘画与美工设计上，使不完整的知觉刺激形成完整的美感。

图 2-4　知觉的整体性

其次，知觉的整体性(或完整性)是指知觉的对象都是由不同属性的许多部分组成的，人们在知觉它时却能依据以往经验和感受，甚至是想象而组成一个整体。比如，一株绿树上开有红花，绿叶是一部分刺激，红花也同样是一部分刺激，将红花绿叶合起来，所得到的心理上的美感知觉往往会超过红与绿两种物理属性之和。

(3) 知觉的理解性。人在感知某一事物时，总是依据既往经验力图解释它究竟是什么,这就是知觉的理解性。人的知觉是一个积极主动的过程,知觉的理解性正是这种积极主动的表现。同时,知觉的理解性也是通过知觉过程中的思维活动达到的,思维与语言有密切关系,因此语言的指导或引导能使人对知觉对象的理解更迅速、更完整。比如,在图2-5中,我们看到的是一些黑色斑点,一下子分辨不出是什么,当有人说出这是一条狗,马上这些斑点便显示成一条狗的轮廓,而且会越看越像。

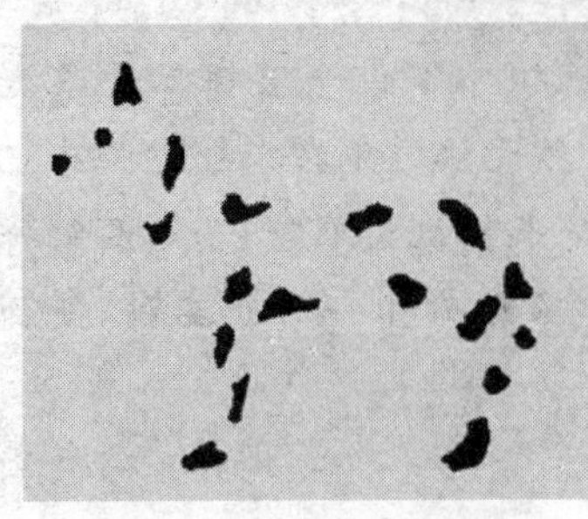

图2-5 知觉的理解性

3. 思维定势

思维定势是指主体对一定活动的特殊准备状态,这种活动状态是由先前的活动而造成的,具有引导或导向作用。具体而言,人们当前的活动常受前面曾从事过的活动影响,带有前面活动的特点或隐含着以往经验的痕迹,并倾向于应用已掌握的方法迅速解决问题。当这种影响发生在思维过程中时,产生的就是思维定势。

【要点提示2-4】 定势的二重性

(1) 定势具有自动应答性。梁良良在《创新思维训练》一书中说:在现实生活中,我们的头脑每时每刻都会遇到如潮水般涌来的信息,其中有各类客观事物、新产生的思想观念、需要解决的问题,等等。头脑在处理这些信息的时候,并不需要对每一条信息都坐下来想一想"我该怎么办",而是像一台装着电脑程序的机器那样,能够"自动应答"。所谓"自动应答",就是头脑在筛选信息、分析问题、作出决策的时候,总是自觉或不自觉地沿着以前所熟悉的方向和路径进行思考,而不必另辟新路。那种熟悉的方向和路径就是一个人特有的思维定势。

(2) 定势是一个中性词,它的贬义与褒义具有相对性。在日常思维中,我们用早先的经验和习惯,来处理日常事务和一般性问题的时候,能够驾轻就熟、得心应手,使问题得到完满的解决,但是,在创新思维中它却会阻碍我们的思维拓展,成为创新思维的枷锁。

(3) 主体的需要、情绪和态度等,也会产生定势作用。比如人的情绪在非常愉快时，对周围事物可以产生美好知觉的倾向。

(4) 观念也具有类定势的引导作用，不同的观念将会引导我们向不同的方向去思考，这在上一章中已经做了讨论。

(5) 在创新思维中，我们应该尽可能地防止定势的消极作用；其关键是如何防止。在一般的创新思维中，我们更关注的是路径和方法；在本书中，路径突显在观念上，而方法突显在技法上。由此，本书中的另一个隐含意义就是探讨“如何利用创新的路径和方法来同步性地防止定势的消极作用”；当你阅读完全书后，请再回过头思考一下这个问题。

【案例 2-3】　经验定势的积极作用

据说在哥伦布率队出发，横越大西洋的航程中，船上有许多经验丰富的老水手。一天傍晚，一位船员看见一群鹦鹉朝东南方向飞去，便高兴地说：“我们快要到陆地了！因为鹦鹉是要飞到陆地上过夜的。”于是，哥伦布指挥船队追踪鹦鹉的方向，终于很快发现了美洲大陆。

【案例 2-4】　经验定势的消极作用

比塞尔是西撒哈拉沙漠中的一个小村庄，位于一块 1.5 平方公里的绿洲旁，从这里走出沙漠一般需要三昼夜的时间。然而，在肯·莱文发现它之前，这里的人们没有一个走出沙漠。据说，不是他们不想离开那儿，而是他们很多次试着走出去，但都失败了。肯·莱文对此表示难以置信，于是他亲自做了一次尝试。他从比塞尔向北走，结果三天就走了出来。这使得比塞尔人惊悟：原来他们中根本没有人向北走过，每个试图走出沙漠的人都是沿着他前面那个人走过的路线走，从来也没有人想过要找出自己的目标路线，另辟路径。

如今的比塞尔已经成了一个旅游胜地，每一个到达比塞尔的人都会发现一座纪念碑：新生活是从选定方向开始的。

下面，我们通过图 2-6 来了解一下定势的作用。当我们从左往右看时，总是把图中间的符号看成是字母“B”，因为知觉定势告诉或引导我们：在“A”和“C”之间是“B”；但如果是从上往下看时，我们总会把图中间的符号看成是数字

“13”,因为知觉定势告诉或引导我们：在“12”和“14”之间是“13”。

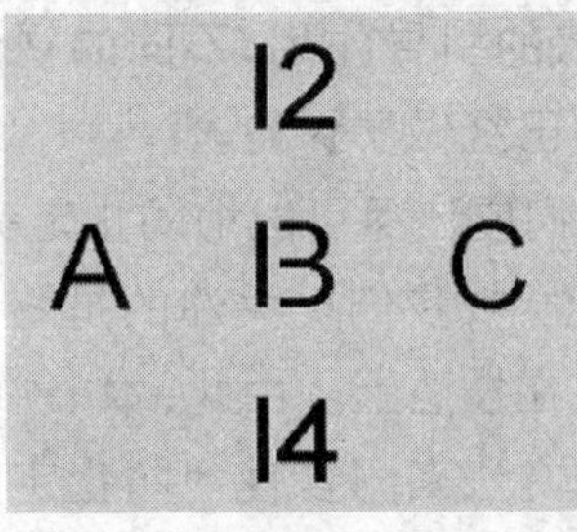

图 2－6 知觉定势

三、 常见消极定势

在认知、态度、思维和行为心理学中,人们把某种心理活动所形成的倾向性准备状态,对同类后续行为倾向产生决定性影响的现象,称为定势效应。定势效应与许多效应一样,既有积极作用,也有消极作用。积极作用主要表现在加速思维活动,节省心理能量,提高工作效率。消极作用主要表现在增大认知偏见,强化固执态度,加强错误行为发生,限制创新行为等。笛卡尔在《第一哲学沉思集》中说:“因为我的思维中还经常被这些旧的、平常的见解打扰,它们跟我相处的长时期的亲熟习惯给了它们权利,让它们不由我的意愿而占据了我的心,差不多成了支配我信念的主人。”

习惯上,我们是在过去曾经遇到过类似问题的基础上进行重复性思考的;当遇到问题时,我们就固定在我们过去曾经用过的方法上。因为基于过去经验的步骤看起来很正确,也许会使我们对其的正确性充满自信——过去这样成功了,那么今天这样也会取得成功！事实是这样吗？相反,天才们是创造性地去思考,而不是去重复。当遇到问题时,他们首先都会以不同的观念看待问题——产生多主题,然后是思考如何选择所产生的主题,最后是用多种不同的方法来解决问题。由此,他们往往会得出多种不同的答案,有些答案是非传统的,也许是非常独特的。在日常行为中,定势效应也屡见不鲜。我国《列子》一书中所说的“疑人窃斧”的故事就是观念定势而产生的行为定势效应。那么,创新思维中的消极定势主要有哪些表现呢？

1. 与习惯行为相关的消极定势

人的某种行为一旦形成习惯，就会自然而然地表现出来，形成所谓的“自动应答”。由于人们在行动时总是按照最省力、最快速的方式做出反应，而要达到这一点，我们以前所熟悉的路径和方法就会自然地成为“第一选择”，而不会想到另辟新路。

【案例 2-5】　是纸还是钞票

心理学家曾设计了这样一种思维游戏：木桌上面摆着一张 10 美元的钞票，钞票正中压着一把竖直放着的没开刃的菜刀，菜刀上支撑着一个横过来的木杆，木杆两端系着两个平衡锤一样的东西，稍微晃动就会倒下来。现在要求游戏者在保持木杆平衡的前提下，把 10 美元的钞票取出来。经过多次尝试，游戏者们发现，不管怎样小心翼翼，要想不碰倒木杆而取出那张钞票几乎是不可能的。

【点评】

实际上，解决这个问题有一个极为简单的办法，那就是把钞票从刀刃压着的地方撕开，就能轻而易举地取出钞票。然而绝大部分游戏者都想不到这个方法。这是因为在现实生活中，人们已经不自觉地对钞票产生了一种崇敬的心理，认为钞票是不能撕的，因而从没有想到要去撕破它。如果改变这种习惯，仅仅将它看作是一张纸，那么情况就不一样了。

2. 与知识经验相关的消极定势

知识经验越牢固越易产生定势效应，刚发生的感知经验也易于形成定势效应。有时与专业领域外的专家讨论，某些久而不决的问题就迎刃而解了，这也源于专业知识所引起的定势效应。从创新思维的角度来说，经验具有很大的局限性，束缚了思维的空间。主要表现在：

(1) 经验具有时空的局限性。任何经验总是在一定的时空范围中产生的，往往也只适应于这个特定的时空范围。一旦超出这个范围，该种经验能否有效，是值得怀疑的。

(2) 经验具有主体的局限性。任一思维主体不管经验多么丰富，从数量上讲，总是有限的，他没有经历过的事情也总是无穷多的。

【案例 2-6】 盲人过干涸小河的桥

有个盲人从干涸小河的桥上经过时，不慎失足滑倒了，他两手紧紧地抓住桥栏杆，心想：如果失手放开，肯定会掉进河里，并且自己不会游泳。有过路人告诉他："不要怕！只管把手放开，下面是平坦之地。"但是盲人不信，惊恐地抓住栏杆大哭大叫，直到筋疲力尽脱手掉到地面，未伤皮毛。盲人自嘲地说："嘻！早知下面是平地，何必这样长久地自找苦吃？"

【点评】

盲人之所以不听从别人的指导，除了他和明眼人对这个世界有不同的体验和感悟外，还存在"桥下面一定是水"的定势认知。所以，他无论如何也不相信"过路人"对桥下情况的描述。的确，一个人要相信超越自己经验范畴的事物是很困难的。

3. 与观念意识相关的消极定势

一个人的观念越巩固，就越容易产生定势效应。观念是一个人的系统的稳定的思想意识，观念对行为的指向作用十分明显。因为在采取行动之前，人们往往总要进行思想认同工作，这一工作便是为了改变原有头脑中的观念，形成新的观念，产生新的行为。否则，就可能产生观念的定势效应。

【案例 2-7】 大象的观念

在马戏团的大帐篷里，你也许会找到被细绳拴在柱子上的大象。其实，这些力大无比的动物可以轻易挣脱绳索或拽倒柱子，但它们甚至连试都没试过。这是因为它们已经被禁锢在了有限的习惯领域里。当这些强壮的动物年幼时，驯兽员就用坚固的金属链条把它们拴在了混凝土或钢柱子上。一开始，小象挣扎着想逃走，却徒劳无益。几个月以后，它们便形成了这种想法，认为只要有绳子拴住脚就是不可能逃脱的。现在，当大象发现自己被绳子拴在柱子上时，使它相信没有逃跑的可能；所以，它们永远都不会去尝试。

4. 与从众倾向相关的消极定势

从众效应是指当个体受到群体的影响(引导或施加的压力),会怀疑并改变自己的观点、判断和行为,朝着与群体大多数人一致的方向变化。这种“从众定势”,使个人有一种归宿感和安全感,能够消除孤单和恐惧等有害心理。另外,以众人之是非为是非,人云亦云随大流,也是一种比较保险的处世态度,因而被大多数人所采纳。

【案例2-8】　阿希效应

美国社会心理学家阿希于1956年做了一项著名的试验研究。阿希让一个人去参加一个由4名助手组成的试验小组,请他们5个人判断几条线的长度是否一样。由于此人不知道其余4人是阿希的助手,在他们4人故意作出错误判断的作用下,他尽管对这些错误有所意识,但仍然跟着作出类似的错误判断。试验表明,大约有50%的人在其他人的影响下会作出错误的判断,明显地表现出阿希效应。

5. 与动机情感相关的消极定势

在兴趣、需要、动机、情绪等主观心理的影响下,也会形成某种定势。比如人的情绪在非常愉快时,会对周围的事物产生美好的倾向;当不顺心时,会对周围的事物产生什么都不顺眼的倾向;而当前的压力也会限制我们的远见。

【案例2-9】　抬着驴赶集市

有个故事说的是父子俩赶着驴子到集市买食品。起初父亲骑驴,儿子走路,经过的路人就说:“真狠心哪,一个强壮的汉子坐在驴背上,那可怜的小家伙却要步行。”于是父亲下来,儿子上去。可是人们又说:“真不孝顺呀!父亲走路,儿子骑驴。”于是父子两人一齐骑上去。这时路人说:“真残忍呀!两个人骑在那可怜的驴背上。”于是两人都下来走路。路人说:“真愚蠢呀!这两个人步行,那只壮实的驴子却没有东西驮。”……他们最后到达集市时整整迟到了一天。人们惊讶地发现,那人同他儿子一起抬着那只驴来到了集市!像这个赶驴子的人一样,我们有时也会因为过分担心所受到的压力而看不清方向……

6. 与各种权威相关的消极定势

在社会心理学中，权威效应是指一个地位高、有威信和受人敬重的人，他所说的话及所做的事就容易引起别人重视，能够产生巨大的影响力，使人们相信其正确性的现象，也就是我们常说的“人微言轻，位高言重”、“言由人定，人以位重”等。

在日常生活中，我们应该特别警惕“权威泛化”的现象。所谓“权威泛化”，是指把个别专业领域内的权威，不恰当地扩展到社会生活的其他领域之内，这种泛化加剧了人们思维过程的权威定势。

【案例 2-10】 “闻气味”实验

美国一所大学的心理系做了一个有趣的“闻气味”实验。实验是这样的：“冈斯·施来特博士是当代世界闻名的化学家，这次被特邀到美国来研究某种物质的物理化学特性。”实验者作了简短介绍后，施来特博士用德国人特有的语调向在座的学生们解释说：他正在研究几种物质的特性，其中特别使他感兴趣的是这些物质的扩散作用极快，人们能够马上闻到它们的气味。由于大家都是研究感觉问题的，所以他就同大家一起来做实验。说完，他就从包里拿出一个装着液体的玻璃瓶，并要求学生们一起参加这个实验。他说：“现在我拔出瓶塞，这种物质马上就会从瓶子里挥发出来。这种物质完全是无害的，不过有那么一点气味，就与我们厨房里闻到的气味差不多。这个瓶子里装的是样品，气味很强烈，大家很容易闻到。只是我有个要求，你们一旦闻到气味，请立刻把手举起来。”“化学家”让大家做好准备后，就马上拔出瓶塞。不久就看见同学们从第一排到最后一排依次举起了手。施来特博士向学生们道谢后，带着满意的神情离开了。于是，实验者向学生们宣布，“施来特博士”并不是什么别的人，只是德语教研室的一位教师化装的，而所谓带有强烈气味的物质，只不过是一瓶蒸馏水罢了。

7. 与自我偏向相关的消极定势

自我偏向性思维，是一种在客观事实与自我关系的交合中以自我性为基础并过于相信自己判断的思维方式，以习惯性和主观性为主要特点。自我偏向性思维有时表现为过度地依靠直觉，有时表现为脱离实际的自我判断标准，有时表现为总是按照自我的习惯来指导行为。它模糊了主观与客观的界限，潜意识性地以保护“自我”为核心。

当然，这种自我并不局限在人的心理上，它可以扩大到专业、职业、偏好等领域。这种思维方式在创新思维中是应该努力克服的，它将阻碍思维空间的拓展和创新方法的获得。

【案例2-11】　都是自我偏向

有一天吃晚饭的时候，正在上小学的弟弟给全家人提出了一个很奇怪的问题：“要是全世界的电话线路都断掉了，会产生什么结果?”

当医生的爸爸回答说：“病危的人就不能得到及时的救治，使死亡率上升。”

当消防队员的哥哥回答说：“报警速度将会降低，使火灾的损失大大增加。”

热恋中的姐姐回答说：“两人约会的次数一定会大大减少。”

善于持家的妈妈高兴地说：“那太好了，我们就不用付电话费了！”

人类生活在两个空间中；系统观念使人具有宽展的时空视野

第3章 空间与系统观念

一、空间

空间是物质存在的一种客观形式，由长度、宽度和高度表现出来，是物质存在的广延性和伸张性的表现。物理学对空间的解释是：宇宙中物质实体之外的部分称为空间。数学对空间的解释是：空间是指一种具有特殊性质及一些额外结构的集合。这两种解释对我们理解空间观念是很有帮助的。

1. 空间与物质的关系

空间本身和时间一样都是不依赖于人的意识而存在的。爱因斯坦在《狭义与广义相对论浅说》一书中认为："空间-时间未必能看作是可以脱离物质世界的真实客体而独立存在的东西。并不是物体存在于空间中，而是这些物体具有空间广延性。这样看来，关于'一无所有的空间'的概念就失去了意义。"当回避了先有空间还是先有物体的前提时，我们起码可以得到如下三个方面的认识：

(1) 空间和物质不可分离。没有离开物质的空间，也没有离开空间的物质；物质必定在空间中存在，空间也只有在物质中存在。

(2) 空间的广阔性是物质性的表现。任何物质的存在总要占据一定的空间，哪怕是无限接近零的空间；它的发展是在空间中延伸和体现的，同时它与其他物质的联系也都是要在空间中进行的。

(3) 空间是具体事物的组成部分。眼睛可以看到、手可以触到的具体事物，都是处在一定空间位置中的具体事物，都具有空间的具体规定。大家可能认为，空间不像具体的物质形态，好像是摸不着、看不见的，其实并非如此。当我们接触到一座房子、一辆汽车、一本书，实际上不仅看到了这些物体在空间中的存在，同时也起码看到了这些物体的空间边界——空间的位置和空间的界域。

2. 物质在空间中运动的表现形式

(1) 位置。位置是指物体在空间中的定位。一般来说，某物体位置变化是相对另一物体而言的，是一种物体与其他物体之间相对的变化。

(2) 联系。联系是指事物内部矛盾双方或事物之间相互依赖、相互制约、相互渗透和相互转化的关系。物质世界是普遍联系的统一整体，完全孤立的事物是没有的。

(3) 变化。变化即宇宙间所发生的一切变化和过程，从简单的位置变动到复杂的人类思维，都是物质运动及其结果的表现。

3. 物质在空间中的具体形式

世界上的物质一般都有一定的、具体的形状、体积、位置和关系等。物质的形状、体积、位置和关系等都是要以空间为背景而表达出来的。比如：一台电视机是矩形的还是正方形的？有多长、多宽、多高？这台电视机放在房间的什么位置？面朝南还是朝北？它的上下、左右和前后都有什么东西等。这一定的形状、体积、位置和关系就是物质空间中的具体形式；而其中的位置，通俗地说主要表示了“所在”、“所占”和“所邻”。

4. 空间中的维

在这里，“维”是一种度量。在三维空间坐标上，增加时间就构成四维时空。现在科学理论有认为整个宇宙是十一维的。关于空间的维，以往相关学科中最基本的描述是这样的：

(1) 零维是点，没有长、宽、高。

(2) 一维是由无数的点组成的一条线，只有长，而没有宽、高。

(3) 二维是由无数的线组成的面，有长、宽，而没有高。

(4) 三维是由无数的面组成的体，有长、宽和高。在三维的空间中，物体起码有上下、左右和前后六个最基本的方向，见图3-1。

图3-1　空间中最基本的六个方向

二、 时间

时间是指物质运动过程的持续性和顺序性。

1. 时间是物质运动存在的形式

我们知道：世界是物质的，物质是运动的，物质的运动是不能离开时间的。任何一种物质的运动，都是在一定的时间中进行的；或者说，任何一种物质的运动，都是在时间标尺的刻度上分辨出来的。所以，物质运动不可能存在于时间之外，时间为物质运动的存在形式。

2. 时间的持续性和顺序性

它主要表达了“变化”的概念。离开了时间形式，就没有物质运动一个阶段接着一个阶段的持续性和顺序性，一切就都是死寂的。也就是说，世界上一切事物的发展过程，总是具有先后相继、首尾相接的顺序性和长短不一的持续性。比如：人就是从出生开始，经过婴儿、幼儿、少年、青年、中年、老年直到死亡这样一个具有顺序的持续过程，这个持续性就是时间，也表现为岁数。

【要点提示3-1】 通过一个或多个“过去点”与“现在点”的变化共性来预测未来

(1) 在四维空间中，时间的持续性和顺序性是表示时间维存在的方式之一，即物质的发展或进化是放在时间的持续性和顺序性的框架或尺度下来比较、度量和衡量的。

(2) 如果在四维空间中去掉时间维，就是三维空间。这样，持续性和顺序性作为发展或进化的特征在三维空间仍然抽象存在，只不过需要通过比较来体现。

(3) 持续性在发展或进化中总是连续不断的，在历史长河的意义下，并不需要我们考虑进程中“现在点”与“将来点”之间的精确的时间间隔。

(4) 顺序性具有有序的意思，有序不仅指不变性、稳定性、规律性、重复性，而且还具有因果性、必然性；也许，更深层次地讲，有序性意味或隐含着和谐、逻辑上的一致性、进行归纳或演绎因而具有预见的可能性。所以，顺序性表示了物质发展或进化的趋势总是具有规律性的，我们可以在进程中通过一个或多个“过去点”与“现在点”的变化共性来预测将来的可能。这不仅对于理解“理想态趋势”(可参考“TRIZ 初步认识”章节)的概念是有帮助的，而且对预测也是有帮助的。

(5) 时间的持续性和顺序性表示的不仅是一个度量的概念，同时也是一个哲学的概念，并且一般也总是具有过去、现在和未来这“三时性”。

图 3－2 显示了“船的动力发展”。这里的“考察点”都是指动力方面，我们还可以找到许多其他的考察点，用以对发展的预测。如果将发展点通俗地称为进化点，就最右边的图而言，动力进化点可能向什么方向再发展呢？显然读者已经知道了。但是，在此基础上还会向什么方向发展呢？这就需要进一步思考了。因此，它是创新思维中的一项基本原理，也是 TRIZ 理论的原则和基本要求之一。

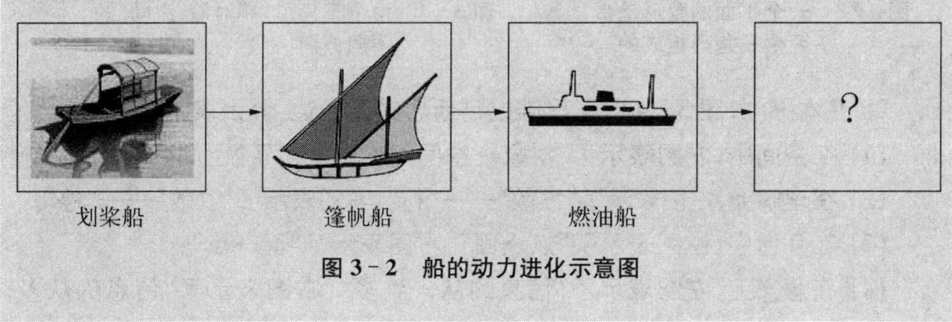

图 3－2　船的动力进化示意图

3. 时间的不可返性

时间在物质运动过程中除了表现持续性和顺序性外，它的另一个重要特点是一维性，即不可返性。也就是说它一往直前，朝一个方向前进。今天已过，永远不会再来，所以古人说“一寸光阴一寸金，寸金难买寸光阴”。

三、　菱形思维模式中的“对象-空间”模型

世界著名的创造学家阿里克斯·奥斯本认为，创新思维的过程是通过“行(go)——发散思维”与“停(Stop)——收敛思维”的反复交替来进行的，以逐步接近所需要解决的问题。

【要点提示3-2】 “对象-空间”概念意义之一——用菱形思维模式的表达

1. 所谓菱形思维模式的图形实质可以理解或分解为是由两个三角形组成的图形，其中可用虚线分开，见图3-3。在平面图中，当我们把三角形的顶点看作“对象”或“一个对象”(在理解的转换中，一个对象的定位很重要)，将对着顶点的线看作空间或“无数对象”(在理解的转换中，无数对象的定位很重要)，将两条斜边看作是从对象发出的有无数方向性线条的话，就形象化地描述了“对象-空间”的术语，见图3-4。

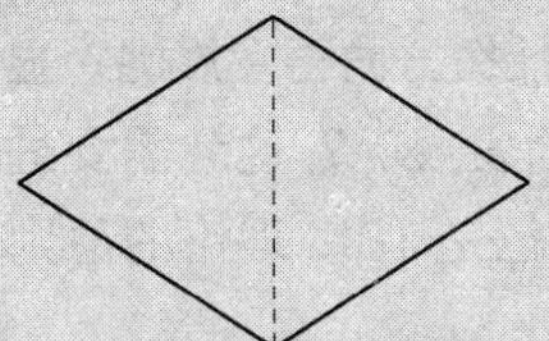

图3-3 一个平面的菱形是由两个三角形组成的

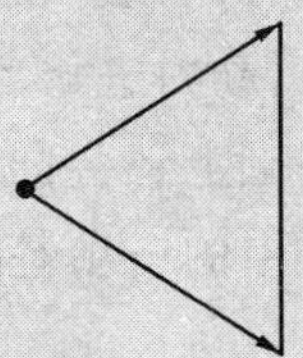

图3-4 两个三角形中“对象-空间”的不同方向

2. 在本书中，图3-4对于思维或创新思维的表达，分别表示了：

(1) 在空间中，左图表示了“对象→空间”，右图表示了“空间→对象”；

(2) 在理解上，左图表示了“发散”——“行”，右图表示了“收敛”——“停”；

(3) 在几何中，左图表示了“点→面”，右图表示了“面→点”；

(4) 在意义上，左图表示了“信息的从一到多”，右图表示了“信息的从多到一”。

3. 我们可以将图3-4分解成最简单的图3-5式样，它体现出“点-线”的形式。

图3-5 最简单的“点-线”结构

(1) 当“点”表示“停”，“线”表示“行”的时候，可以示喻奥斯本“行-停”模式的基本意义；

(2) 当“点”表示“弄清”，“线”表示“联系”的时候，可以示喻本书“弄清-联系”模式的基本意义。

4. 这两个三角形是从一个菱形中分解出来的，这也预示两个三角形的活动是一个“整体”。尽管各自独立的三角形都有自己确定的意义，但是，当我们把它们“合”在一起并以多级的状态出现时，就形成了如下状态：

(1)“对象→空间→对象”或者“发散→收敛→发散”或者“点→面→点”或者“从一到多→从多到一→从一到多”等结构,见图3-6。

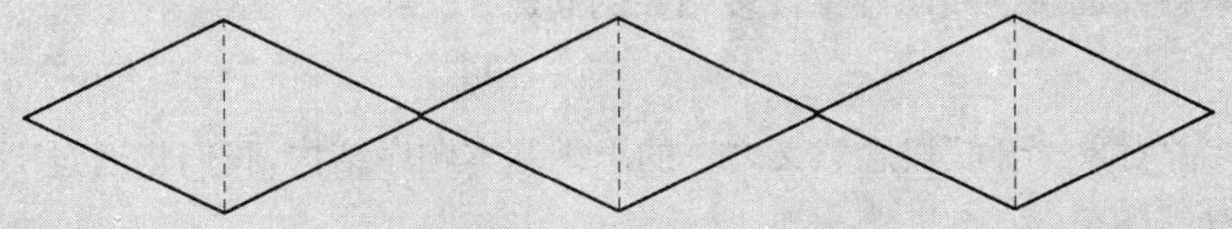

图3-6　菱形的“对象→空间→对象”多级状态

(2)“空间→对象→空间”或者“收敛→发散→收敛”或者“面→点→面”或者“从多到一→从一到多→从多到一”等结构,见图3-7。

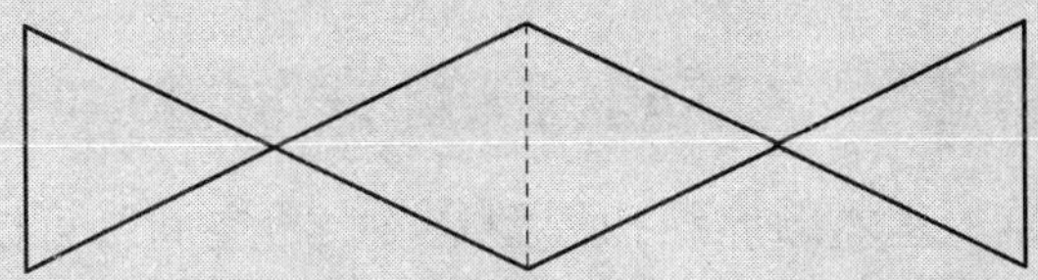

图3-7　菱形的“空间→对象→空间”多级状态

5. 如果我们将上述的情况以“点-面”作为图形代表,以“从一到多”和“从多到一”作为含义代表的话,那么:

(1)“从一到多”中的“多”表示了由联系的动作和联系的路径而产生的数量:① 在数量上,“多”一方面表示了信息或对象的数量结果,另一方面也表示了方向(观念、视角等)参与的结果。前者的结果是信息数量越来越多——趋向于几何级的增加,后者的结果是方向数量越来越多——趋向于向立体化空间的充盈。② 在联系上,“多”一方面表示了与多个对象的联系,另一方面表示了用多种方式或方法的联系。

(2)“从多到一”既可以是“集合中选择”,也可以是“择点再发散”。① 所谓的“集合中选择”,是指主体终止多级菱形结构延伸,并在特定的集合中选择需要的某一或某些点;比如A君具有爱好书法、绘画、音乐等的集合,企业在其中选择绘画。② 所谓的“择点再发散”,是指主体在特定的集合中选择某一点后,驱使多级菱形结构改变方向性地继续延伸进行再发散的活动;比如特定的空间中是A、B、C、D、E等对象的集合,主体在其中选择A对象,并通过发散活动想知道A对象究竟是什么或有哪些特征或与什么联系等。

"对象-空间"概念意义之一——用菱形思维模式所表达出的"发散-收敛"或者"点-面"或者"从一到多-从多到一"等认识具有重要的模型作用，它可以用来解释或理解创新思维中许多相关的问题。

作为"对象-空间"概念意义之一的思维基本顺序结构，我们将通过下面的技法来进行讨论。

【创新思维基本顺序结构类型技法】

1. 基本原理或理解

【要点提示3-3】 创新思维基本顺序结构模型——"对象-空间"

(1) 创新思维的基本顺序结构模型是"对象-空间"，可以分为常见的"对象→空间"和"空间→对象"两种。需要强调的是，对这种结构模型的认识是就创新思维而言的。

(2) 在空间观念下，"对象-空间"之间存在着相互的关系，其实也是"点线观念"下的"点-面"结构，进一步了解可阅读"点线观念"章节。

(3) 汉语中的某些成语中也同样存在着这种基本的顺序结构，它不仅表示了方向性和方法性，也同时表示了哲理性。比如"举一反三"是"对象→空间"。关于这方面进一步的了解，可阅读"点线观念"章节。

(4) "对象-空间"所表达的基本意义和区别是：① "对象→空间"表现为通过对象寻找、获得和扩展空间，或者是通过一个点寻找、获得无数的点。② "空间→对象"表现为通过空间寻找、获得和增加对象，或者是通过无数的点选择、获得一个或几个点。

(5) 在我们对某一主题进行创新思维时，首先需要选择的是从"对象→空间"开始，还是从"空间→对象"开始。

(6) 虽然"对象-空间"的关系中存在"对象→空间"和"空间→对象"两种基本顺序结构类型，但是这两种类型在一条思维线上或某一思维过程中是具有交替性和连续性的，见图3-8；菱形思维模型将有助于我们对这方面的理解。

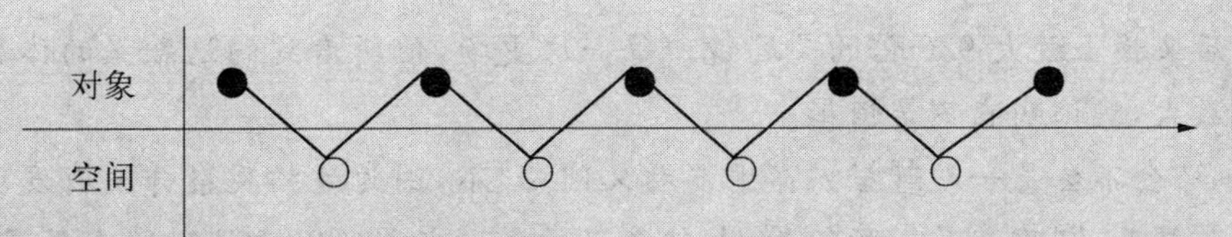

图 3－8　一条思维线上“对象”与“空间”交替和连续的示意图

(7)“对象→空间”和“空间→对象”的两种顺序结构类型是我们创新思维在空间中表达的两个重要基本程序结构。

2. 目的对象

在对任意一事项或主题进行分析后，可以选择“对象→空间”或“空间→对象”的基本顺序结构模型。因为这两个不同模型所产生或要求的具体方法或技法是不同的；这种认识仅仅只是一种程序结构，也许它并不能使你获得什么。但是，最起码它告诉你，当前需要或应该进行的程序结构是什么。

3. 基本步骤

基本步骤见图 3－9。

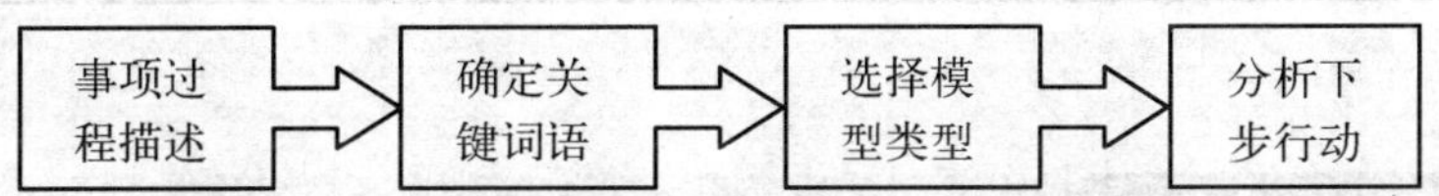

图 3－9　创新思维基本顺序结构类型技法基本步骤

4. 操作实例

【案例 3－1】　赫歇耳发现天王星

1781 年 3 月 13 日的晚上，赫歇耳带着妹妹卡罗琳同往常一样爬上房顶的小平台又开始仰天数星了。突然，赫歇耳惊奇而又兴奋地叫了起来，他们看见一颗完全陌生的星发出微弱的光芒，在天际缓慢移动。“它会不会是一颗遥远的恒星呢?”卡罗琳问。

“鉴别它是不是恒星，只要更换不同倍数的望远镜就行。”赫歇耳边说边给望远镜换上了能够放大 270 倍的目镜镜面，“因为如果是恒星，无论用多大的望远镜看，它的体积也不会变。”说完，他看了会儿，再换上放大 460 倍的望远镜，最后又换上放大930倍的望远镜。每一次更换，他所看到的这颗星的体积都在放大，这证明它不是恒星。

“会不会是一颗彗星呢?”卡罗琳又问。“不，因为连续观察并没有发现它的长尾巴。”“难道是一颗行星，太阳系里的一颗新星吗?”卡罗琳睁大了眼睛，神色激动地问。

天王星被发现了！它距太阳约28亿公里，绕太阳公转一圈要84年。这样一来，太阳系的范围就比原先知道的一下子扩大了1倍。第一次扩大了太阳系疆界的范围，接着人们又相继发现了海王星、冥王星(2006年，国际天文学联合会将冥王星排除在太阳系九大行星之外)。不仅如此，赫歇耳还是第一次提出银河系模型的人，并得出了银河系有限以及银河系内恒星可数的科学论断。

【点评】

对象		空间		后续活动
发现天王星	→	扩大了太阳系疆界的范围	→	相继发现了海王星、冥王星

【案例3-2】 哈雷发现彗星

1676年，哈雷升入大学四年级时，他的父亲病故了，他因此获得了一笔为数不小的遗产。那时，他听说当时所有的天文研究机构都建立在北半球，还从未有人在南半球上观察过星星。年轻的哈雷下定决心，弃学去南半球建立一所天文研究机构。于是，他带着两个年轻助手来到距英国本土11 000多公里位于南纬16°的大西洋圣赫勒纳岛上。

1682年的一天夜晚，哈雷正在聚精会神地观察星空，突然见天空中出现了一个怪物：它披头散发，拖着一条摇曳不定的闪着光亮的“尾巴”，扫帚似的横空掠过，一下子神秘地消失在宇宙深处。哈雷知道这就是彗星，并且预言这颗彗星将于1758年底或1759年初重新出现在人们眼前。

1758年12月25日，就在哈雷离开人世16年后，这颗彗星果然如期而至，哈雷的预言被证实了，人们为了纪念他，就把这颗彗星命名为“哈雷彗星”。

【点评】

空间		对象		后续活动
在南半球建立第一个天文机构	→	1682 年发现"哈雷彗星"	→	计算出"哈雷彗星"的轨道

四、 空间观念意义

1. 空间能力

空间能力是人们对客观世界中物体的空间关系的反映和反应能力，主要包括两个方面：① 空间知觉能力，包括形状知觉、大小知觉、深度与距离知觉、方位知觉与空间定向等方面。② 空间想象能力，指人对二维图形和对物体的三维空间特征（方位、远近、深度、形状、大小等）和空间关系的想象能力，例如，在心理上操作、旋转、翻转或逆转形象刺激物的能力。空间想象能力是空间知觉表象在头脑中的再现、重组与转换，是空间能力的高级表现。

【要点提示 3－4】　基于空间观念基础上的空间能力

瑟斯顿(L. L. Thurstone)在 20 世纪 40 年代曾提出智力的"多因素说"，认为数字因子、词的流畅、词的理解、推理、记忆、知觉速度和空间知觉是构成智力的七种因素，其中特别强调了空间知觉的重要作用。

的确，一个人的创新能力可以用多个指标来评价，其中空间能力是一个重要的方面。麦克法兰·史密斯在《空间能力》一书中认为"个体在获得最低水准的语言手段之后，确定其在科学方面能有多少进步，那就要看他的空间能力如何了。"美国哈佛大学教育研究院泽罗研究所的负责人 H·加登纳也指出："拓扑学在使用空间思维的程度上要比代数大得多。物理科学与传统生物学或社会科学（其中语言能力相对比较重要）比较起来，要更加依赖空间能力。

从根本上说，要想掌握这些学科，就得学会'空间语言'，就得学会'在空间媒介中进行思考'。"

在创新思维中，我们会经常用到系统、联系、发散、想象、联想、类比等，这些都是需要建立在空间观念基础上的，即使我们应用平面的思维图谱，也需要有空间的能力。在创新思维中，当你具备了空间观念的基础后，对创新思维中一些原理、技法的理解和运用，都会有事半功倍的效果。

【案例 3－3】 防止霍布森选择效应

1631 年，英国剑桥商人霍布森从事马匹生意，他说："你们买我的马、租我的马，随你的便，价格都便宜。"霍布森的马圈大大的，马匹多多的，然而马圈只有一个小门，高头大马出不去，能出来的都是瘦马、赖马、小马，来买马的人左挑右选，不是瘦的，就是赖的。为了能够让马出门，人们只能在马圈的出口处选马。大家挑来挑去，自以为完成了满意的选择，最后的结果可想而知——只是一个低级的选择结果。后来，管理学家西蒙把这种没有选择余地的所谓"选择"讥讽为"霍布森选择"。其实质是小选择、假选择、大同小异的选择和形式主义的选择。虽然做了选择，而实际上这种选择的空间是很小的。

【点评】

在案例中，"一个小门"所起的作用是限制，与其说限制了马的大小，不如说是限制了选择的空间。这个空间不仅是指本领域的空间，也同样指其他领域的空间。空间的大小决定了空间中对象的多少，如果假设一个单位的空间中有两个对象，并且你要选择一个对象；那么，在一个单位的空间中，你只能二选一，而在五个单位的空间中你就是十选一了。同样是选择，这两种不同空间大小所产生的结果显然是不同的。在创新思维中，从一到多，既是在拓展对象，同时也在拓展空间；并且更多的对象又会引起或刺激我们更多的想象。

霍布森效应讲了空间与选择之间的关系，特别是空间对于选择的重要性。在创新思维中，防止霍布森选择效应发生的一个办法就是建立空间观念。

2. 空间中的一把椅子

威廉·詹姆斯认为:“我们所感知的一部分来自我们眼前的客观事物,另一部分(也许是更大的一部分)总是来自于我们自己的大脑。”但是,大脑所储存的信息原本也来自外界,而外界的物体在空间中的原形是立体的。为了说明这个问题,我们看一下来自刘培杰在《发展空间想象力》一书中一把椅子的图形,如图 3-10 所示。

(1) 从上往下观看时,所画出来的椅子只能合理地再现出椅子的座面,见图 3-10(a);

(2) 从前面得到的视觉形象则只能再现出椅子的靠背和两条对称的前腿,见图 3-10(b);

(3) 从左右面得到的视觉形象则把椅子的典型特征体现出来了,它再现出椅背、底座、椅腿的长方形形象,见图 3-10(c);

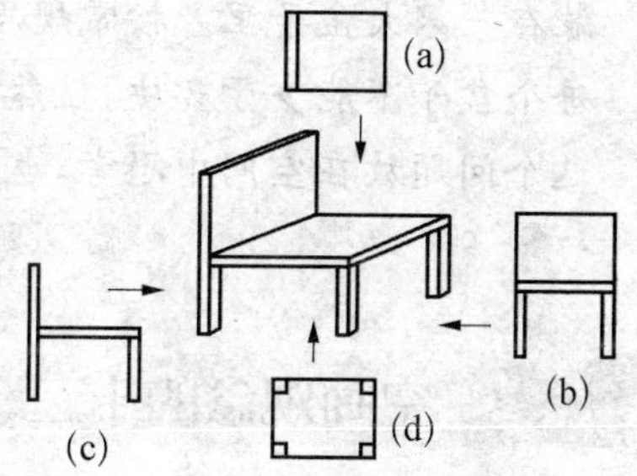

图 3-10　一把在空间中的椅子

(4) 从底下往上看去,所得到的视觉形象仅显示出位于正方形椅座四个角上的四条椅腿的对称排列,见图 3-10(d)。

3. 三个方面的思考

就基本的上下、左右和前后六个方向而言,如果事先不告诉你这是什么东西,你能看出这是一把椅子吗?也许,只有从前面和两侧看还像椅子,具有一定的识别性,从其他角度则看不出。这个问题向我们提示了三个方面的思考:

(1) 从不同的角度看事物,所得到的印象是不同的,如果我们把角度延伸到观念、视角的话,结论也是这样;

(2) 某一角度所看到并得出的结论是不全面的;

(3) 物体原本是处在立体空间中的,我们要想全面还原物体原来的形象,就必须用空间的观念来审视和看待物体。

【案例 3-4】　高尔基是如何分装的

高尔基是前苏联的伟大作家,他曾在一家食品店当童工。有一次,商店接到了一张订单,上面写着:“定做蛋糕 9 块,要装在 4 个盒子里,且每个盒子装的蛋糕不得少于 3 块。”蛋糕很快就做好了,但是,顾客要求的包装法却难倒了大家。老板左思右想，也始终想不出解决的办法。干杂活的高尔基知道后，只想了一会儿，便很快把蛋糕按要求包装好了。

【点评】

高尔基的做法是：用3只小盒子，每盒装3块蛋糕；再把3只小盒子装在一只大盒子里。按常规思维习惯，要把9块蛋糕装在4个盒子里，且每个盒子不能少于3块，显然是难以实现的。如果我们具有空间观念，将这个问题放在空间中思考，也许很快就会有办法了。

五、 空间观念的十二个基本概念

在创新思维中，笔者认为，有助于理解空间观念基本的、常用的概念是12个，它们分别是：对象、存在、联系、位置、变化、进化、假设、扩展、布局、界域、参考系和表达等。在本节中要点性地讨论后三个概念。

1. 界域

对于界域，我们主要从以下五个方面来进行讨论。

(1) 边界与界域。讨论界域是离不开对边界的认识，边界通常视为一种合理的分割。有了边界的认识，那么我们就可以将界域简单地理解为是事物在空间中的界限和范围了。也许，论域的概念具有一定的参考性或相似性。思考和行为都需要有界域，比如你的思考范围是什么，你的目标范围是什么，你的行为范围是什么等。由于分割存在有形和无形两种形式，所以边界也具有有形边界和无形边界的两种类型。比如，原来的柏林墙，在有形性方面，边界分割了空间，成为两个区域的界线；在无形方面，有的人将它视为路障。

(2) 有形空间边界。从狭义性来看，无论是在现实中还是思维中，有形边界通常是物理性的，是通过有形物体如河流、围墙、栅栏、门或线条、坐标等来表示的。

【案例3-5】 发现新大陆

1492年8月3日清晨，航海家哥伦布率领87名水手，驾驶3艘帆船，离开了西班牙，开始了人类历史上第一次横渡大西洋的壮举。两个月后，一名水手发现海面上漂来一根芦苇，兴奋得尖叫起来。因为有芦苇就说明附近有陆地。哥伦布立即命令：加速航行！同年10月11日深夜，哥伦布的船队终于发现了海岸上隐隐约约的火光。清晨，水手们看到了一片无边的陆地，个个激动得热泪盈眶，手舞足蹈……

在经历了2个月零9天的航行后，哥伦布的船队终于到达了巴哈马群岛的华特林岛。不过，他们当时误认为那里就是"印度群岛"，所以把当地的土著人称为"印第安人"。其实，哥伦布航行到达的是现在的美洲大陆。

【点评】

航海家哥伦布航行每一天的所经之处，实质上都在不断地扩大"有形空间的边界"(除非在原地打转)，见图3-11。

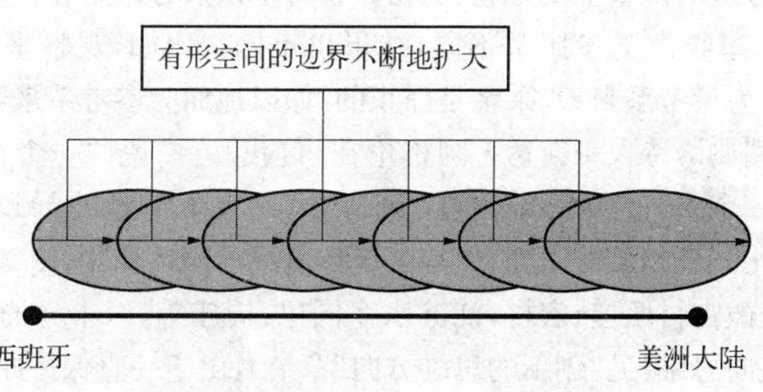

图3-11　哥伦布航行中有形空间的边界不断地扩大

(3) 无形空间边界。在创新思维中，我们更应该关注无形的边界；这里所指的"边界"是观念上的、概念上的、知识上的，并非像一堵墙或一条河流那样是真实存在的。所以，无形边界的具体形成是基于主体的情况而定的。

(4) 思维空间布局。空间的边界可视为在共时特征下的一种"合理"的"分割-组合"，所谓分割是指将关注的方面从其与其他方面无限的联系中抽取、脱离出来；所谓组合是指将不同分割的方面组织、黏合在一起的一种安排。主体的这种分割-组合行为的综合，也可以称为思维的空间布局。

(5) 主题空间边界。由于主题的介入或者是说在特定主题下，边界的作用是将需要纳入的对象和其组合成的空间与不需要纳入的对象和空间区分开来，构成主体认为和想象的、以主题为核心的思维空间界域。不同的主题具有不同的边界，甚至同一主题对不同的主体而言也具有不同的边界。所以，主题边界的空间界域情况是主体根据认识、观念、动机、目的、想象、趋势以及与相关事物联系等的反映。

2. 参考系

我们在观察和描述物体的运动时，总是相对于另一物体或物体群而言的，物理学上将这些描绘物体运动时所参照的物体或物体群称作参照系。对于观察者来讲，参照系是相对静止的，它是其他物体在某过程中时空位置发生变化的背景。其实，研究任何一个物理过程，都离不开参照系，比如笛卡尔的直角坐标系。

(1) 参考系是为确定物体的运动而被选作标准的另一物体或一组物体。如果物体相对于参考系的位置在变化，则表明物体相对于该参考系在运动；如果物体相对于参考系的位置不变，则表明物体相对于该参考系是静止的。

(2) 同一事物由于参照系不同，结果也不同。比如，观察坐在飞机里的乘客，若以飞机为参考系来看，乘客是静止的；如以地面为参考系来看，乘客是在运动的。芬兰瑞典语诗人哥斯达·阿格伦在《自我》诗中说："一个长期不变的人，变成了另外一个人。"意为你即使自己不变化，别人在变化，也导致你与别人产生了差异的变化。事物虽然不变，但是由于环境或参照系变化，使事物也会产生变化。比如，安徽古村西递、宏村，江苏水乡同里、周庄等，以本身的变化角度作为参照(属于纵向思维，见"创新的思维方向"章节)，由于一直保持原来的风格而没有什么变化；但是，若以其他城市作为参照(属于横向思维，见"创新的思维方向"章节)，由于长期没有变化，反而成为"过去的经典"，成为著名的旅游景点。

(3) 参考系的选择。在运动学中，参考系的选择可以是任意的。通常按照问题的实际情况选取适当的参考体。比如，当火箭从地球表面起飞时，宜用地球做参考体；当航天器成为绕太阳运动的人造行星时，宜用太阳做参考体。

(4) 在空间观察事物或思维与创新思维中，参考系的概念是不可缺失的。对于参考系的认识，我们起码应该知道三个方面：① 主体判断事物都需要靠参考系来进行，标准、目的和观念等都是参考系的其中之一；② 研究和描述物体运动、变化，只有在选定参照系后才能进行；③ 参考系有主观的，也有客观的。

(5) 在创新思维中，参考系具有重要的意义。不仅是因为在创新思维中选择参考系是研究问题的关键之一，而且有时还具有"等值于参考系"、"满足于参考系”等的条件意义。

3. 表达

空间意识最理想的表达是借助几何学来完成的。尽管空间和物体都是立体的，但一般情况下，我们只能用平面，特别是借助二维图形或思维图谱来表达立体的概念。不过，这并不意味着主观的平面表述与客观的立体现实具有等同性，更不意味着我们只需要从平面的角度去认知和思考对象。

六、　系统观念

系统是大家比较熟悉的，在这里只作简要的介绍。

1. 对系统的基本认识

系统不仅是自然界物质普遍存在的方式，也是事物普遍联系的基本方式；自然界的变化和发展，表现出物质性、运动性、系统性等基本特征。中国的长城、埃及的金字塔等都是人类实践中系统思想的表现，而 1969 年阿波罗登月计划的成功，被认为是系统工程实践成功的典范。系统一词最早出现于古希腊语中，它的原意是指：“事物中的共性部分和每一事物应占据的位置”。当前，学术界对系统的确切定义和表述尚未取得完全一致的认识。笔者比较赞同胡春风在《自然辩证法导论》一书中的基本观点。本书给出的系统含义定向于人工系统，并认为：系统是指具有同一目标存在于一定环境中的，由若干相互联系、相互作用的具有特定属性的要素（部分），以一定结构形成的具有特定功能的事物。或者说，若干特定属性的要素组成的、具有一定结构和一定功能的事物就是系统。每个系统都受环境的影响，并且每一个系统又是它所从属的一个更大系统的组成部分。

2. 系统的四个基本内涵项

（1）要素。要素是指构成事物的必要因素，或指构成系统的组分或组元。

【要点提示 3－5】　系统与要素的相对性原理

从无限性的角度讲，系统可以无限次或无限数分解它的部分（要素）。从层次上讲，一方面，某系统是上一个父系统的要素；另一方面，某要素又是下一个子系统的系统。这样，无论是系统或是要素都同时兼有两个相对的身份：系统和要素。

系统与要素的相对性原理在创新思维中不仅是重要的，而且对于进一步地理解“三时态和三系统的组合空间模型”和“思维对象的五个无限性”也是有帮助的。

(2) 结构。结构是指各个组成部分的搭配和排列，或是指系统内部各要素之间、系统要素和系统整体的相互联系、相互作用和组织方式的总和，它构成系统诸要素的关系、秩序和内容，也是系统组织性、有序性和功能性等的重要标志。

(3) 系统功能。系统功能是指有特定结构的事物或系统在内部的联系和关系中表现出来的特性和能力，同时也指系统作为整体与外部环境的相互作用产生的特定作用、行为、能力和功效。

(4) 系统环境。系统环境是指与系统发生相互作用而不属于该系统的所有事物总和。

3. 系统演变

一个系统既可随时间发生演变，也可按照层次发生变化。其中，按时间的变化可以分为“过去系统”、“现在系统”(一般就称为“系统”)和“未来系统”；按层次的变化可以分为“子系统”、“系统”和“超系统”。关于这方面更多的了解，可阅读“简单多屏幕空间模型技法”中的讨论。

【简单多屏幕空间模型技法】

1. 基本描述

1.1 原理点

(1) 三时态和三系统。按照上述系统演变的讨论，“三时态”即“过去时态”、“当前时态”和“未来时态”，“三系统”即“子系统”、“系统”和“超系统”。

(2) TRIZ 中将它们组合在一起形成一个特定的空间界域，它以一般系统论为基础并超越了一般系统论，是一个复合性、联系性和空间性的概念。

在二维图上，三时态可以表达在 X 轴上，并分别用 1、2、3 来表示；三系统可以表达在 Y 轴上，并分别用 A、B、C 来表示，这样就有了如图 3-12 所示的图形。

在二维坐标系中也可以显示出两个纬度交叉结点的位置和相互之间的关系，见图 3-13。

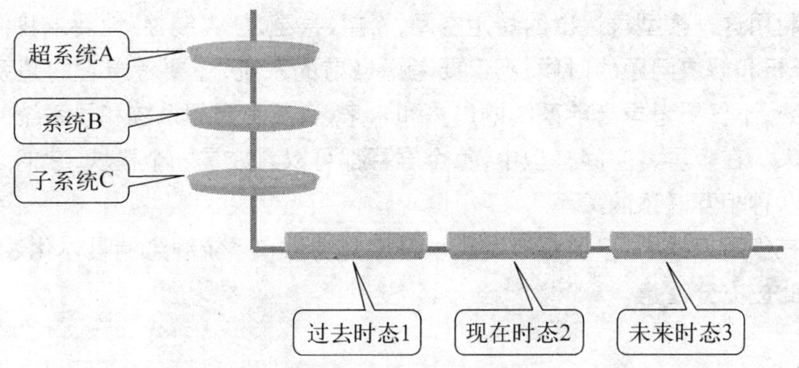

图 3-12　三时态和三系统在二维图上的表达

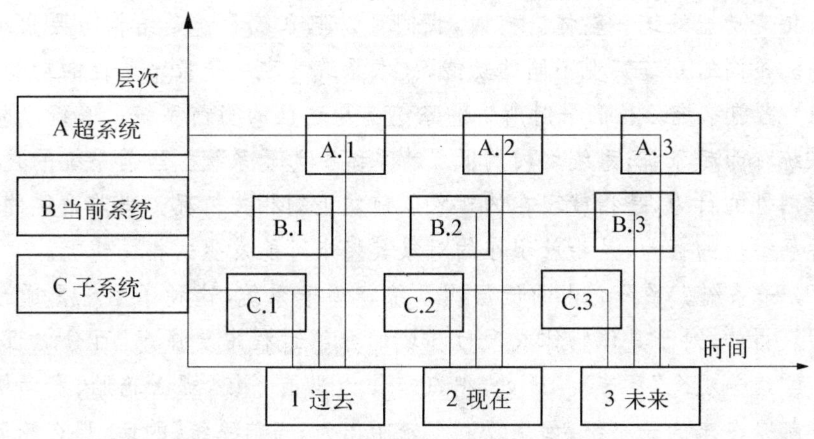

图 3-13　二维坐标中的结点关系图

(3) 在 TRIZ 中,由于三时态和三系统的组合可以用九个视窗来表达,故被称为"多屏幕法"。

【要点提示 3-6】　多屏幕空间模型

由于三时态和三系统的组合可以用九个视窗来表达,故被称为"多屏幕法",我们把这个特定的空间组合称为"多屏幕空间模型"。多屏幕空间模型是一种将三时态和三系统组合而成的一个综合性、系统性思考问题方法的特定空间模型,它似乎避免了平面表达立体的某种缺陷。

利用这一模型表达出的特定空间，希望、甚至是“强制性”地要求我们在思考、分析和解决问题的时候，不仅要考虑当前的系统，还要考虑它的超系统和子系统；不仅要考虑当前系统的过去和未来，还要考虑超系统和子系统的过去和未来。在多屏幕空间模型中，每个屏幕都可以看成是一个模块，它们之间形成了八种相互联系的关系。

在创新思维中，多屏幕空间模型是空间观念和系统观念的具体化表现，我们对此应充分注意。

1.2 理解点

系统，是由诸多相互联系和相互作用的部分或元素，按照一定的结构所组成的具有特定功能的统一整体。有时，我们可以把系统看作是结构与要素组成的功能团。不同的系统实现不同的功能，技术系统实现的是技术属性的功能。

(1) 当前系统。我们平时所讲的系统就是这里的当前系统。系统之外的高层次系统称为超系统；系统之内的低层次系统称为子系统。当前系统的过去，是一种追溯性的行为，是指就现在的对象以前发生的相关情况。当前系统的未来，是一种展望性的行为，是指就现在的对象其将来可能发生的相关情况。

(2) 子系统。系统之内的低层次系统称为子系统，这种子系统是通过系统分解后获得的，对于具体物体或项目界域的分解过程中要注意“百分之百原则”(可阅读“组分观念”章节)。比如，把汽车作为当前系统，那么轮胎、发动机和方向盘等都是汽车的子系统；如果以汽车轮胎作为“当前系统”的话，那么轮胎中的橡胶、子午线、充气嘴等就是轮胎的子系统。

(3) 超系统。系统之外的高层次系统称为超系统，它主要由外环境系统、支持系统和主体的观念或理念等组成，是技术性与社会性的融合。由此也可以看出，不同的主体具有不同的超系统空间及边界。在技术方面，我们以汽车轮胎作为“当前系统”来研究的话，那么汽车、道路、加油站、维修站和交通法规等都是汽车轮胎的超系统。

1.3 模块关系

九格视窗图中存在模块之间八种相互联系的关系，见图 3-14。

1.4 举例说明

我们以自行车为例来简要说明当前系统、子系统和超系统的组成以及彼此

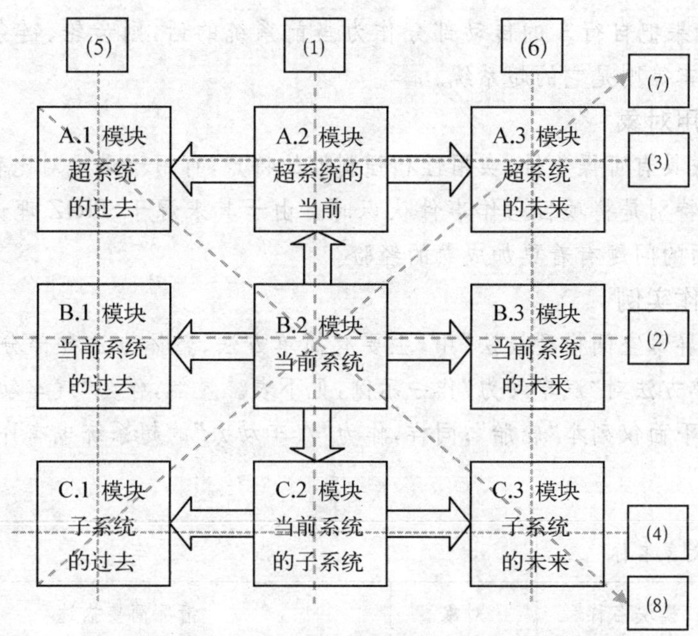

图 3－14　多屏幕空间模型八种模块之间相互联系的关系示意图

之间的关系。

(1) 如果把自行车作为一个当前系统,那么传动部分、车架、轮胎、车把等则是自行车的子系统;而当前系统无论静态还是动态功能发挥中的主客观性的空间、场所、条件、影响、支持以及无论是作为主体的人还是作为客体的人等都属于超系统。自行车的超系统可以有:道路、停车地、修理处、驾驶者、对其他人和事物的影响、交通法规等。见图 3－15 所示。

图 3－15　自行车的系统、子系统和超系统的示意图

(各图片资料来自百度网站)

(2) 如果把自行车的传动部分作为当前系统的话,则齿轮、链条等是子系统,而自行车等则是它的超系统。

2. 作用对象

本方法具有可操作性、实用性和强制性的特点,可用于满足对比较复杂的问题的思考,特别是将项目当作事件认识时。由于其来源于TRIZ理论,所以,对于技术方面的问题有着更加成熟的经验。

3. 操作实例

在"多屏幕空间模型技法"中,主要有简单方法、整体方法和部分方法三种。下面用简单方法对"汽车动力"作一示例,见下表。显然,作为"汽车动力"的子系统有许多,下面仅列举"轮胎";同样,作为"汽车动力"的超系统也有许多,下面仅列举"道路"。

整体对象名称		汽　　车	
序号	模块名称	对象	情况简要描述
1	当前系统	动力	内燃机……
2	过去系统		早期内燃机……
3	未来系统		混合动力……
4	当前子系统	轮胎	无内胎低压轮胎……
5	过去子系统		内、外组合轮胎……
6	未来子系统		不需充气轮胎……
7	当前超系统	道路	高速公路……
8	过去超系统		柏油路……
9	未来超系统		智能化公路系统……

第4章 点线观念

人类思维方式的进化与几何体系的演变具有同构性，即几何体系是从点到线、从线到面、从面到体、由简单到复杂演变的；而人类的思维方式也是从点思维到线思维、从线思维到面思维、从面思维到体思维、由简单到复杂、由低级到高级演进的。不过，我们这里所讨论的“点-线”是指现代思维在几何学构形上的类似性，并可借助其对思维的规律进行某些说明和以此建立某些基础模型，并非指通常所讲的点思维和线思维等。

一、思维中点线关系论说

1. 思维中点线结构论说

笔者认为，众多学者就思维方面在认识、记忆、储存和联系等的对象上而言，其中隐含、喻示或者可以抽象、归纳为点、线、面和体的形态，特别是点和线。

(1) “认知”和“筹划”。徐长福在《理论思维与工程思维》一书中认为：人类有两种旨趣殊异的思维活动，一是认知，一是筹划。认知可用点来表示，为了弄清对象本身究竟是什么样子；筹划可用线来表示，为了弄清如何才能利用各种条件做成某件事情。并进一步将其归类为“理论思维”和“工程思维”。

(2) “陈述性记忆”和“程序性记忆”。彭聃龄在《普通心理学》一书中指出：国外有学者将记忆划分为陈述性记忆和程序性记忆。陈述性记忆可用点来表示，程序性记忆可用线来表示。

(3) “点的记忆”和“线的记忆”。日本创造学家中山正和教授，根据人的高级神经活动理论，把人的记忆分成“点的记忆”和“线的记忆”，通过联想、逆向思维、类比等方法，来搜索平时积累起来的“点的记忆”，经过重新组合，把它们连成“线的记忆”。

2. 笛卡尔连接法

徐斌在《创新头脑风暴》一书中说：笛卡尔连接法的原意是指用抽象的几何图形来说明代数方程，尽可能采用“智力图像”来解决问题。“智力图像”即指存在于人的思维中的某种思维模型。这种思维模型是通过某种图像或图形符号来显示的。比如说，类似于物理模型、几何模型等。然后，我们尽可能采用这种图像模型来进行思维。换言之，笛卡尔连接法就是指我们在思维时，将抽象的概念、原理、关系等，用生动具体的图像模型加以展示，并进行相关分析、处理的思维技巧。事实上，我们在不知不觉中运用笛卡尔连接法的地方很多，比如商业领域里，分析商业问题的各种模型，如战略管理方面的“5 力”模型、营销领域的“4P”分析等，这些模型将抽象的材料、信息概括为主要的几个关键维度，由这几个关键维度来分析复杂的商业现象，从而找到解决问题的方案。

笛卡尔连接法在解析几何时代以及相对论时代曾发挥过巨大的作用，时至今日，这种思维技巧仍是时代前进的一把利器。为此，萨根在《伊甸园的飞龙》一书中曾指出，在古代科学中，“一系列学说或自相矛盾冲突，或相互无制约影响”，在这种情况下，人脑“左半球总是与右半球的观点相对，这就使外观上互不关联或者观点截然相反的笛卡尔连接法再度成为迫切需要”。在科学高度发达的今天，运用笛卡尔连接法这种思维技巧来进行科学创造，已成为一种必须。

杨振宁博士在论及“物理原理几何化”的重要意义时，也曾举例说明笛卡尔连接法的重要作用，他说：麦克斯韦就是用数学方程表示了法拉第关于磁力线的几何想法，而爱因斯坦也在许多文章中讲到了物理原理几何化的问题。爱因斯坦把电磁场看作空间结构实际上就是把它看成几何结构。从广义上讲，这种将引力看作几何，将物理原理看作几何，正是笛卡尔连接这种思维技巧的直接应用。所以，将笛卡尔连接法移植到创新思维领域中，是具有广阔意义和实用价值的。

二、数学与思维中的点-线

空间观念中的具体表现是特定空间，无论这个“特定”是指什么或者说是怎样形成的，但都必须以具体的空间形态表现出来。一般来说，空间结构及性质最好的表达学科是数学，其中几何学是最通俗易懂的。几何学是研究空间关系的数学分支，是研究空间结构及性质的一门学科，它通过点、线、面、体来研究物体的状态、方向、位置和相互关系等。

1. 点是几何学的基础

(1) 点是空间中只有位置，没有大小的图形，是几何学的基础，这是毋庸置疑的。世界是由万物组成的，点也指万物中的"物"或者对象。

(2) 作为思维中的点，它既具有几何学点的图形，也具有结点的性质；所谓结点，是指一个网络中的一个限定点，把某些或所有的其他关系集结起来的集合点。

(3) 任何大小的点本身也具有一定的空间；因此，点是立体的。如果此时你能联想到"魔方"，那么对你的理解一定是会有帮助的。

(4) 空间中的点在外观上是图形，在认识上是指对象；就空间中内容所表达的术语而言，点和对象具有相同的意义；它们没有大小之分，也是形形色色的。我们既可以将月亮看成是一个点或对象，也可以将原子看成是一个点或对象；既可将某一系统看成是一个点或对象，也可以将该系统中的一个部分看成是一个点或对象；既可将边缘不规则的一座山看成是一个点或对象，也可以将边缘规则的一台电视机看成是一个点或对象。

(5) 作为思维的点或对象，可以是某一事件，比如"××地震"；可以是某一概念，比如"苹果"；可以是某一物体，比如一辆"汽车"；可以是某一图形，比如一滴墨汁掉在白纸上所形成的"图形"；可以是某一词语，比如"曹冲称象"；可以是某一观念，比如"顾客价值"；可以是某一行动，比如"弯曲"等。

【要点提示 4-1】 点与点之间的观念

点与点之间的观念对于理解点线观念具有重要的作用。托马斯·阿奎那在 1265 至 1273 年所撰系统的天主教神学著作《神学大全》中认为：空间是一个集合，最基本的元素是点，点的集合是线面体。在两点之间有着无数的中间点，"没有哪两个点之间没有中间物"，对于可分割的空间来讲也必然如此，物体的连续运动就说明了这一点。如果不是经过了一段时间，物体是不可能从一处运动到另一处的。如果运动的物体在刚刚逝去的此刻和继之而来的此刻都位于同一处；也就是说，如果它在这两个此刻都位于同一位置，那么只能得出这样的结论：它是在那里静止不动的；所谓的静止不动，就是指在以前和现在都位于同一位置。显然，这与时间的计量单位有关，如果点与点之间的移动是以秒来计算的，那么小时的测定只能判断为是“静止”的。所以，既然在计量运动之时间的第一个此刻与最后一个此刻之间有着无数的此刻，那么必然，在运动开始的位置与运动停止时的位置之间也存在着无数的位置。

2. “点-线突-线”模型

在人们的认识或理解中，虽然知道“点-线”具有几何的基础，但是，当把它与思维联系起来的时候，总会产生些困惑，比如：它的模型是想象的套用还是具有人体生理基础的？

(1) 神经元。神经元即神经细胞，是神经系统结构和机能的单位。神经元具有细长突起的细胞，它由胞体、树突和轴突三部分组成，形成“胞体-树突-轴突”模型，如图 4-1 所示。

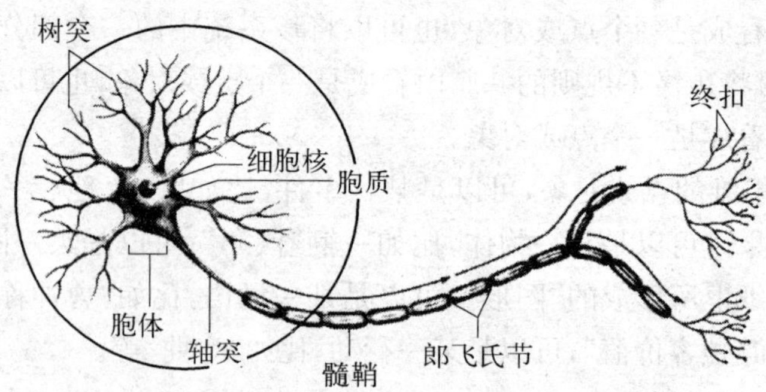

图 4-1 神经元基本结构示意图(“胞体-树突-轴突”模型)

(资料来源：彭聃龄《普通心理学》)

(2) “点-线突-线”模型。在思维的“点-线突-线”模型中，“点”相当于神经细胞的胞体，“线突”相当于神经细胞的树突，“线”相当于神经细胞的轴突，如图

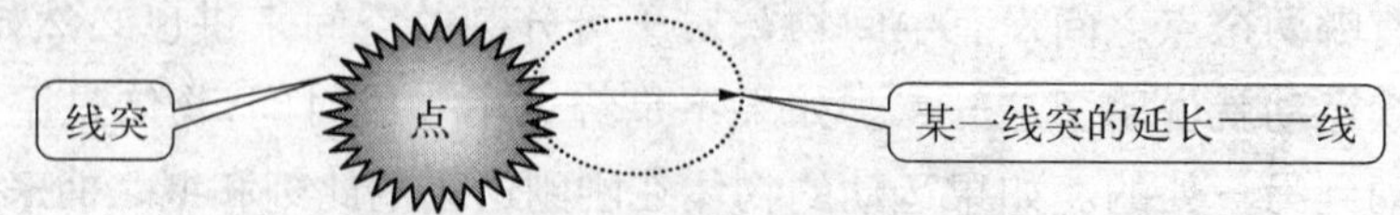

图 4-2 点-线突-线的示意图

4-2所示。

(3) 都是以立体的方式展示的。图4-1和图4-2所示的都是某一平面的剖面,其实,它们在空间中都是以立体的方式展示的。

【要点提示4-2】 "点-线突-线"模型

"点-线突-线"模型是本书独创的。笔者认为:

(1) "胞体-树突-轴突"模型与"点-线突-线"模型具有同构性和模拟性,以此说明"点-线突-线"模型在思维中不仅具有客观性、物质性,而且还有认识的说明性、表达性和模型的抽象性。

(2) 在思维中,最基本的模型是"点-线突-线",最基本的组合是"点"与"线",所以,我们平时可以用简化的"点-线"模型来表示。

(3) 点。"点"指"本点"、"元点"或"基点",表示物质的具体存在对象和思维的目标对象。

(4) 线突。点的结构上"与生俱来"就有"线突"的存在,它表示自然界中物质的普遍联系。联系是事物内部矛盾双方或事物之间相互依赖、相互制约、相互渗透和相互转化的关系。其中的依赖、制约、渗透和转化等都是具体的;由此,"线突"既向外界展示了什么,比如性质;也与外界接触着什么,比如联系。点的性质和线的活动都是发生在"线突"上的。

(5) 线。我们可以将对象看作是点,将联系看作是线;本模型为了表达只显示了一条线——是某一线突的延长,其实是存在无数条线的。由此,无论从自然哲学还是社会哲学的角度讲,一方面,有物质存在,就一定有联系,有联系就一定有物质的存在;另一方面,有"点"就有"线",有"线"也一定有"点"。

(6) 本模型有助于我们更好地、同构性地模拟和理解基于人体神经细胞结构和功能基础上思维的基本构形,并用几何学的表达引发我们更多的想象,为寻找思维或创新思维的规律奠定某种基础,起码可以使创新思维过程的"难见"转换成"可见"。

3. 点的有限无界性

我们需要再次提醒或确定两个前提:点是指对象,线是指联系。

【要点提示 4-3】 点的有限无界模型

从图形的意义上讲,“点”的模型(见图 4-3)与“点-线”模型(见图 4-2)具有相似性,或者说图 4-3 是对图 4-2 的进一步说明。

(1) 有限。点就一个具体对象的存在性来说,它是具体的,也是确定的;因此,它是有限的。

(2) 无界。点就一个具体对象的联系性或对它的认识而言,却是无界的,也是模糊的。某一个点虽然是立体的,但是,我们总可以得到在平面上表达的图形,见图 4-3。

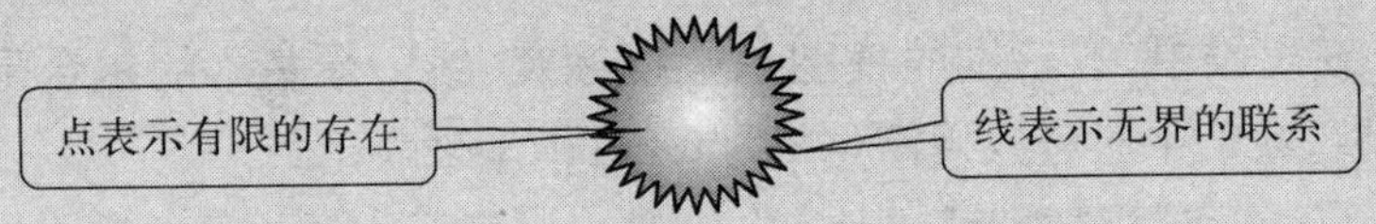

图 4-3 点的有限无界模型

(3) 点的有限无界模型就如同空中一个亮着的灯泡,这个灯泡在空间中是有限的,但是,它照射出的光线的联系以及对它的认识却是无界的。

(4) 当我们将点的当前联系所为的活动状态用“线”表达或模拟出来,就如同图 4-2 一样;它只不过是将当前联系所为的活动状态从背景中突显出来。每一个联系都产生一条可以表达的线,多方向、多次联系的累积就可以产生更多的线。

这一模型的建立和认识,对于创新思维中发散观念或发散性的认识是十分重要的。

4. 点与直线

直线是过两点的线,直线是由无数的点组成的,这是欧几里得几何体系中的一条公理。在这里,所讲的“过”是指“活动”,所讲的“线”是指“联系”,所讲的“点”,在一般认识意义上是指对象。

【要点提示 4-4】 线中点的转折和驱动——任何一个点都可以转向

在思维或创新思维中,我们可以把线看作是点的累积性排列。当把线看作是由点累积逐渐推进而成的话,或者当把线看作是存在的点的有序移动的话，那么，一方面就具有了方向性，另一方面也就具有了顺序性，再一方面由此也说明了为什么会产生思维的转向。线中点的转折图形对于理解创新思维中某些转向具有重要的意义，显然，这种转向是需要驱动的；那么，获得转向的驱动就成为一个至关重要的问题。不同观念、不同方向、不同认识和不同联系等都可以成为转向的驱动。主体认识到的转向是一种主动行为，主体在某些引导下的转向是一种被动行为，比如被某技法牵引或被检核表、软件等牵引。

下面的二维图(图4-4)表示：① 线是无数的点组成的；② 点的累积所构成的方向；③ 点排列的顺序性；④ 在任何一个点上都可以发生侧向思维(由空心点组成)。

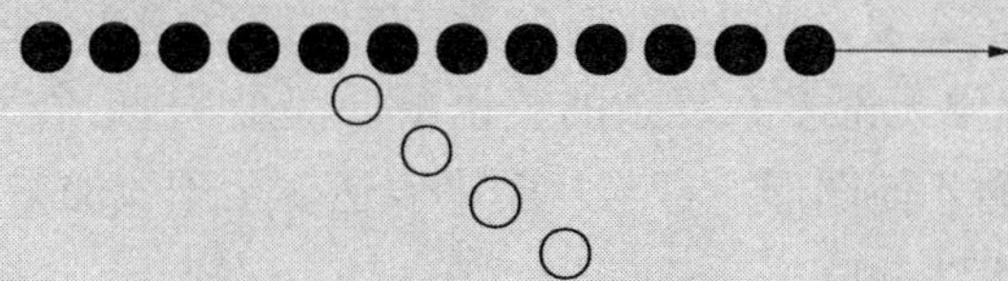

图4-4 线是无数点组成的并且侧向思维是点的转折示意图

本图有助于理解后面所要讲到的其他思维类型的方向，也说明在任何一个点上都可以发生其他思维方向的转向，比如主题阶段的现象主题转换，结果阶段的用途对象转换等。

5. “点-线”与“点-线-点′”模型

【要点提示4-5】 “点-线”与“点-线-点′”模型

将对象理解为“点”，将“联系”理解为“线”；那么，“亮着的灯”是“点-线”或“点-线-点′”模型一个很恰当的比喻，也是一个实在的理解。挂着并点亮的灯泡是“点”，其发出的光线就是“线”，由此形成了“点-线”的模型；而其照亮的物体就是“点′”，这样就形成了“点-线-点′”的模型(见图4-5)。“点-线”模型是最基本的；就图形而言，其中的“线”，似乎我们也可以把它看作射线。

在这个比喻中我们理解到：① 点亮灯中的“点”与“线”总是“同时”的；② 这个“线”是无限的；③ 在特定的空间中是立体的；④ “线”也一定指向，或与某一或某方面的对象发生联系。

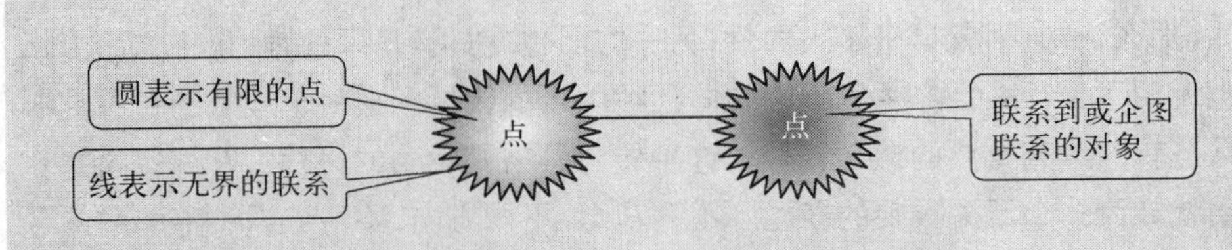

图 4-5 "点-线"与"点-线-点′"模型示意图

"点-线-点′"模型是事物在空间观念引导下哲学普遍联系的重要体现，也是用几何术语来表达的具体描述。这种表达具有意会性；也许，将图 4-1、图 4-2、图 4-3、图 4-4、图 4-5 联系起来思考是有帮助的。

事实上，无论多么复杂的思维结构，就方向的表达来说，它总是由最基本的"点-线"组成的，就像无论多么复杂的英语单词都是从 26 个字母中选择组成的一样，可以用空间的几何图形"点"与"线"来表达。至于线的另一连接对象，可能存在，也可能暂时无法知晓。

三、 对"点-线"的更多认识

1. 点的三大基本特征

【要点提示 4-6】 观察物体最基本的三大特征

在空间观念中，任何事物都是一个点。无论是工作、学习、还是生活，对物体的观察通常表现在三个大的方面：① 表现物体各种形状、颜色和大小等的外部特征；② 探究物体的结构、组成元素和功能等的内部特征；③ 体现这个物体和那个物体之间位置、距离和联系等的关系特征。

物体的外、内部特征和关系特征是我们认识、掌握和分析物体最基本的三个方面，并且可以推广到对点或对象的认识上来。

2. 特定空间中的"主观存在对象"和"客观存在对象"

如果我们把特定空间看作是特定点的集合，那么这个集合中就客观地存在着许多对象。在创新思维中，需要我们同时关注特定空间中"主观存在对象"和"客观存在对象"。

【要点提示4-7】 同时关注特定空间中"主观存在对象"和"客观存在对象"

G·哈特费尔德在《笛卡尔与"第一哲学的沉思"》一书中说：笛卡尔在《谈谈方法》中概括并提炼成四条规则，其中第四条：在任何情况下，都要尽量全面地考察，尽量普遍地复查，做到确信毫无遗漏（第一条原则将在"质疑与假设观念"章节中介绍；第二、第三条原则将在"移植与转换观念"章节中介绍）。在特定的空间中总是客观地存在着许多的点，无论是"不认识或不关注的点"或"认识或关注的点"；我们将前者称为"客观存在点"或"客观存在对象"，将后者称为"主观存在点"或"主观存在对象"。

"认识对象"或"关注对象"是我们过去知识、经验和认为的体现，而同时存在的"不认识对象"或"不关注对象"中，也许存有我们需要的东西，是我们创新的资源。比如，在一个1～10的自然数集合中，现有1＋3＝4。显然，1、3和4属于主观存在的点，而2、5、6、7、8、9和10属于客观存在的点。如果把"用其他方法使结果4不变"看作是创新思维目标的话，那么更多的方法就需要使用到客观存在的点，如10－6＝4，9－5＝4，2＋2＝4，5－1＝4等；不难看出："4的结果构成不仅仅是发生在主观存在点这一棵树上的"，见图4-6。

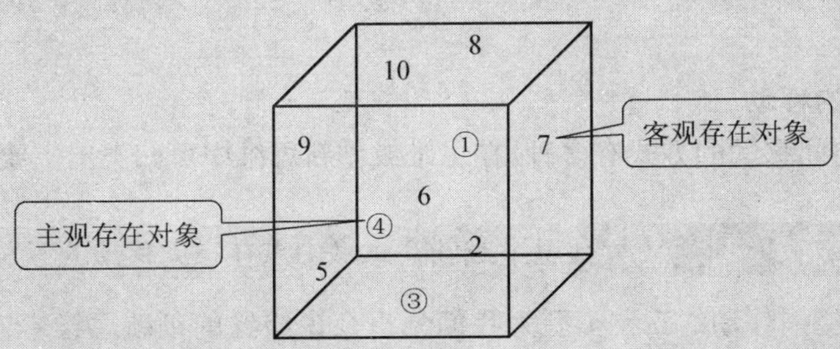

图4-6 特定空间中的"主观存在点"和"客观存在点"示意图

因此，在解决问题或者是创新思维中，在一个特定的空间中，当我们倾情于"空间主观对象"的同时，还应该关注"空间客观对象"的存在、二者的联系以及联系后所产生的价值。

【案例4-1】 在这方面，爱因斯坦是如何思维的

在《狭义和广义相对论浅说》中，爱因斯坦写道："灶上并排放着两个平底锅。这两个锅非常像,常常会认错。里面都盛着半锅水。我注意到一个锅不断冒出蒸汽,而另一个锅则没有蒸汽冒出。这个时候我注意到在第一个锅底下有一种蓝色的发光的东西,而在另一个锅底下则没有,那么我就不会再感到惊奇,即使以前我从来没有见过煤气的火焰。因为我只要说是这种蓝色的东西使得锅里冒出蒸汽,或者至少可以说有这种可能。但是如果我注意到这两个锅底下都没有什么蓝色的东西……那么我就总是感到惊奇和不满足,直到我发现某种情况能够用来说明为什么这两个锅有不同的表现为止。”

【点评】

爱因斯坦的论述与笛卡尔的第四条原则如出一辙。在这个案例中被描述到的对象有:灶、两个都盛着半锅水的平底锅、一个锅冒蒸汽。显然,就特定空间而言,还有客观存在的对象,比如连接灶的管道或电线等;又比如两锅水中的成分除了水以外是否还有其他化学物质作为客观对象存在?如果将一般存在的客观存在对象都揭示出来,也许问题会得到解答。

3. 点的移动

点在空间移动的方式有多种,在思维或创新思维中可归类出主要的三种。

【要点提示4-8】 在思维或创新思维中点在空间移动的三种类型

点在空间移动的三种类型为我们分析众说纷纭的创新思维中方法、方向的规律提供了部分基础。

(1) 直线平移型。牛顿认为:一个给定的空间,不问其是否静止或者沿一直线等速运动,只要不作任何转动,那么其中所含的各个物体彼此之间的运动总保守不变。在空间中,点在一个平面上并无转动地移动称之为“直线平移”,见图4-7。比如,在一个房间中,将椅子直线性地从这里搬到那里等;又比如,创新思维中当前思维方向的延伸。

图4-7 直线平移示意图

(2) 面上转动型。点的平移发生了跳跃性的移动——转动，我们将发生转动的点称为转折点。在空间中，点虽在一个平面上但发生了转动或者点不在一个平面上的移动，我们都可将其称为面上转动，见图 4-8。比如，将椅子从同一楼层的 A 室经转折地搬到 C 室；又比如，将椅子从一楼搬到二楼。

图 4-8　面上转动示意图　　　　图 4-9　基点转动示意图

(3) 基点转动型。在空间的立体中，其他点无论是平移的还是转动性的移动，都是围绕一个核心点进行的，包括向心方向的和离心方向的，见图 4-9。比如，创新思维中的辐射与辐辏思维和发散与收敛思维等。

4. 思维点的两个基本目的

【要点提示 4-9】　思维点的两个基本目的是“弄清”与“联系”

任何一种思维活动都有它的目的，按照思维点的两个基本目的，可以分成两种类型。其一是“弄清型思维”，目的在于认识对象性质是什么或者认识对象本身是什么；其二是“联系型思维”，目的在于认识对象的关系是什么或者认识对象的联系是什么。对于前者，我们给它的术语是“弄清”；对于后者，我们给它的术语是“联系”。

“弄清”与“联系”是一对很重要的术语，当你针对某一具体的点或对象进行思考时，首先必须清楚你的基本目的或需要是什么，是“认识对象本身是什么(弄清)”还是“认识对象的关系是什么(联系)”。显然，弄清是基础，在弄清基础上所发生的联系将会更为广阔、深入和有针对性。

四、 面

在几何学中，面是指一条线移动所构成的图形，有长和宽，没有厚。如果这条直线全部在这个面内，那么这个面是平面。

1. “点-面”结构

独立的、单纯的界限是不存在的，因为它总是此物与那物的分割。所以，从另一个意义上讲，界限也意味着联系。比如，面是体的界限；一个独立的面必然与其他的面相联系，也必然位于一个特定的空间中。这里讲的“面”，应该更多地理解为“面体”。体是由无数的面构成的，一个面应当想象它既可以是具体的，同时又可以是位于空间中无边且无限延伸开来的。

本书“空间观念”章节中所讲到的菱形思维模式中“对象→空间”和“空间→对象”的两种基本结构，更具体地说，其实也是“点线观念”下的“点-面”结构。“对象→空间”表达的是“点→面”，“空间→对象”表达的是“面→点”。汉语中的一些成语也同样存在着这种基本的顺序结构，它们不仅表示了方向性和方法性，也同时富有哲理性，见下表。

成　语	点		面	面		点
守株待兔				株		兔
天高任鸟飞				天		鸟
海阔凭鱼跃		→		海	→	鱼
举一反三	一		三			
立竿见影	竿		影			
落叶知秋	叶		秋			

2. “点-面”结构与“主观存在对象”和“客观存在对象”

下面，我们将通过“简单上推下切技法”将“点-面”结构与“主观存在对象”和“客观存在对象”联系起来讨论。

【简单上推下切技法】

1. 基本描述

1.1 原理点

(1)“具体-抽象-具体”是思维过程的基本规律之一。根据这一原理,具体的操作方法有很多种,“简单上推下切技法”仅是其中的一种。

(2) 本技法针对的是主题词语中的主事对象或受事对象(不包括它们的限定词)。

(3) 概念,是反映事物特有属性的思维形式。内涵和外延是概念的两个基本的逻辑特征,事物和属性是不可分的,概念在反映事物的本质属性的同时,也就反映着具有这些本质属性的事物;这两个方面分别构成了概念的内涵和外延。

(4) 在实际运用中,并不需要十分严格地按照哲学或逻辑学中的某些要求。所以,在本技法中使用了“上推”和“下切”的词语。在创新思维中,我们还应该有三个方面的理解:① 任何要解决的问题都是具体的;② 在问题主题和问题描述之间,具体问题的切入点应该是指问题主题,而不是问题描述;③ 具体是有确定对象的。

(5) 本技法的来源参考了 NLP 理论。

1.2 理解点

(1) 上推。我们用符号“↑”表示上推。所谓上推,就是将对象的具体状态(种状态)提推到对象的抽象状态(类状态)。其目的是通过这一方法来提升思维对象的层次和拓展思维的空间,也体现了“点→面”的过程。比如:台灯↑灯具,苹果↑水果,汽车↑交通工具。

(2) 下切。我们用符号“↓”表示下切。所谓下切就是将对象的抽象状态(类状态)分离或分解出尽可能多的具体状态(种状态或外延)。其目的是通过这一方法在一个特定的空间中分离或寻找、获得尽可能多的具体对象,也体现了“面→点”的过程。比如:灯具↓台灯、立式灯、吊灯……;台灯↓可调式台灯、护眼灯……

(3) 平移。我们用符号“→”表示平移,对应于“选择对象的活动”。所谓平移,其本质上是一种横向性的选择,即在众多的具体对象中(包括原来的)选择适合我们需要的一个或一些具体对象供决策用。其目的是引发我们看到能够达到同样意义或目的的更多的信息。比如：台灯→立式灯→吊灯→吸顶灯……，从中选择适合我们的“台灯”。

2. 目的对象

简单上推下切法适用于主题中的名词性对象。通过空间的扩大，达到拓宽视野、带来更多信息的目的。可广泛用于创新思维中一般性问题的解决。为了达到解决问题的目的，“上推-下切-平移”作为一个循环体，可反复进行。

3. 基本步骤

基本步骤见图 4-10。

图 4-10　简单上推下切技法基本步骤

4. 操作实例

【案例 4-2】　企业教练的一次谈话

某公司每年都要按照相关指标评出年度的先进人物，并给予 10 000 元的奖励。A 君是某公司的生产骨干，他的各项指标都名列前茅，但唯独由于公共交通车的误时迟到两次，失去了这次机会。事后 A 君认为：他每天上下班只能乘坐该路线的公交车，每次途中耗时约 40 分钟，而且该线路的公交车经常误点。为此，他产生了强烈的“跳槽”想法。其实，A 君在单位中无论是技术还是人缘都是相当好的。以下是一次谈话：

教练：A 君，你“跳槽”还有其他原因吗？

A 君：没有，我还是很喜欢这个单位的。

教练：你会骑助动车吗？

A 君：不会，但我会骑自行车。

教练：会骑自行车的人再学助动车应该不难，如果你改变上班的交通工具，不是避开了这个原因了吗？

一个月后，A 君骑着助动车来上班，再也没有发生迟到；当年他被评为公司的先进人物。

【点评】

这虽然是一个很小的故事,但其中的思考过程是有规律可寻的。通过这一思维结构规律,可以达到举一反三的目的,见图 4-11。

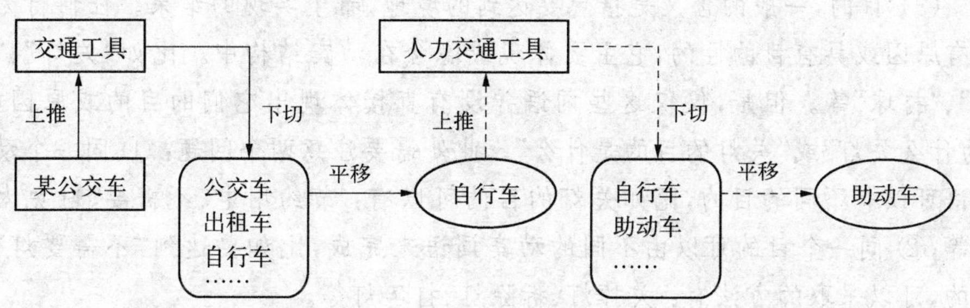

图 4-11 从某公交车到助动车的二次"上推-下切-平移"的过程

注:从案例的简单性来看,"平移-自行车"这一步是多余的,但在复杂的案例中却是必需的。开普勒在对火星轨道计算研究的思维过程也可以用本技法来解释,读者不妨自己练习一下。

五、 活动的基本要素

无论观察还是思考,都是一种活动。活动应该具备三个基本要素:目的、动作、动作对象。下面,我们通过"活动的基本三要素技法"来探讨这一问题。

【活动的基本三要素技法】

1. 基本描述

1.1 原理点

活动的一般含义是指为达到某种目的而采取的行动。由于活动是一种有目的的行动,所以,活动最简单的结构应该具备三个基本要素,即:目的、动作和动作对象。

1.2 理解点

(1) 动作,基本的含义是指人体的活动,全身或身体一部分的活动,一般由具有动词性语法意义的词语担任;动作的不同将会涉及到方法和动作对象的不同。

(2) 动作对象,基本的含义是指行为动作指向或抵达的被支配客体,一般由具有名词性语法意义的词语担任。

(3) 目的,一般的含义是指想要达到的境地,希望实现的结果。任何行为都是有原因或具有目的性的,它主要体现或隐含在动宾结构中。比如"关灯"、"开门"、"打球"等。但是,仅仅这些词语并没有直接体现出它们的目的或原因,如"为什么关灯"或"关灯的目的是什么"。此处需要注意两个问题:① 同一个动宾词语可以有不同的目的,比如关灯的目的可以有:节约用电、不需要、避免太刺眼等;② 同一个目的可以由不同的动宾词语来完成,比如要达到"不需要灯"的目的,可以采取的方法有:关掉灯、拆除灯、打碎灯等。

(4) 当目的明确后,我们才可以按照明确的目的选择适宜的形式、方式和方法达到目的。

2. 作用对象

本技法是最简单,也是最基本的创新思维技法之一。在其他很多创新思维技法使用的过程中,都需要本技法的介入。可广泛用于一般而简单的各项创新思维的基础活动中,也可以用于创造性地解决问题中。

3. 基本步骤

基本步骤见图 4-12。

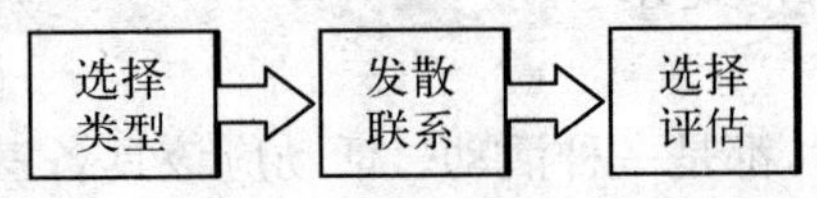

图 4-12 活动的基本三要素技法基本步骤

4. 基本类型与操作

4.1 动宾结构(目的型)

(1) 本型以动宾结构为基点,关于词的动宾结构方面更多的了解可阅读"词语观念"章节。

(2) 它意味着动作或行为与动作对象是确定的,也意味着根据确定的动宾词语关系来发散相关的目的,同时也提醒我们:① 同一动宾词语,如果对某些诸如条件等要素稍作改变,则会随之发生目的的改变;② 同一动宾词语,可以产生相同环境条件下的许多目的,或者可以说是目的的策划。比如关灯,见图 4-13。

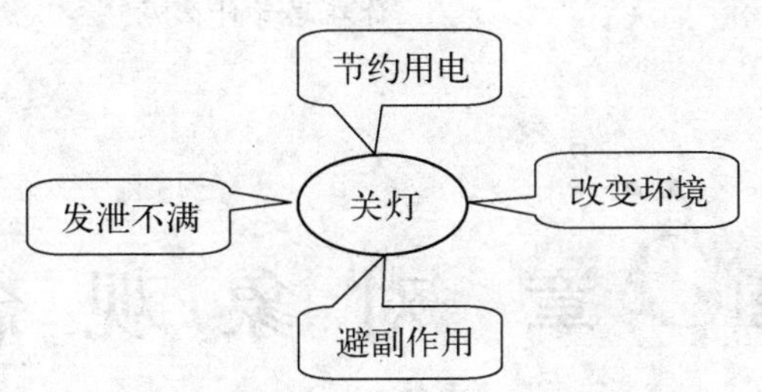

图4-13 以动-宾为基点的目的发散

4.2 动作对象(目的—动作型)

(1) 在以名词为基点的目的关联中,作为被支配对象的名词是明确的,它的动作行为是由目的决定的。所以,该类型至少应该有两个层次,即"目的层"和"动作层"。

(2) 比如以名词"门"为基点词语,那么,首先的问题就是"门怎样"或"你对门想怎么样",即"对于'门'的目的是什么",是为第一层,即目的层,见图4-14。其次,当有了目的,就可以从"被支配对象与目的关系"中发散出动作行为,所产生的问题是"怎么办"或"怎样达到目的",即采取怎样的动作,是为第二层,即动作层,见图4-14。

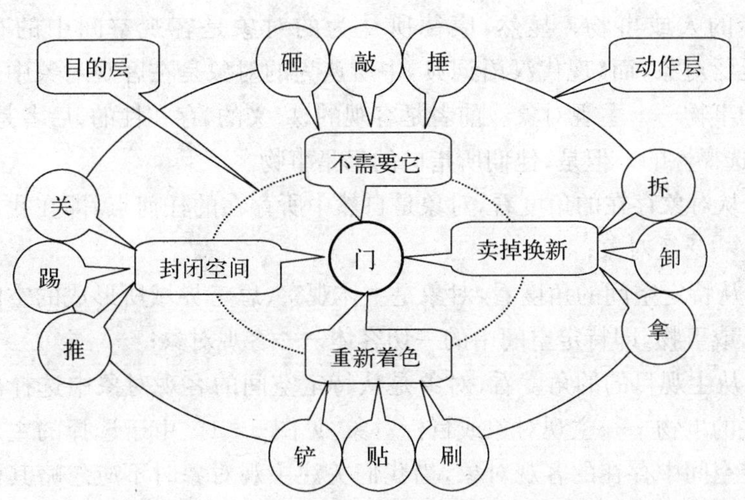

图4-14 以动作对象为基点的目的和动作发散

你在思考什么呢？

第5章 对象观念

一、认识对象

1. 三种对象

康德在《纯粹理性批判》中认为：对象是指在我以外的一切事物及其在空间中的表现。《现代汉语词典》中认为：对象是指观察、思考或行动时的客体——作为目标的人或事物。显然，康德所认为的对象是客观空间中的存在性事物——泛泛对象，而《现代汉语词典》中所认为的对象是在客观对象中选择与目标相关的事物——主观对象。前者是客观的、广义的、存在性的，后者是主观的、狭义的、选择性的。但是，他们所指向的都是事物。

(1) 从对象存在的角度看，对象是自然中所存在的任何点，即在我以外的一切事物——泛泛对象；

(2) 从特定空间的角度看，对象是主体观察、思考界域所形成的空间中作为内容的人或事物，即特定空间中的一切客体——客观对象；

(3) 从主观目的的角度看，对象是从特定空间的客观对象中选择出来的与目的相关的事物——主观对象或目标对象，见图 5-1。由于选择的主观对象是来自特定空间中存在的客观对象，当我们关注主观对象时不应忽略其他客体的存在，这在“点线观念”章节中有过强调。

需要提醒的是，泛泛对象、客观对象和主观对象这三种对象之间，从数量上讲是越来越少，从目标性来讲是越来越接近。

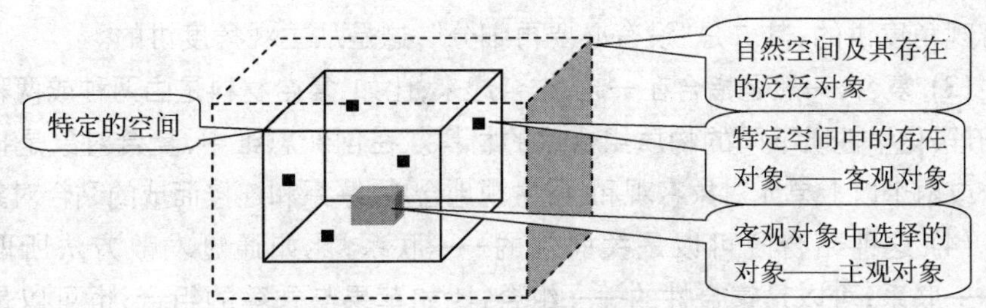

图 5-1 空间背景下三种类型的对象

2. 对象的多元性与单一性

一切对象或事物不但具有“一分为多”的多元性，同时也具有“合多为一”的单一性。其中，单一性指的是一个多元复合体，不管其空间大小和复杂程度如何，都相对的以一个整体包含(统一)在一个更大的复合体中，并充当这个大的统一复合体中的一个单元。太阳可谓之大，但在其更大的复合统一体——银河系中，只不过是其中的一个单元。多元性是指无论多么小的单元，它都不是单纯的、纯净的一个“元”；从系统的角度看，它自身存在着系统规定性的内涵要项，比如因素、结构、环境和功能等。

【要点提示 5-1】 单元对象和复合对象

“单元对象”和“复合对象”也许是本书特有的两个形象化的概念。

(1) 特定空间的主要认识：① 特定空间的形成可以是客观性的，比如某一地区的自然景色空间；也可以是主观性的，比如某一主题所形成的特指空间。② 特定空间也包括在场的概念下所形成的各种性质的空间，比如电磁场、引力场等。③ 相对而言，特定空间本身也是一个对象，这是我们应该特别注意的。

(2) 单元，一般是指整体中自成段落、系统，自为一组的单位(如教材、房屋等)；在创新思维中，单元对象是指在特定的空间中我们无法或没有必要再继续细分的对象，他们总是孤立地存在的(也是点的形象描述)。这样，对于单元的理解主要存在两个方面：① 单元是相对空间、整体和系统而言的，即在这一空间中是单元，而在另一个空间中也许就不是单元了。② 对于特定空间中单元认定只要满足两个条件中的一项就可以了，其一是“无法再细分”，这是从客观角度讲的，其二是“没有必要再细分”，这是从主观角度讲的。

(3) 复合，一般是指合在一起，结合起来；比如，复合材料是由两种或两种以上物理、化学性质不同的物质组合成的材料。在创新思维中，复合对象是指由两个或两个以上单元对象客观和/或主观地合成、联系和连接而成的黏合对象。

(4) 这种黏合既可以是关联性的——联系，比如通过发散方法所取得的——联系；可以是集合性的——组合，比如苹果与香蕉的组合；也可以是数量上的堆积——累积，比如某物的重量从 500 克到 1 000 克的累积；同样更可以是联系、组合、累积等合在一起的混合——整合，比如完成产品创新中不同思维方法的集合——整合。

单元对象和复合对象是将心理学科某些原理与思维学科某些原理结合而成的形象化、意会性概念，在创新思维中具有重要作用，可参考图 5－2 理解。

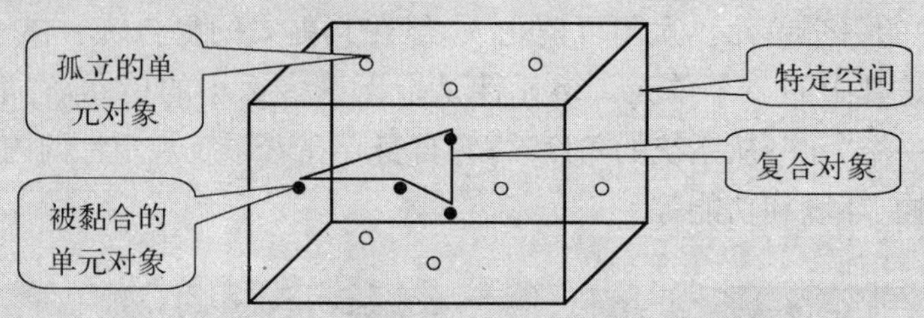

图 5－2　特定空间中的单元对象与复合对象示意图

二、思维对象

1. 思维对象与目标客体

思维对象，就是思维活动中所指向的目标客体。比如：在生产方面，你在生产什么东西？在销售方面，你的主要销售地区是什么地方？在人事方面，你要招聘怎样的人？在技术方面，这种技术结构下的功能是什么？财务方面，如果销售利润率是 10%，那么完成 1 000 万的目标利润，销售额应该是多少？在这里，生产方面所指的“东西”，销售方面所指的“地方”，人事方面所指的“人”，技术方面所指的“功能”和财务方面所指的“数字”等都是我们思维活动所指向的对象。

思维对象，就是思维所指向的目标，或者说：你在思考什么东西？比如：你在认识什么物体？你在辨析什么词语？你在划分什么属性？你在欣赏什么图形？你在回忆什么事情？你在评价哪组人群？你在解决哪个问题？你在改进哪类产品？你在区别什么声音？你在使用什么公式？你发现了什么现象？

在这里，“物体”、“词语”、“属性”、“图形”、“事情”、“人群”、“问题”、“产品”、“声音”、“公式”和“现象”等都是你思维的对象。也就是说，无论是存在于脑内还是脑外，当被纳入你的思考范围时，它就成了你的思维对象。作为思维的对象，可以大到一座山，也可以小到一个细胞；可以是固态的、也可以是液态的，同样可以是气态的、等离子态、超固态的；可以看似静止，也可以是流动的；可以远在天边，也可以近在眼前；可以是有形的某一实体，也可以是无形的某一概念、观念等；可以是过去的，也可以是现在的，更可以是将来的……

2. 五种性质指向的思维对象

【思维事项对象分析技法】

1. 基本描述

1.1 原理点

(1) 在具体的事项思维活动中，有五种类型的活动指向；依据这五个指向，思维对象无论是哪种表达形式，在总体上可以分为物体对象、人的对象、事情对象、自我对象和无形对象五种类型。

(2) 三点说明：①“自我对象”是不能忽视的，如果缺乏“自我”这个对象，那么思维创新和思维定势等事实就缺乏了类别的所指性；② 事物的含义在这里是狭义的，也是具体的，不能完全按照哲学的定义来理解这里的事物，比如哲学的物质概念是抽象的，不是指某个或某些物，而是“各种实物的总和”；③ 这种分类并不是划分，而是一种归合；因为有时并不能够清楚地划定某一的界线，并且这五种对象之间存在多重的交叉关系。

(3) 这种思考是基于空间观念下的思维，它需要将系统（当前系统、子系统、超系统）和时间（过去、现在、未来）纳入思考的范围。关于这方面更多的了解，可阅读“简单多屏幕空间模型技法”。

1.2 理解点

(1) 物体对象，一般是指由载体或形状组成的占有一定空间的物体本身和物与物的关系。

(2) 事情对象，事情是指人类生活中的一切活动和所遇到的一切社会现象。

一般是指社会事项及其现象和它们之间的关系。

(3) 人的对象,一般是指客体的人和人与人的关系。思维的主体是人,而思维的客体也可以是人,这样就存在了"人对人的思维"的一个方面,主要表现在作为主体的人,将其他个体的人或群体作为对象。

(4) 自我对象,一般是指主体与客体同一的人,这也是"人对人的思维"的另一个方面,主要表现在将主体的自身作为思维的对象,比如观念、情绪、动机和定势等。

【要点提示5-2】 不能忽视"人对人的思维"在创新中的重要作用

思维的主体是人,而思维的客体也可以是人,这样就存在"人对人的思维"。创新思维关键的一点是人对人的思维革命,"人对人的思维"是不能忽视的,它表现为三个方面:其一,对目标客体中的群体或个体,如管理层对被管理层,医生对病人,心理学家对人类心理的研究,心理医生对病人的心理咨询,管理者的个体对被管理者的个体,A医生对B病人等;其二,将自身作为目标客体,比如:观察自己的脸色时,又比如自我反思、自我反省、自我检查、自我分析、自我认识和自我定位等;其三,在创新中有些看似是对事物的创新,其实也可以看成是主体自我思维创新在物上的表现,因为在创新思维中首先是对主体思维上的创新和主体思维习惯上的破除。

(5) 无形对象,一般是指非物质或实体性的或难以界定的,比如精神、心理、影响或环境反映等。

2. 目的作用

通过本技法,可以对思维或创新思维的事项有一个大概的框架。本技法既可用于思维或创新思维的事项,也可对案例进行结构性的分析。它是粗略的、框架式的,也是战略性的。

3. 基本步骤

基本步骤见图5-3。

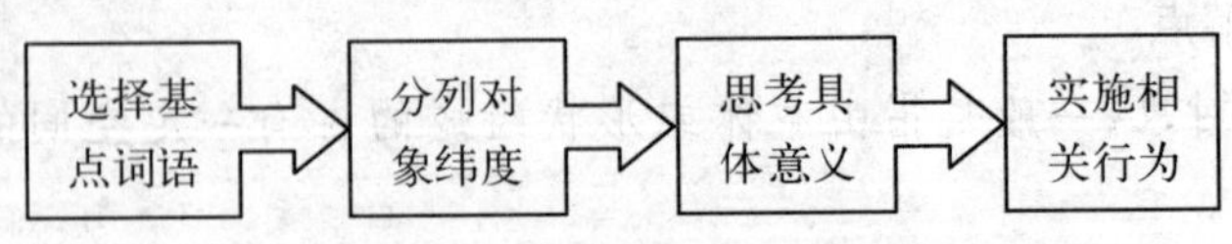

图5-3 思维事项对象分析技法基本步骤

4. 操作实例

【案例5-1】 搬家业务"五对象"的发散思考

日本的寺田千代原是一个个体运输户。20世纪70年代爆发了世界性的石油危机,运输行业日益衰落。她决定在"帮人搬家"这一行业中一显身手,经过数年的努力,"阿托搬家中心"于1977年6月作为股份公司正式成立。它由一个地区性的小型企业,很快便发展成为在全国拥有几十家分公司的中型企业。它的先进卓越的搬家技术专利,还远销到了东南亚地区和美国。那么她是如何获得成功的呢?

【点评】

以"搬家"为基点词语,思考一切有关搬家的事项对象,为用户提供以"搬家"为中心的综合性服务,见图5-4。

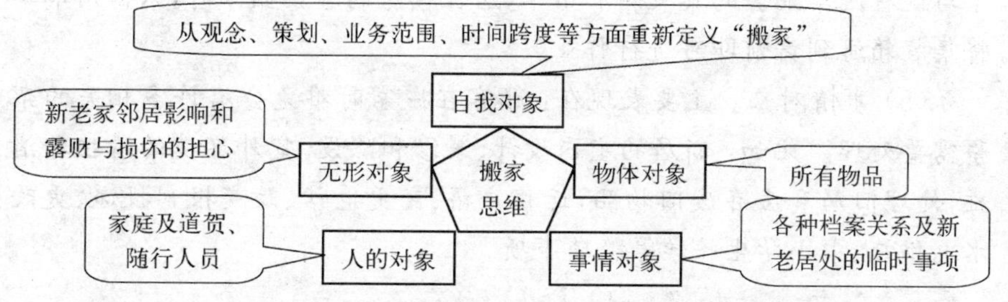

图5-4 以"搬家"为基点的思维事项对象分析

(1) 自我对象。主要表现在:将"搬家"放在一个特定的空间中,进行发散性的思考,不局限于"搬家公司只管搬家"的老一套做法,力求摆脱以往搬家公司传统的业务范围。据统计,寺田千代以此想出和确定下来的有关搬家的服务项目,多达300余项。

(2) 无形对象。主要表现在:① 搬家时,顾客的旧居和新居都要有人照看,特别是在空无一物的新居里,必须很早就有人守候在那里。② 日本有一个传统习惯,搬家难免会给左邻右舍带来一些打扰和不便,因而人们在搬家时往往都要给邻居送一点糕点或面条之类的礼物,以表示歉意和谢意。她考虑到搬家的客户常会由于忙乱而疏忽此事,因而要求公司的工作人员连这样的事也承担下来。③ 汽车的车厢很大，全部家具行李都能装入车厢内，既安全可靠，来往的行人又一点也看不见，这充分照顾到了一般客户担心财物被遗失损坏和不愿被外人看见的心理。

(3) 人的对象。主要表现在：委托德国的巴尔国际公司专门设计制造了一种新型的搬家专用车，这种车全长 12 米，高 3.8 米。前半部分分为上下两层，第一层是驾驶室，第二层是一个可容纳 6 个人的客厅，里面有舒适的沙发，有供婴儿睡觉的摇篮，还有电视机、录音机、立体组合音响设备、电冰箱、电子游戏机等。并且为这种订做的新型搬家专用车取了一个神秘诱人而又美妙动听的名字——“21 世纪的梦”，使令人劳累头痛的搬家变为令人轻松愉快的旅行。

(4) 物体对象。主要表现在：汽车的后半部分是装运家具、行李的车厢，载重量为 7 吨，一般家庭的全部器物都能够一次运完。同时还设计了与这种汽车配套的集装箱和吊车，居住楼房的客户搬家时，只需用吊车将集装箱送到窗前即可进行作业。

(5) 事情对象。主要表现在：顾客在搬家时难免会有许多相关的杂事需要处理。比如：新居的室内设计、装修和陈设，室外环境的清扫和消毒，处理旧居和丢弃废旧物品，迁移户籍、变更电话、改变报刊投递、更改水电供应、中小学生转学等繁琐事项。

3. 思维对象的五个无限性

(1) 对象个体的无限性。客观世界中具有无穷多的对象个体，这是不言而喻的，并且其中任一对象都可能成为我们的思维对象。也就是说，创新中需要的素材具有无限性，关键是如何联系到它们，纳入并成为我们的思考对象，这就涉及到驱动的问题。从这个意义上说，创新思维中许多方法的本意就是通过某种驱动来获得更多的、可供选择的对象。

(2) 对象特征的无限性。从整体上来说，创新思维的对象是无穷的，就每一个具体的思维对象来说，它所具有的特征也是无穷的。所谓“思维对象的特征”，可以理解为每一种事物或现象所具备的性质，这种性质使得一个事物区别于其他的事物。当两个以上的事物在一起作比较的时候，它们各自不同的特征就能够充分地显示出来。所有的事物和现象都具有无穷多的特征，正因为如此，我们能够发现，每一种具体的事物和现象都不同于任何别的事物和现象，都是独一无二的东西。

【案例5-2】 没有两片完全相同的树叶

有一位德国的哲学家，名叫莱布尼茨，据说他曾给当时的国王讲哲学。莱布尼茨说“世界上没有两片完全相同的树叶”，国王不相信，就让宫女们到后花园去找“两片完全相同的树叶”。结果不用说，宫女们折腾半天，一个个空手而回。

【点评】

世界上没有两片完全相同的树叶，对各种事物、每一种现实问题而言，也都是如此，没有完全相同的情况。然而遗憾的是，我们的思维经常受到各种因素的约束，对同一种事物和现象只能够看到它的一种或少数几种特征，并且以此为满足。在思考问题时，我们对某个问题能够找到一种答案就以为万事大吉了，不愿意或者根本就不想去寻找第二种乃至更多的解决方案。

(3) 对象联系的无限性。相传我国春秋战国时期，宋国的城门发生火灾，于是人们就把护城河的河水弄去救火，结果水弄光了，河中的鱼也死光了，于是就形成了“城门失火，殃及池鱼”的成语。火与鱼有什么相干呢？实际上是相干的。因为水可以灭火，而鱼又离不开水，把护城河的水都弄去灭火了，“殃及池鱼”就不可避免了，“火-水-鱼”就这样联系起来，其示意图可见图5-10(第87页)。

哲学上把这种事物之间相互影响、相互制约的关系叫联系。这种联系无论是在自然界还是人类社会中无所不有、无时不在，具有普遍性。世界上没有绝对孤立的事物，比如地球和太阳，虽然相距一亿五千万公里，但却有密切联系：太阳对地球有巨大的吸引力，而地球对太阳也有很强的离心力，这两种力处于平衡状态，才使得地球以每秒三十公里的速度围绕太阳旋转。

【要点提示5－3】 没有不可联系的事物，只有你不会联系的事物

前苏联心理学家哥洛可斯等曾用实验证明，任何两个词语都可以经过四五次的关联，建立起关系。比如“天空”和“茶”，就是两个风马牛不相及的词语，但可借助“中介体”或者“共轭体”等规律，在它们之间发生联系，如：天空→云→水→喝→茶。这种关联性的联系是很普遍的，有学者认为，一般每个词语约可以与10个词发生直接的关联；显然，这是一个几何的数级，越往后的扩散面会越大。

事物普遍的联系性为我们创新思维创造了条件和资源。所以，没有不可联系的事物，只有你不会联系的事物。

关于“中介体”或者“共轭体”的进一步了解，可阅读“中介捕获观念”章节。

【简单型特征强制搭配技法】

1. 基本描述

1.1 原理点

(1) 原名为“焦点法”，通常也称“焦点联想法”，为了更容易记忆并一目了然，此处将其更名为“简单型特征强制搭配技法”。

(2) 焦点法是美国C·H·赫瓦德总结提出的一种创造技法。该方法就是将要解决的问题作为焦点，任意选择一个事物作为中介对象(通常为一物体)，将该中介对象的特征发散结果与目标对象强制性地搭配或联系并组成新的事物，以此获得新设想、新方案。

1.2 理解点

(1) 自然界的一些现象看上去似乎与我们所要解决的问题风马牛不相及，但将它们联系起来，往往可以激发出许多耐人寻味、不同寻常的见解，有助于我们从困境中解脱出来。

(2) 人们不单从随处可见的各式各样的事物那儿获得灵感，甚至看上去与问题完全无关的事物也能够为解决问题提供刺激。

(3) 强制联想可以把任何毫无关系的事物强拉在一起。乍一看好像非常荒唐，其实是打开了事物的联系之网，有助于打破原有的固定联系，建立新的联系。

2. 目的对象

通过中介对象的特征发散结果与目标对象强制性地搭配或联系并组成新的事物，以此启发或刺激获得新设想、新方案，对开展小型发明、革新和课题研究活动具有一定的作用，特别适用于开发新产品。

3. 基本步骤

基本步骤见图5-5。

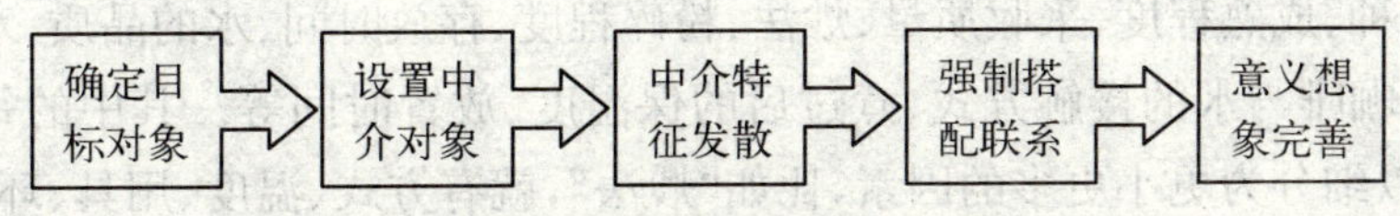

图5-5 简单型特征强制搭配技法基本步骤

4. 操作实例

简单型：灯泡(中介对象)→手提包(目标对象)。见图5-6。

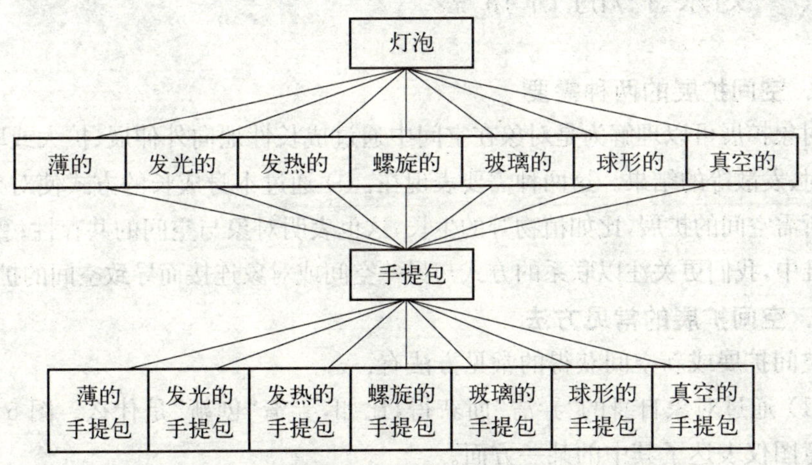

图5-6 “手提包”与“灯泡”特征强制搭配图

(4) 对象变化的无限性。那些乍看起来凝固不变的事物，其实都是漫长变化过程当中的一个小小的片断，其自身也在不停地变动。关于变化更多的了解，可阅读“辩证观念”章节。

(5) 对象认识的无限性。我们在“点线观念”的章节中讨论到了“弄清”这个术语。对任一事物的认识，有两个基本点：一是寻求可感事物背后的那个“本身”，表现为“弄清”；二是发现各种“本身”之间的相互关系，表现为“联系”。所谓“本身”，用柏拉图的话来说叫做“理念”，用通常的说法，就是同类事物的共性，在创新思维中更强调事物的个性。因此，对对象的弄清一方面源于对“本身”认识的需要，另一方面源于“本身”之间联系的需要，因为弄清信息是拓展信息的前提和基础。具体地说，对象认识的无限性主要体现在对对象本质、属性和因素的认识上。比如，一杯咖啡的味道取决于哪些因素呢？我们可以列举出如下一些：产地、品种、成熟程度、采收质量、炒法、粉碎程度、存放时间、水的品质、水的硬度和温度、咖啡与水的接触方式、煮过后的保温度、放置时间等。其中的每一种因素又可以细分为更小更多的因素，比如“炒法”，就有方式、温度、用具、环境、工人的熟练程度等方面的区别。因此，我们可以说，认识一杯咖啡味道产生的影响因素实际上是无穷多的，这也就是所谓的“仁者见仁，智者见智”。

三、 对象导致的空间扩展

1. 空间扩展的两种需要

对象扩展可以理解为是对象在空间中通过成长性地向外伸展、扩大或联系性的辐射、发散等的结果。这两种需要表现在：① 通过本身成长的方式使对象发生自身所需空间的扩展，比如植物等的生长，这也表明对象与空间的共存性；② 在创新思维中，我们更关注以联系的方式与另一空间或对象连接而导致空间的扩展。

2. 空间扩展的常见方法

空间扩展或新空间获得的常见方法有：

(1) 通过对象自身的“弄清”而获得，比如，弄清“创新”是什么。图 5－7 作为示意图仅表达了其中的某一方面。

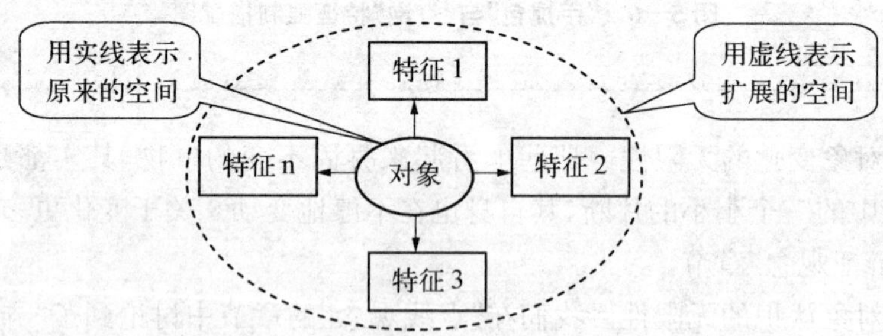

图 5－7　通过对象自身的“弄清”获得空间扩展示意图

(2) 通过对象与对象的联系而直接获得，比如，苹果与生梨的联系，见示意图5-8。

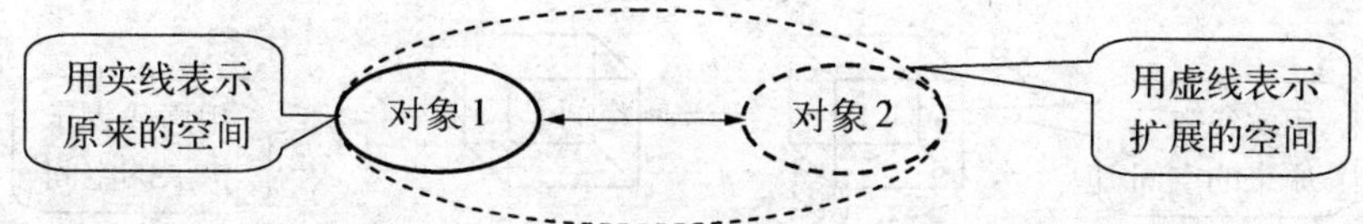

图5-8 通过对象与对象的联系获得空间扩展示意图

(3) 通过对象与中介的联系而间接获得，比如，童鞋与灯泡的联系而得到“发光鞋”，见示意图5-9。

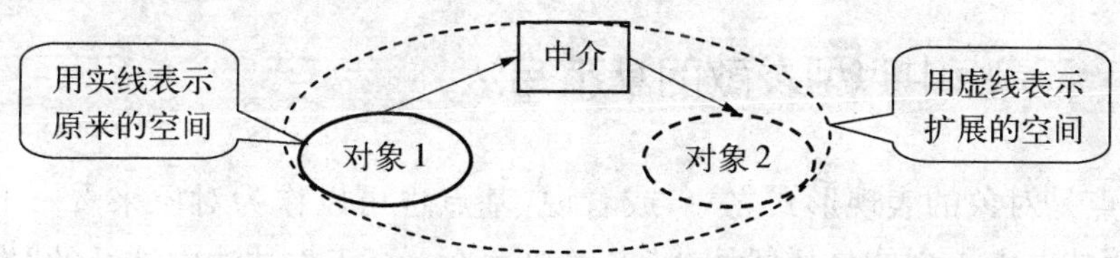

图5-9 通过对象与中介的联系获得空间扩展示意图

(4) 通过对象共轭的方式而获得，比如，“城门失火，殃及池鱼”中的“水”，见示意图5-10。

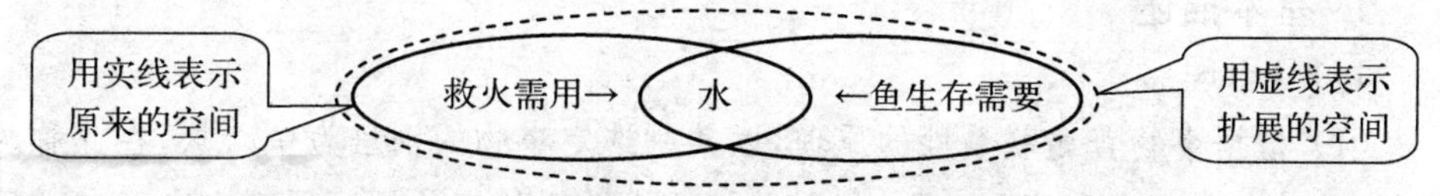

图5-10 通过对象共轭的方式而获得空间扩展示意图

(5) 通过对象与另一空间的联系而获得，比如，产品与顾客需求的联系，见示意图5-11。

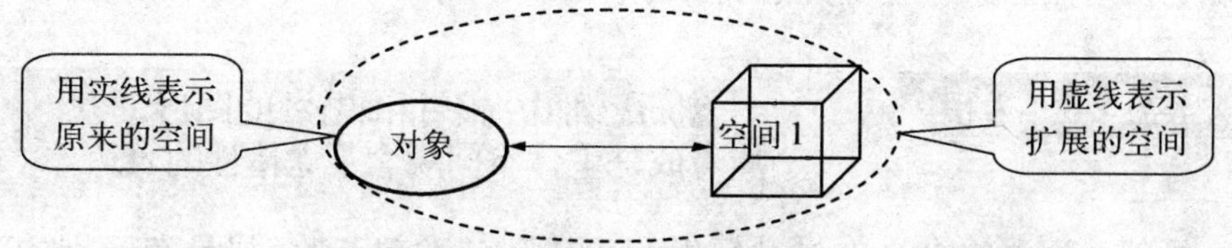

图5-11 通过对象与另一空间的联系获得空间扩展示意图

(6) 通过空间与另一空间的联系而获得，比如，航空业与快客业的联系，见示意图 5－12。

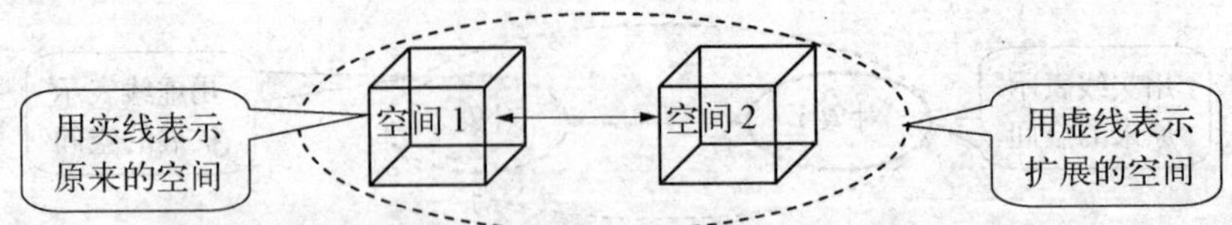

图 5－12　通过空间与另一空间的联系获得空间扩展示意图

显然，还有许多其他方法，在此不一一列举，留给读者去思考。当空间得到扩展后对象也随之增加，这意味着我们信息的增加和可选择范围的增加。

四、　基点中心型发散的基本方法

基点是对象的表现形式之一，或者说，基点也可以作为对象来看。下面，我们通过“基点中心型信息拓展技法”来详细讨论。至于本技法中涉及的“发散-收敛”观念，读者可参考本书相关章节。

【基点中心型信息拓展技法】

1. 基本描述

1.1　原理点

(1) 根据事物普遍联系性的原理，以某一选定事物的词语为中心点，在此称为基点，通过向心方向和离心方向，将与其相关或关联的事物词语罗列出来。与美国C·H·赫瓦德提出的焦点法在方法上有部分相同之处，但在过程上却有些不同。

(2) 从记录在纸上的形式看，就如同辐射或辐辏状。但是，严格地说，尽管这是平面状态的表达，却应该是主体在空间观念下相关融合在一起的立体性凝聚，表现出基点对象与空间其他对象的联系。

【要点提示 5－4】　创新思维中“辐射和辐辏”的图形，应看成是主体空间观念下立体性的表达

虽然从词语的含义上讲，“辐射和辐辏”与“发散和收敛”是有区别的，但是,在一般的二维记录表达上,“发散和收敛”也只能表达成“辐射和辐辏”状。所以,就图形而言,“辐射和辐辏”状并不意味着就是平面的。在创新思维中也可以是主体空间立体构思在平面上的表达,或者说仅仅表达出了一个面。它展示出基点对象本身的系统或者基点对象在空间中与其他对象的关系。因此,“辐射和辐辏”图形的表达尽管是平面的,但主体的意图或认识并不也意味着是平面的。

(3) 基点中心型是指在立体的空间中,其他点无论是平移的还是转动性的移动,都是围绕一个核心点进行的,包括向心方向和离心方向的。

1.2 理解点

(1) 词语。词语是指词和词组,包括单词、词组及整个词汇。如:苹果、红苹果、国光红苹果、国光红苹果的种植等。

(2) 基点词语。所谓基点,原意是指作为开展某种活动的基础的地方。基点词语在这里是指对象以词语的表达形式,开展或进行创新思维活动的基础出发点。

(3) 对象。对象是指观察、思考或行动时的客体——作为目标的事物。

1.3 两种类型

基点法最基本的意义是从点到线,并且二者是不能决然分开的,因为,“点-线”是一种客观的结构。在这里,“向心方向”和“离心方向”也可称为“基点发散型”和“基点收敛型”。

(1) 基点发散型。基点发散型是以基点为中心,向外、向周围扩散的类型。比如,以“方便”词语为基点的发散,如图5-13所示。

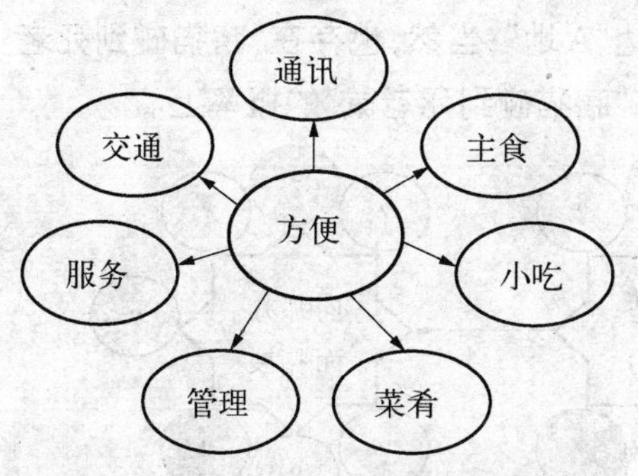

图5-13 以“方便”为基点词语的发散

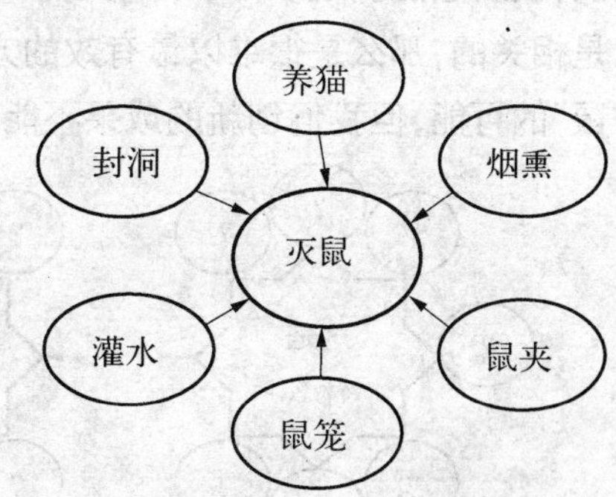

图5-14 以“灭鼠”为基点词语的收敛

(2) 基点收敛型。基点收敛型是以基点为中心,向内、向中心收缩或集中的类型。比如,以“灭鼠”词语为基点的收敛,如图5-14所示。

1.4 发散作用的两种类型

就发散的基本作用而言,主要存在两种作用,即具有弄清作用的“弄清型”和具有联系作用的“联系型”。

(1) 弄清型。所谓弄清作用,是指积极主动地,甚至是刻意地去搞清楚基点信息的情况,比如:概念或含义、整体、部分、OTVC体系(详见“换元观念”章节)等状况;因此,就其行为类型而言,也可称为“弄清型”。

【要点提示5-5】 弄清原理

爱德华·德·波诺在《严肃的创造力》一书中指出:“我们以为当我们获得了越来越多的信息,接近完全了解的完美状态时,对思考的需求就减少了。实际上恰恰相反,我们对思考的需求会越来越强烈,因为我们必须弄清信息的含义”(我国有学者将其称为“抠清”)——弄清原理。弄清原理是发散和收敛信息的前提和基础,也是发散和收敛信息的关键过程。至于弄清什么,则是仁者见仁、智者见智的事;比如,我们可以弄清内涵与外延、整体与部分,也可以弄清OTVC体系等。当然,我们必须按照需要来弄清对象的基本信息,并在此基础上有针对性地进一步拓展信息。

在创新思维中,弄清有三个基本步骤(见图5-15):① 这是什么? ② 哪些是相关的? ③ 向什么方向拓展? 我们举个现实生活中的例子:你现在“某一地方”,要到“A地”去。那么,你首先要弄清你在什么地方,然后弄清哪些是相关的,最后才能决定从什么方向去“A地”;如果你不清楚现在的地方、不清楚哪些是相关的,那么是很难以最有效的方法到达“A地”;当然,也存在“瞎猫碰到死老鼠”的可能,但我们创新的成果不能寄望在“瞎猫碰到死老鼠”的概率上。

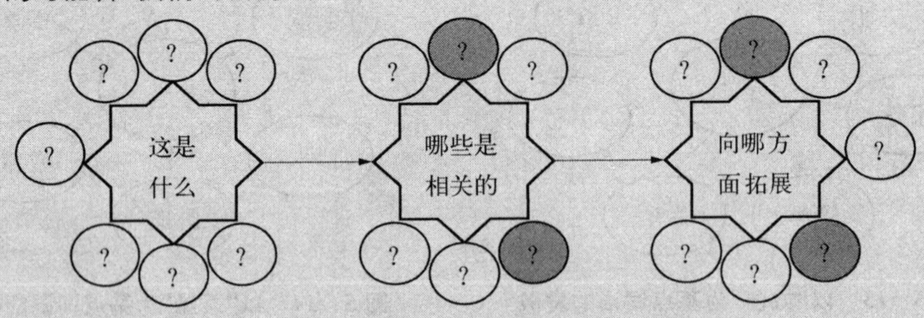

图5-15 弄清信息的三个基本步骤

其实，“哪些是相关的”（相关事项）是无限的，但如果把它放在特定的空间中后，就会显得相对有限了。我们可以把每一种认识都看成是可以发生联系的“线”。有些线是与主题无关的，有些是有关的，如果我们选择出四项，那么就有四条线，意味着可以向这四个方向拓展，见图5-16。这里的方向不是由角度来划分的，而是用词语来表达的特定方向，比如“重量”，表明是重量特征的方向。无论它在立体中的位置如何，一般需要，也总是可以在平面上表达出来的。

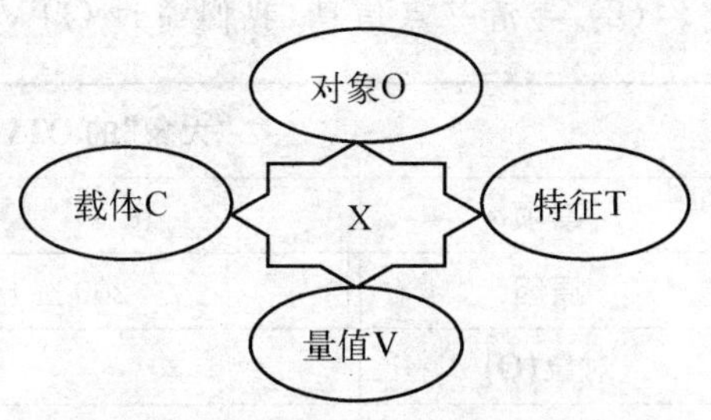

图5-16 弄清对象的OTVC体系

(2) 联系型。联系可以发生在事物的内部，也可以发生在事物的外部；每一事物的内部诸方面，也都处于这样或那样的联系之中；每一事物都以其他事物为条件，与其他事物有多种多样的联系。这些联系既有直接联系又有间接联系，既有本质联系又有非本质联系等。整个宇宙就是一个具有多种多样的普遍联系的统一整体。列宁说：“一切都是互为中介，连成一体，通过转化而联系的”。列宁又说：“每一概念都处在和其余一切概念的一定关系中、一定联系中”。

所以，我们这里所讲的联系是建立在弄清对象信息基础上的具体联系，即从哪一特征或部分等出发进行联系；因此，就其行为类型而言，也可称为“联系型”。这种联系不仅是具体的，同样也是有路径的。

2. 作用对象

本技法是最简单，也是最基本的创新思维技法之一，其他很多创新思维技法也会借用或插入本技法。本技法可广泛用于一般而简单的各项创新思维工作中。

3. 基本步骤

基本步骤见图5-17。

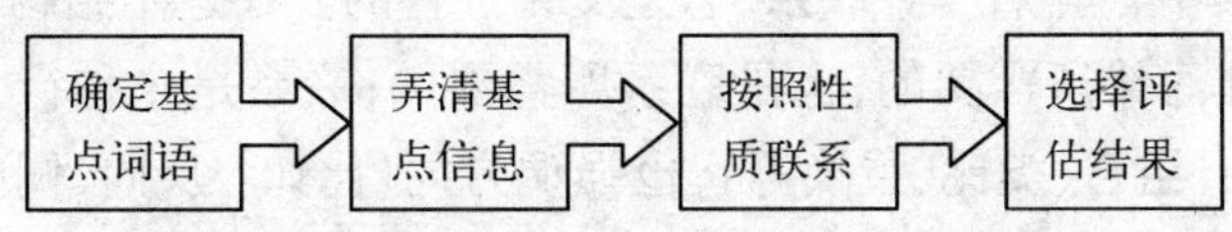

图5-17 基点中心型信息拓展技法基本步骤

4. 操作实例

比如在“曹冲称象”的故事中，我们知道象的重量是5 000公斤，秤重是200

公斤,小秤无法称大象。

(1) 确定基点词语,我们确定"大象"。

(2) 弄清基点信息,我们通过OTVC体系来弄清大象,见下表。

"大象"的OTVC体系具体内容			
事项	曹冲称象		
原因	200公斤的小秤无法称5 000公斤的大象		
对象(O)	象	特征(T)	重量
载体(C)	象体	量值(V)	5 000公斤

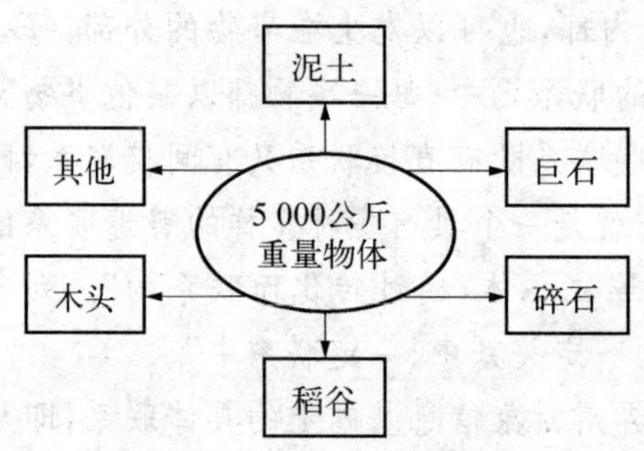

图5-18　以"5 000公斤重量物体"为基点的符合某些条件的置换

(3) 按照性质联系,在"创新思维"章节的"观念部分"中我们提到过"曹冲称象"这个案例,现在需要符合某些条件的置换,即对性质(特征)为可置换的对象进行联系(发散),见图5-18。

也许你已经注意到了,当置换对象的结果出来后,又要进行弄清了。

(4) 选择评估结果,我们可以选择泥土、碎石、稻谷和木头。但是,在当时的具体情景中选择碎石。

【要点提示5-6】　发散思维中"弄清-联系-弄清"结构模型

"弄清-联系-弄清"的结构是创新思维中极其重要的结构模型,在创新思维的发散思维中,"弄清"与"联系"总是交替进行的。在这个结构中,弄清的结果不仅是主体思维所需要的,也是联系所需要的;联系是一种行为现象,既强调方法(比如:组合、类比、置换等),也强调方向(比如:反向、侧向等)。联系需要弄清,而弄清是为了联系;这样,就形成了"弄清-联系-弄清"的结构。事物联系的无限性是在"弄清-联系-弄清"的结构中逐渐扩展的;同样,事物联系的网络性也是在"弄清-联系-弄清"的结构中逐渐形成的。

第6章 发散观念

一、辐射-辐辏与发散-收敛

1. 简单含义

(1)"辐"字的左边偏旁是"车",它自然与车有关,原指车轮中连接车毂和轮辋的一条条直棍;辏,指车轮的辐集中到毂上。

(2) 辐射,原指从中心向各个方向沿着直线伸展出去;辐辏,原指人或物像车辐集中于车毂一样的聚集。

(3) 发散的一般含义是指光线等由某一点向四周散开,收敛的一般含义是指向某一点的聚拢、收集。

2. 简单理解

(1) 辐射或发散思维是以非逻辑思维为基础的,在创新思维中可理解为:在对已有信息理解的基础上,经由一个中心发出的一条条直线,它不强调事物之间的相互关系,也不追求问题解决的唯一正确答案,试图就同一问题沿不同角度思考,提出不同的答案,它的目的不在于追求质上的正确性,而在于追求数量上的多少以至空间上的大小。

(2) 辐辏或收敛思维则是以逻辑思维为基础的,在思维或创新思维中在已有信息的基础上,强调事物之间的相互关系,试图在已形成的数量和空间中产生对事物理解的固定模式,通过选择并追求问题解决的适宜性答案或结论。

(3) 辐射或发散思维以拓展为基本目的,强调对未知信息和空间的联系或关联，以促进新信息或新空间的形成；而辐辏或收敛思维则以收拢为基本目的，强调对已形成新信息和新空间的理解和使用，以促进新信息或新空间中某个或某些向目标的逼近。

3. 联系与区别

辐射思维相对于辐辏思维，发散思维相对于收敛思维。辐射与辐辏、发散与收敛之间存在着辩证关系，它们既有区别，又有联系，既对立又统一。

(1) 主要联系。如果没有辐射和发散的信息数量，辐辏和收敛就缺乏选择、加工的对象；反过来，没有辐辏和收敛的选择、加工，辐射和发散的信息数量再多，也不能形成有意义的成果。因为，思考一个比较复杂的问题或主题，一般都要经过前期的辐射或发散思维，后期的辐辏或收敛思维这两个极为重要的阶段或过程，即“发散-收敛”。杨春燕在《可拓工程》一书中指出：在一定条件下，任何对象都是可拓展的，拓展出来的对象又是可收敛的，这是可拓学方法论的重要特征，它符合人类解决矛盾问题的“发散→收敛”的思维模式，也称为菱形思维模式。由于人们的创造性思维过程包括发散性思维和集中性思维，所以它可以作为研究思维过程，特别是创造性思维过程的形式化工具。

(2) 主要区别。详见要点提示6-1。

【要点提示6-1】　辐射-辐辏与发散-收敛的主要区别

(1) 辐射和辐辏思维是基于空间平面的基础，而发散和收敛思维是基于空间立体的基础，这是二者之间最根本的区别。

(2) 但在运用二维图形或思维图谱等的表达上却有相似性。虽然发散和收敛思维是基于空间立体的基础，但在二维图形或思维图谱等的表达上却表现为类似基于空间平面基础的辐射和辐辏思维的状态。于是，有些人误将辐射与辐辏和发散与收敛完全地等同起来，显然这是不妥的；这不仅过分夸大了辐射与辐辏思维的作用，更为严重的是它大大缩小和贬低了空间观念在创新思维中的地位、作用和内容等。

(3) 图6-1为平面的“辐射-辐辏”，图6-2为立体的“发散-收敛”，二者的主要区别是：① 在图6-1中，一方面通过辐射只能展示出平面上的对象(空心点)，另一方面其收敛的对象也只能取之于这个范围(图中是8个)。② 在图6-2中，情况就不一样了：一方面，通过发散不仅能显示出平面上的对象(空心点),而且也能展示出其他面上的对象(实心点);另一方面收敛范围中的对象是“空心点”加上“实心点”(8+9=17),显然要比辐辏的数量多得多;此外,更重要的是,“平面上的对象”是人们习以为常的,是大多数人都能想到的;而“其他面上的对象”却可能是难得一见的。如果你熟悉蓝海战略的话,就其竞争性而言,也可以将平面上的构想看成是出自“红海”,将立体面上的构想看成是出自“蓝海”。

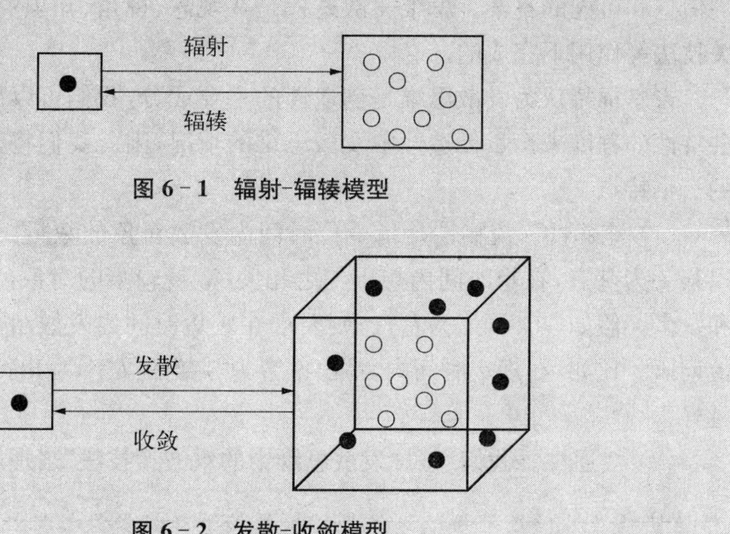

图 6-1　辐射-辐辏模型

图 6-2　发散-收敛模型

二、　发散思维和收敛思维

发散思维和收敛思维是我们进行创新活动时必须运用的两种不同方式的思维,它们之间具有相辅相承、相互补充、交替使用和互为因果等关系。

1. 收敛思维

输入的是发散思维结果所产生的“信息池”或“信息集”,在收敛过程中根据主题的要求,尽可能利用已有的知识和规则,选择性地把众多的信息逐步引导到条理化的逻辑程序中去,以便最终得到一个合乎逻辑规范的结论来。收敛性思维主要包括分析、综合、归纳、演绎、科学抽象等逻辑思维和理论思维形式。

2. 发散思维

发散思维是整个创新思维活动的基础和核心，所谓创新思维的根本点就在于发散性活动。发散思维追求思维的弄清性、联系性和空间性等；由它的质和量所构成的结果将成为收敛思维输入的内容，并直接影响到预期的成果和所要达到的目的。发散思维要求主体思维在空间的观念下向四周无拘无束地扩散，甚至可以是海阔天空地联系和天马行空似的想象、幻想等，目的是寻找或捕获更多的信息和可能的答案。思维发散过程是在观念、视角、知识资源、心理因素和相关技法等作用下完成的。

吉尔福特认为发散思维是创造性的主要成分，我们可以用流畅性、变通性、独特性的程度来衡量创造性中发散思维的情况，因此我们将其概括为发散思维的三个特点。

(1) 流畅性。流畅性是指单位时间内发散对象的数量。创造性高的人，能以某一为基点，在短时间内想出与之相关、数量较多的对象，它表示了反应迅速和众多。假如以某词语为基点，则要求在较短时间内发散出与之相关的许多其他词语。比如，在规定时间内，写出偏旁为“广”的汉字，写出得越多，说明流畅性越好。

(2) 变通性。我们通过“发散思维中的水波型技法”来理解“变通性”。

【发散思维中的水波型技法】

1. 基本描述

1.1　原理点

本技法侧重发散思维变通性的特点。变通性是指发散对象拓展的维度和范围。维度在这里是指一个判断、说明、评价和确定事物的多方位、多角度、多层次的条件和概念。由此，维度越多、范围就越大，变通性也越强。在下面的例子中，你可以看到由“红砖用途”变通到“李子”、“图钉”和“报纸”等的过程。

1.2　理解点

(1) 创造力高的人，其思维的变通性较强，他们在解决问题时能举一反三、触类旁通。比如要求在 8 分钟之内列出红砖的用途，有的只能局限在建筑材料范围之内，如砌墙、盖大楼、筑围墙、铺路面、垒炉灶等，这些结果的变化范围极小，说明被试者的变通性较差。而有的却说出压纸、打狗、钉钉子、磨红粉等，他们就表现出一定的创造性。

(2) 发散思维中的"类-种"结构。也许,前面被试者只是散在、无序的思考,这将是一种限制。在实际操作中,我们可以采用"类-种"的方法来达到有序拓展范围的目的,形成一种网状的形态。

【要点提示6-2】 发散思维中的"类-种"结构

在上面举例中的"红砖用途"中,得到了:砌墙、盖大楼、筑围墙、铺路面、垒炉灶、压纸、打狗、钉钉子、磨红粉等的答案。如果进行归类的话,其中,砌墙、盖大楼、筑围墙、铺路面、垒炉灶是红砖在建筑方面的用途;压纸是红砖的重量性用途;打狗和钉钉子是红砖的工具性用途;磨红粉是红砖的色彩性用途。

如果把以上分析的情况加在一起,就红砖的用途类型或特征可表现为:建筑、重量、工具和色彩这四个方面;这是红砖用途"类"的发散。而砌墙、盖大楼、筑围墙、铺路面、垒炉灶是红砖建筑类用途"种"的发散。获得高效率变通性的一个技巧是首先进行所谓"类"的发散,将无序变为有序,从几个类扩展到更多的类,形成一个更大范围的基础,其中包括从"常规类"拓展到"非常规类",从这个角度变换到那个角度等,这些都体现了变通性;然后再逐层发散和变通。通过图6-4,我们不难看出,在此过程中,除了基点和最后一层外,其余层上,向内是"种对象",向外是"类对象",都具有二重性。

在发散思维过程中,如果借助"类-种"的结构交替或持续进行的话,发散思维的变通性和流畅性都可以得到改善,这种结构的图形将像水波一样一层一层地逐渐扩大。

2. 作用对象

本技法是最简单,也是最基本的创新思维技法之一。因此,其他很多创新思维技法使用的过程中,都会借用或插入本技法。本技法可广泛用于一般而简单的各项创新思维工作中。

3. 基本步骤

基本步骤见图6-3。

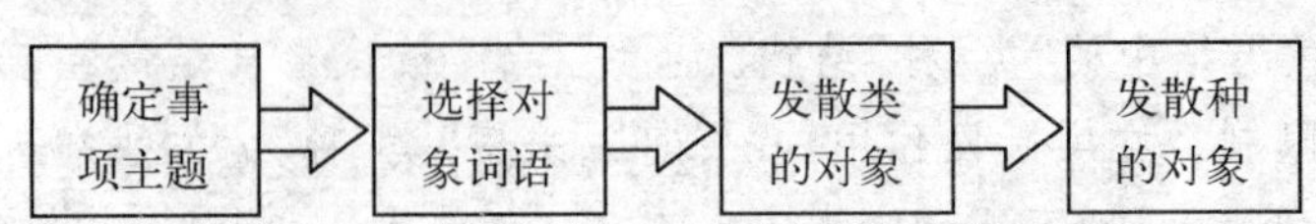

图 6-3 发散思维中的水波型技法主要步骤

4. 操作实例

我们还是进一步地详细说明"红砖用途"例子：① 确定事项主题：红砖有哪些用途？② 选择对象词语：红砖用途；③ "发散类的对象"与"发散种的对象"，见图 6-4。

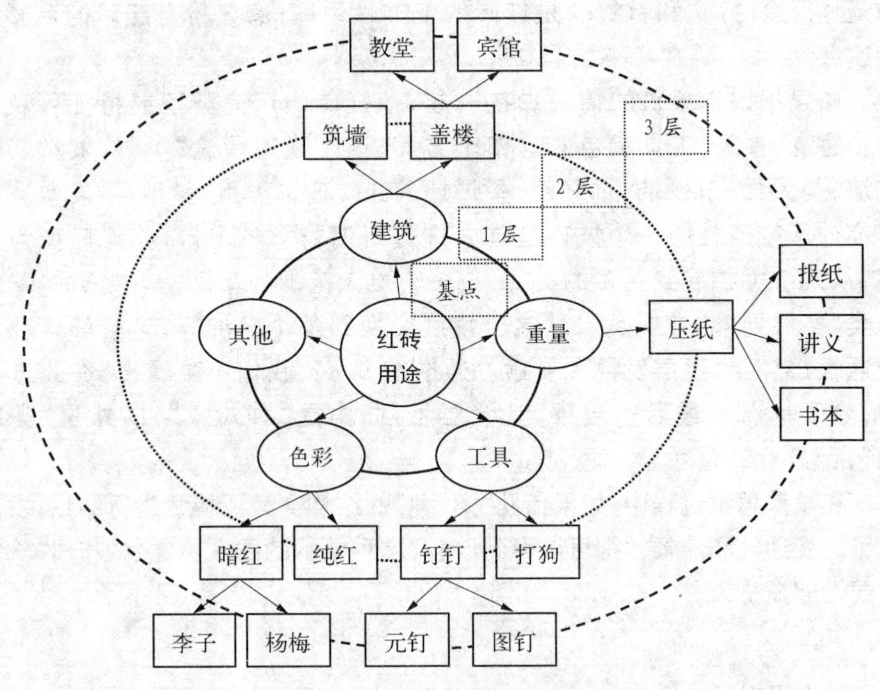

图 6-4 发散思维中的水波型技法的"类-种"结构

(3) 独特性，是指针对事项描述提出超乎寻常的见解(主题)。吉尔福特采用"命题测验"来测试人的思维的独特性。这种测验方式是提出一段具有情节的故事，要求被试者按照自己的理解给出适宜的主题，主题越奇特越好。

【案例6－1】 **你有更独特的主题吗?**

有这样一个故事,其大意是:一对夫妻,妻子本是哑巴,经医生治疗后能像正常人一样说话了。但是妻子说话太多,整天与丈夫吵,丈夫非常痛苦,最后只好要求医生设法把他自己变成了聋子,家庭又恢复了安宁。有些人根据故事得出的主题是:“丈夫与妻子”、“医学的奇迹”、“永远不满意”等;而也有人根据故事得出的主题是“聋夫哑妻”、“无声的幸福”、“开刀安心”等。

【点评】

从创新的角度看,也许“聋夫哑妻”、“无声的幸福”、“开刀安心”的主题要比“丈夫与妻子”、“医学的奇迹”、“永远不满意”更独特。

【要点提示6－3】 **对吉尔福特三性特点的认识**

在创新思维中,发散不仅是一种观念,而且也是创造性的主要成分。吉尔福特认为发散思维具有流畅性、变通性和独特性的三个特点,根据本书的观念,我们可以将其初步地定位在三个方面上:① 独特性是指对问题提出超乎寻常的见解,在理解上我们可以将其定位在“主题认为”上;② 流畅性是指单位时间内发散对象的数量,在理解上我们可以将其定位在“生产信息”上;③ 变通性是指发散对象拓展的维度和范围,在理解上我们可以将其定位在“观念技法”上。

如此,我们可以将这三性构成一个倒三角形的关系,见图6－5;它们之间形成一个相辅相成的、系统性的、复合性的结构关系:① 观念技法:一方面,“主题认为”和“生产信息”都需要“观念技法”的支持;另一方面,在“主题认为”和“生产信息”中又存在各自相应的“观念技法”。② 主题认为与生产信息:一方面,“主题认为”为“生产信息”指明了对象和目标;另一方面,“生产信息”的过程中又会不断地出现问题事项而需要新的“主题认为”。

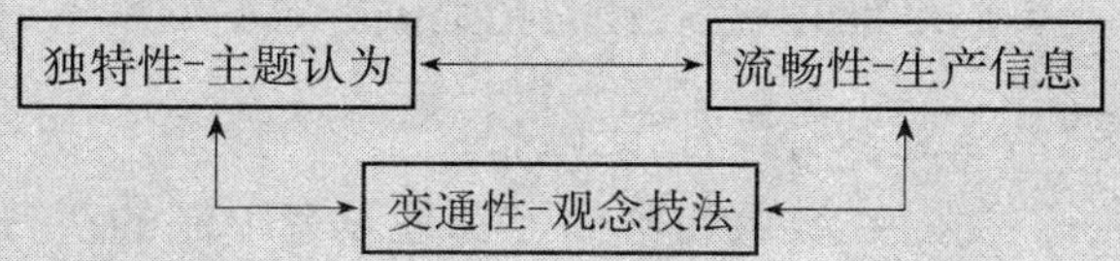

图6－5 流畅性、变通性、独特性之间相辅相成的、系统性复杂关系示意图

笔者认为，沿着吉尔福特在发散思维中三性特点的方向去研究，所得到的三角形结构，不仅是概括性的，也是具体的，更是核心的。在本书的很多论述中，你都可以看到其隐匿的身影。

3. 两种图形

正如上面所说的，发散-收敛思维在平面上的表达图形与辐射-辐辏思维的图形基本是一样的。因此，发散-收敛思维在平面表达图上的区别也可以说明辐射-辐辏思维图形的区别。发散-收敛思维在平面表达图形上的主要区别在于线的方向上。发散思维中线的方向是从中心指向周围，而收敛思维中线的方向是从周围指向中心，见图 6－6、图 6－7。

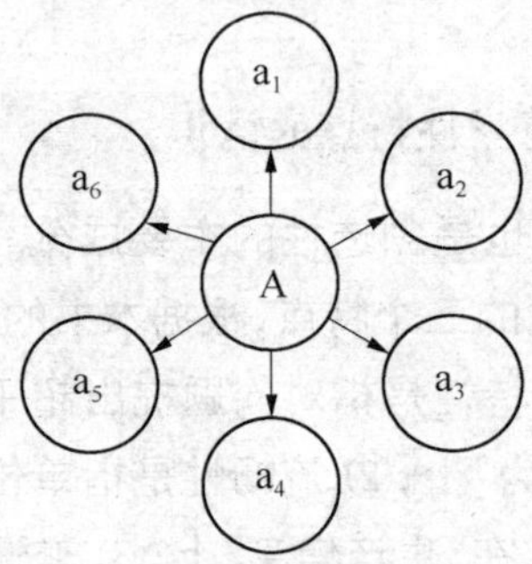

图 6－6　发散思维模型

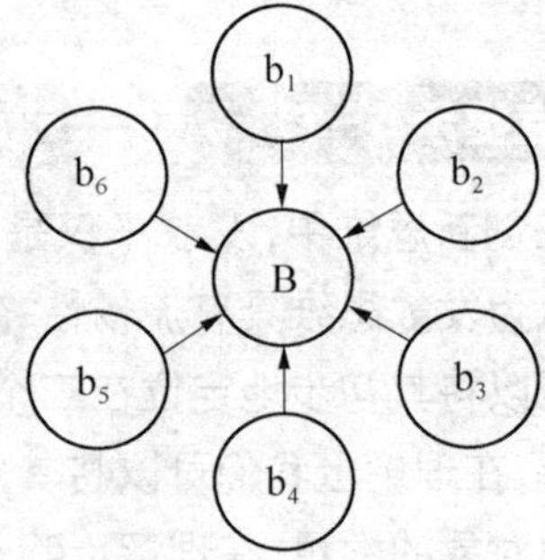

图 6－7　收敛思维模型

4. "从一到多"和"从多到一"的区别

从上图中我们不难看出：发散思维模型是"从一点到多点"，侧重于求异性，其根本目的在于"从一到多"；收敛思维的模型是"从多点到一点"，侧重于求同性，其根本目的在于"从多到一"。

【要点提示 6－4】　"从一到多"、"从多到一"的过程是发散思维和收敛思维的根本目的，也是创新思维的基本原理和基本过程

发散思维是"从一到多"，具有"无限模糊性"的特征。"无限"在这里既指数量，也指条件，即："多"在数量和条件上都是没有限制的；特别是条件，在发散思维中的一个要点是：一般不需要考虑条件。"模糊"在这里是指类似、相似、近似和相关。类似是指大致相同,相似是指相像,近似是指相近或相像但不相同。

收敛思维是“从多到一”,具有“有限准确性”的特征。“有限”与“无限”相对,既指数量,也指条件,即:“一”在数量和条件上都是受到限制的;特别是条件,在收敛思维中的一个要点是:一般更需要考虑条件。“准确”在这里是指清晰、正确和逻辑。清晰是指概念清晰,正确是指判断正确,逻辑是指推理符合逻辑。

“从一到多”和“从多到一”具有交替的循环性。比如,我们从错综复杂的事例现象中确定主题,此时为“从多到一”;当主题确定后就需要对某一对象进行发散,此时为“从一到多”;当我们对获得众多的对象进行验证、选择时,为“从多到一”。在系统中,当一个问题解决后,着手解决第二个问题时,又得重复上述过程。

需要提醒的是,“从多到一”不仅针对发散思维的成果,同样也用于问题事项的概括——确定主题。

三、 生产信息

1. 相关信息的“寻找”和“联系”

相关信息的寻找,是指以“某一”为引导点或基点,通过各种方法找到我们所需要的信息。在创新思维的主体行为中,“寻找”与“联系”具有特殊的情景性,所以我们可以将它们看成是“同义词”,即:“寻找”到了,也意味着“联系”上了。在这里,主要介绍四种相关信息的寻找类型:

(1) 依据现象的寻找,即从某一现象出发,以此“获得”或“发现”某东西。

【案例6-2】 从“不会生锈”的现象中发现了不锈钢

第一次世界大战的时候,有位名叫布利阿里的英国军械师,奉军工生产部门之命,正在紧张地研究改进枪支的效能。由于当时的炼钢技术等原因,英国用在战场上的枪支,总是因枪膛磨损,不堪使用而运回后方。这样,他的研制工作实际上是选择具有高强度耐磨的合金钢。布利阿里的实验室摆设得就像一个钢材展览会，不同品种的钢材上还贴着醒目的标签，上面写着名称、产地、成分等。日积月累，实验室里的废弃钢材越来越多。于是，布利阿里决定彻底清理一下室内环境，将废弃钢材一车车运了出去。突然，他看到了一块含铬的合金钢，这块在空气中裸露了很长时间的合金钢竟然没有生锈！他决定好好地研究一下，看看它到底有什么特殊之处。

他把这块合金钢放在酸、碱、盐的溶液中浸泡，又用各种方法来加工，实验结果证明，它是一块不怕酸、碱、盐，既可以热加工，也可以冷加工，同时又不会生锈的钢材。美中不足的是质地软，不耐磨。

“不耐磨，却耐腐蚀，这不能制枪支。那么，可以制作什么呢?”助手也在一旁思考。

“噢，可以做餐具吗？…… 做餐具最理想。”布利阿里边想边说道。

布利阿里在研究工作之余，自己动手试制了第一把不锈钢的水果刀。不久，这种新产品在市场上出现了，接着用不锈钢制作的刀、叉、勺以及果盘、折叠刀等都出现了。新产品格外受人欢迎，因为它远比传统的银制餐具美观实用。

【点评】

三年以后，布利阿里获得了生产不锈钢的专利。其实，不锈钢并不是布利阿里发明的，许多发明家对不锈钢的研制工作做出过贡献。但是，布利阿里却从“不会生锈”的现象中发现了不锈钢。

(2) 依据目的的寻找。即从某一目的出发，在特定的空间中找到或联系到某一客体。比如，瓦克斯曼发现进入土壤的结核菌被土壤中的一种微生物消灭了。在土壤中有大约 10 万种微生物，究竟谁是杀灭结核菌的“勇士”呢？瓦克斯曼决心在这茫茫“菌”海里，找出这位“勇士”来。1943 年，当他和他的助手经过实验的细菌达到 1 万多种时，终于“寻找”出一种能有效抑制结核杆菌的灰色链霉菌。

(3) 假设可能的寻找。即从某一假设可能的问题出发，找到或联系到某一客体，或者证明某一现象的存在。比如，自从发现天王星以后，天文学家对天王星不按正常轨道运行的现象大惑不解。1840 年，德国天文学家贝塞耳提出了一个假设可能的看法，他认为：在天王星轨道外面，一定有一颗别的行星，在它的引力影响下，“扰乱”了天王星的正常运行轨道。1846年9月23日晚上，人们终于证实了在纸和笔尖上找到的新星——“海王星”。

(4) 随意机会的寻觅。随意机会的寻觅并不是盲目的，而是在创新目的指引下在假设或划定的界域内通过相关方法后获得启发，以此来确定具体的创新目标，主体的行为是抱着“还有什么”的寻觅心态去思维或行为的。一样东西在与另一个东西发生碰撞(联系)时可以引发出反应或现象，随之而来的可能是获得创造性的连锁反应。在这一方面，达·芬奇的做法是非常具有想象力的，他能够硬性或强制性地把两种完全不相关物体建立联系，并从其所形成的图像中得到启发。比如，他注意到墙上的污痕、烟灰、光影的变化、泥浆的形式或者其他类似的地方，就会得到无尽的创造性思维的启发，想象出树、战斗、平原、栩栩如生的人物等，然后硬性把他想象到的这些物体和事件同他的主题联系起来，借此启发他的思想。他有时甚至会故意把蘸满颜料的棉织物扔到墙上，然后注意观察污迹。

2. 信息数量与价值

爱德华德波诺在《严肃的创造力》一书中指出：毫无疑问，我们拥有的信息越多，我们的创造性思维就越好。如果有更多的东西进行处理，那结果就会更有价值。如果一个艺术家的调色板上有更多的颜色，那他的画颜色会更加丰富。所以，应该遵循“拥有的相关信息越多，创造的结果就越好”这一规律。不幸的是，情况并非如此。

【要点提示6-5】 对获得信息的弄清就如同是区分金子还是沙土一样

信息越多就越有价值，这完全正确。但是，信息很少是纯粹的，我们通常得到的信息都是复合性的，被某些或主观的概念和认知覆盖、包囊着。当创造者遇到这些已有的概念和认知时，会在消极定势惯性的作用下，被迫沿着原来同样的思路去认识和思考。

这也提醒我们，弄清通常针对的是两种对象，即基点对象(出发信息)和结果对象(获得信息)。尽管从过程的连续性来看，有些结果对象会转换成基点对象，但是，在你没有弄清结果对象之前就主观地否定了它的价值是不可取的，因为你还没有区分是金子还是沙土。

3. 数量与机会

假设你有一袋黑色的和一颗白色的泡泡糖球，从中抓出白色糖球的几率是很低的，如果你在袋子中再加入五颗白色糖球，你从袋子中抓出白色糖球的几率就提高了。如果你再加入十粒白色的糖球，你抓出白色糖球的几率就更大了。用不同的方法来拓展你的信息和往袋子中多放几粒白色糖球是绝对一样的作用。每次用不同的方法拓展信息，导致突破性认识的独特观点或见识的概率就会增加。

【要点提示6-6】 特定空间信息数量与机会呈正比例

无论是有形空间、无形空间还是主题空间，通过案例或者思考，都可以说明一个原理，即：在可控前提下，空间越大，相关的信息就越多；相关的信息越多，机会也就越多。有人说：只要有空间就会有机会，这是一句很有道理的话。显然，这里的空间不是泛泛的任意空间，而是具有丰富对象的特定空间。这也说明为什么创新思维活动一定要有拓展信息这一步骤或过程。

4. 现象信息的三性

下面，我们通过“现象信息的基本三性技法”来讨论这个话题。

【现象信息的基本三性技法】

1. 基本描述

1.1 原理点

(1) 现象，是指事物在发展、变化中所表现的外部的形态和联系。

(2) 信息，是指与客观事物相联系，反映客观事物的运动状态，通过一定的物质载体被发出、传递和感受，对接受对象的思维产生影响并用来指导接受对象的行为的一种描述。从本质上说，信息是反映现实世界的运动、发展和变化状态及规律的信号与消息。人类对世界的认知和改造过程就是获取信息、加工信息和发送信息的过程。

1.2 理解点

现象是信息中的一种类型，具有很多功能或作用。但在创新思维中，我们主要应该关注现象信息的基本三性：

(1) 存在性。信息的存在性一方面表达了该信息源体的存在,另一方面表达了该信息载体的存在。在这里,我们应该关注:表示存在了什么?

(2) 联系性。信息的联系性表现为自身内部的联系和与外部客体的联系,因此,联系性既表达了自身的某些情况(内部联系),也表达了与其他客体关系的某些情况(外部联系)。在这里,我们应该关注:表示联系了什么?

(3) 反映性。信息的反映性是对自身或其他客体(比如环境中的)某些情况的表达,因此,反映性既表达了自身的某些情况(直接反映),也表达了其他客体的某些情况(间接反映)。在这里,我们应该关注:表示反映了什么?

2. 作用对象

有些现象呈现一种复杂的状态,让人不知所措。通过本技法可以对现象建立一个大概框架性的模型,以达到帮助进一步认识或分析的目的。

3. 基本步骤

基本步骤见图6-8。

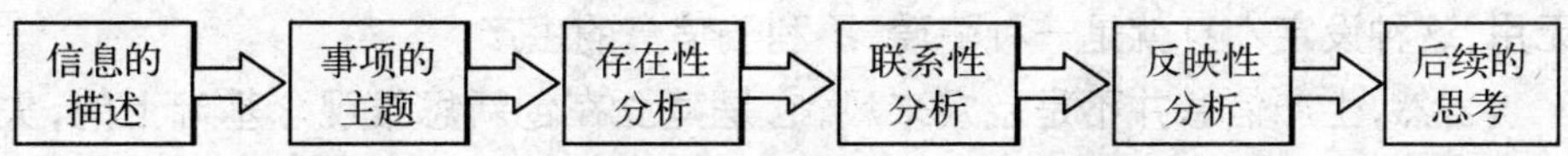

图6-8 现象信息的基本三性技法基本步骤

4. 操作实例

1 现象信息	……		
2 事项主题	某花的荣衰现象		
项　　目	类　型	表　示　内　容	6 后续思考
3 存在性分析	源　体	某花的存在	
	载　体	花的外形与枝叶等	
4 联系性分析	内　部	花在生命过程中的各主要的内部联系	
	外　部	花与气候等的联系	
5 反映性分析	直　接	花的生命周期规律反映	
	间　接	对季节温度等的反映	

5. 生产信息观念

通过以上的简要论述，我们想要达到的目的就是在创新思维中建立“生产信息”的观念。在这里，“生产信息”、“发散信息”或“拓展信息”等在同一层次上具有可替换性，表示了一个相同的意义。

【要点提示 6－7】 创新思维中的“生产信息”观念

在自然界中，大自然让无数的新物种诞生，但“优胜劣汰，适者生存”的残酷选择，让 95% 的新物种落败，并在很短的时间内灭亡。在人类历史上，许多受人尊敬的人物创作的并不全是伟大的作品，也有不少“糟糕之作”。然而，正是在数量巨大的创作实践中，天才们才生产出高质量的作品，或者说，他们从数量巨大的信息中产生或获得了有价值的信息。

在创新思维中，我们也将经历一个“生产信息”的阶段，这里应该注意的是，在“生产信息”的时候，我们并不需要区别它是精华还是糟粕或者有用还是无用，这种设定本身就是一种障碍，不利于信息的生产。

当然，生产信息并不是空穴来风，它是建立在创新思维观念基础上的，失去了这些观念，“生产”只是一种“自在”的行为。

四、 发散性质

下面，我们通过“基点发散性质常见列举技法”来讨论“发散性质”的内容。

【基点发散性质常见列举技法】

1. 基本描述

1.1　原理点

见“基点中心型信息拓展技法”。

1.2　理解点

(1) 见“基点中心型信息拓展技法”。

(2) 本技法与“列举技法”有相似之处，但“列举技法”的范围更宽泛，所针对的大多是比较模糊的事项，而本技法所针对的基本是明确的某一具体对象。

1.3 发散性质

就发散的基本性质而言，常见的有：体系发散、特征发散、因果发散、功能发散、关系发散、目的发散、材料发散和作用对象发散等；当然你也可以设置优点发散、缺点发散等。

1.4 表达图表

由于本技法常用于非正式状态下的思考过程中，以致需要经常地修改，所以，在定型前通常用图表来表达。限于篇幅，本书中不再另设“思维图谱”章节，不太熟悉这方面知识的读者可以模仿下面给出的图表或者参考相关书籍。本技法在思考过程中既可以用图形表示，也可以用表格表示，这取决于你的习惯。

2. 作用对象

本技法所列举的是基点发散常用的类型，是最简单、最基本，也是最实用的创新思维技法之一。因此，其他很多创新思维技法在使用过程中，都会借用或插入本技法中的某一类型。本技法可广泛用于一般而简单的各项创新思维工作中。使用者在理解了本技法的原理后，还可以设计或创造出更多的类型。

3. 类型

3.1 体系发散型

本型具有“系统式”和“体系式”两种形式。

(1) 系统式。① 描述：系统式就是按照系统的规范要求，以系统的四要项来设置纬度；② 适宜：适用于具有整体要求的基点词语。③ 图形：其基本图形为三层，以基点为中心，依次是“纬度层”和“内容层”等。

(2) 体系式。① 描述：体系式是一种根据需要，由主体的知识、经验或体验所形成的、反映或结合主体环境和背景的某一整体概念的形式，比如战略分析中的“PEST”及“OTVC”等，是基于模型或经验型等系统观念的要求来设置纬度数量的。② 适宜：比较适用于当前已经存在的、适合用某一体系来分析的词语。③ 图形：其基本图形可分为三层，以基点为中心，依次是“纬度层”和“内容层”等，见下表。

对象(O)	特征(T)	量值(V)
某　人	身高	175 公分
	体重	75 公斤

（续表）

对象(O)	特征(T)	量值(V)
某　人	性别	男
	…	…

3.2　特征发散型

(1) 描述：特征发散型是指以特征为发散性质的类型，对于特征进一步的了解可阅读“换元观念”章节；

(2) 适宜：本方法比较适用于动词和名词类的基点词语；

(3) 说明：本技法的基本图形可分为三层，以基点为中心，依次是“纬度层”和“内容层”等，见图6－9。

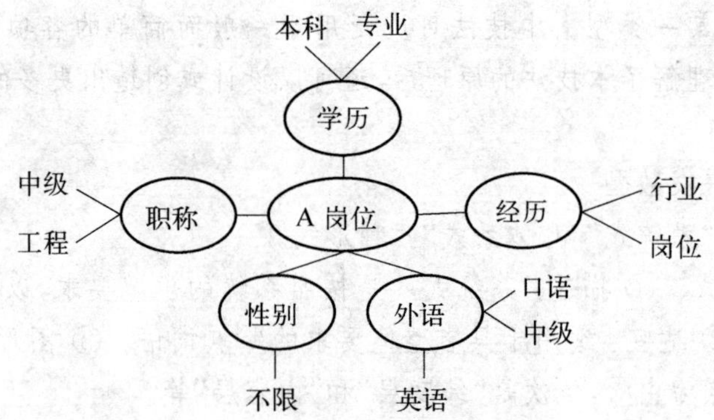

图6－9　“A岗位”特征型发散

3.3　因果发散型

(1) 描述：因果发散型不仅需要因果观念，也同样需要系统观念，是以主要因果关系为发散性质的类型；

(2) 适宜：本方法比较适用于某一事项的问题或主题的词语；

(3) 说明：本技法常用的图形是“鱼骨图”，见图6－10。如果采用发散图，其基本结构为：以基点为中心，依次是“纬度层”和“内容层”等。

3.4　功能发散型

(1) 描述：功能发散型是指以功能为发散性质的类型，有时，可以将“功能”与“作用”看成同义词；

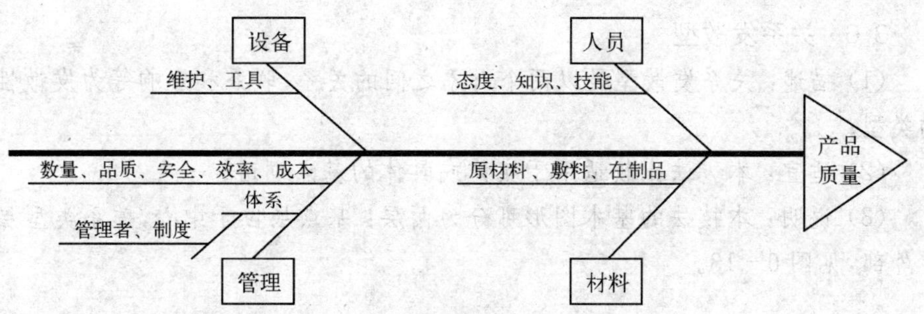

图6-10 "产品质量"鱼骨图因果型发散

(2) 适宜：本方法比较适用于实体或具体的基点词语；

(3) 说明：本技法的基本图形可分为两层,基点层和功能层,见图6-11。

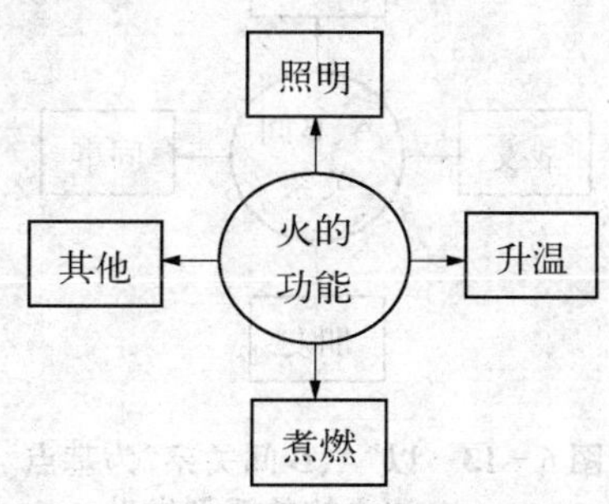

图6-11 以"火的功能"为基点词语的功能发散

3.5 作用对象发散型

(1) 描述：作用对象发散型是以作用或功能为基点,以其适用对象为发散性质的类型；

(2) 适宜：本方法比较适用于实体和动作类的基点词语；

(3) 说明：本技法的基本图形可分为三层,基点为中心,依次是功能(作用)对象类和具体内容等,见图6-12。

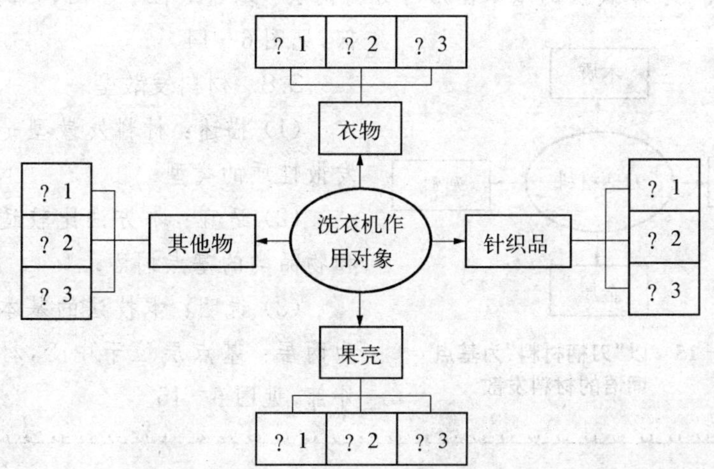

图6-12 洗衣机的"功能对象发散"

基点发散性质常见列举技法

3.6　关系发散型

(1) 描述：关系发散型是以两个对象之间的关系、联系和影响等为发散性质的类型；

(2) 适宜：本方法比较适用于实体或具体的基点词语；

(3) 说明：本技法的基本图形可分为两层：基点层位于中心，关系类型层位于外部，见图 6－13。

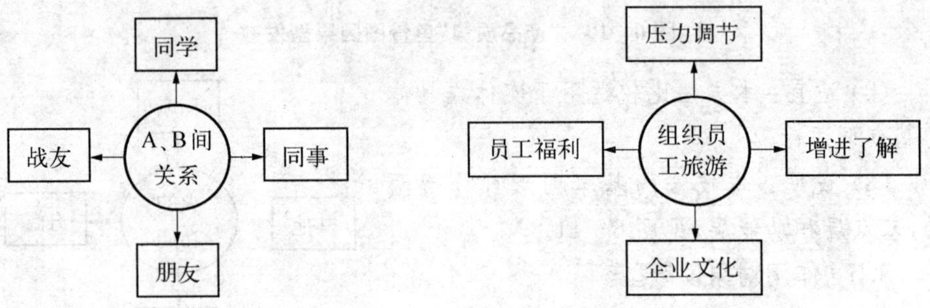

图 6－13　以“A、B 间关系”为基点词语的关系型发散

图 6－14　以“组织员工旅游”为基点词语的目的型发散

3.7　目的发散型

(1) 描述：目的发散型是指以目的为发散性质的类型；

(2) 适宜：本方法比较适用于以事项的行为作为基点词语；

(3) 说明：本技法的基本图形可分为两层：基点层位于中心，目的层位于外部，见图 6－14。

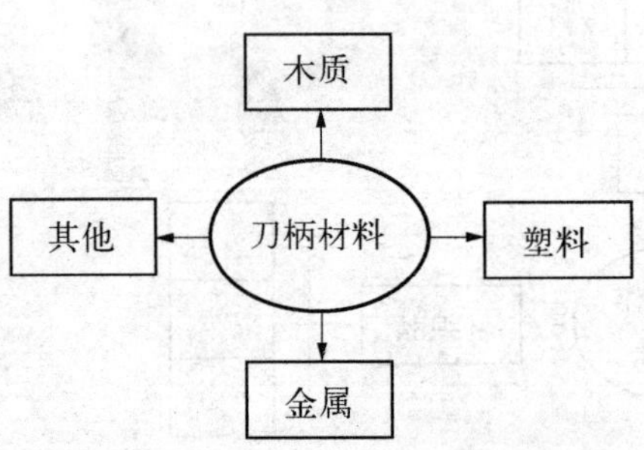

图 6－15　以“刀柄材料”为基点词语的材料发散

3.8　材料发散型

(1) 描述：材料发散型是以材料为发散性质的类型；

(2) 适宜：本方法比较适用于实体和物品类的基点词语；

(3) 说明：本技法的基本图形可分为两层：基点层位于中心，材料层位于外部，见图 6－15。

从中国学者首创的可拓学中，理解曹冲是如何称得大象的

第7章 换元观念

一、简单引入

1. 可拓学由来

可拓学是以蔡文研究员为首的中国学者原创的新学科。该研究从1976年开始，1983年发表第一篇论文。目前，已形成初步的理论框架，并建立了在人工智能、计算机、管理、控制、检测等领域的应用方法。可拓学总结了人们处理矛盾问题的基本规律，建立了解决矛盾问题的基本方法，并把这些规律和方法应用到各领域，如经济管理、控制、信息和思维科学中，为人们利用计算机处理矛盾问题提供了条件。

2. 可拓学中的两类矛盾

矛盾问题，就是指在现有条件下无法实现人们要达到目标的问题。在我们的生活中，矛盾问题比比皆是。一般来说，我们遇到的问题主要可分为两类：兼容问题和不兼容问题。

(1) 当给你的条件能够达到要实现的目的时，这样的问题称为兼容问题，也就是可以解决的问题；

(2) 当给你的条件不能达到要实现的目的时，则称为不兼容问题，也就是无法解决的问题。

通过对不兼容问题的仔细分析，就会发现：其实这些貌似“无法解决”的难

题，有许多是可以解决的，而且有多种解法。某些问题之所以“无法解决”，是因为通过现有的条件或采取我们熟悉的方法不能解决，但如果我们改变或者创造一些条件，突破我们习以为常的想法，就有办法解决“无法解决”的问题了。

3. 融入物元

可拓论包括基元理论、可拓集合理论和可拓逻辑。其中，基元理论提出了描述事、物和关系的基本元——“事元”、“物元”和“关系元”。本书讨论或针对的是“物元”；所以，严格地说，本章的主题是“物元换元观念”。所谓的“元”，是指构成一个整体的单位对象。本章以可拓学理论中的部分原理为基础，结合其他的原理形成换元观念。

4. 换元特点

在本书所特定的概念下，换元具有以下四个特点：

(1) 凡是对象为物的，一般都可以使用(当然，你也可以试用于非物的对象)；

(2) 换元所获得的成果通常地表现为产生解决问题的新方法；

(3) 换元的关键是“换什么”、“什么可换”和“换成什么”；

(4) 换元的替换或置换中一般存在着某方面的等值关系。

5. 换元观念

简单地说，就是以可拓学的某些理论为基础，通过一定的方法或技法，将物元中的素元进行一些变换，使不兼容的问题转化为兼容的问题，引导问题得到解决。

二、 物元

下面，我们将通过“短语物元 OTVC 素元定位技法”的介绍来讨论“物元”和“OTVC”。

【短语物元 OTVC 素元定位技法】

1. 基本描述

1.1 原理点

(1)《可拓工程》一书认为：为了形式化描述物、事和关系，建立了物元、事元和关系元的概念，它们是可拓学的逻辑细胞，统称为基元，并作如下定义：假设我们用 M 表示物元，以物 Om 为对象，Cm 为特征，Om 关于 Cm 的量值 Vm 构

成的有序三元组,M=(Om,Cm,Vm)。见下表:

序 号	对象(O)	特征(C)	量值(V)
1	汽车	重量	4 t
2	苹果	颜色	红

本书中,在原来对象、特征和量值的基础上增加了载体,也可以说是从对象中分离或独立出载体,用字母C代替;为了避免混淆,将特征用字母T代替。见下表:

序 号	对象(O)	特征(T)	量值(V)	载体(C)
1	汽车	重量	4 t	轮胎
2	苹果	颜色	红	果皮

这里,我们将基元中物元的四元,即对象、特征、量值和载体称为“素元”。

(2) 分解法运用。通过分解法,将混合或者组合或者隐含在对象中相关性质和意义的成分分离出来,使其作为一个可被思考的独立对象。

(3) 主题词语。关于主题词语的了解,可阅读“词语观念”和“主题分析确定方法”章节。

1.2 理解点

(1) 理解物元。当我们把研究对象锁定在物体上时,实质上就是对应于物元这个概念。显然,物元并不包括事情,并且是“以物Om为对象”的。物元是一个很重要的概念。

(2) 理解对象(O)。对象一般是指观察、思考或行动时的客体——作为目标的事物。在物元的论述中,对象仅指观察、思考或行动时的客体——作为目标的物体或者实体,也包括人。

(3) 理解特征(T)。对于特征,我们可以有以下的主要理解:

首先,特征是指作为人和事物特点的征象、标志等;其中征象,即征候,是指发生某种情况的迹象。就人而言,就存在着许多的特征,比如,在图7-1中,按照年龄特征可以有:青年、中年、老年等;按照国籍特征可以有:中国人、美国人、俄罗斯人等;按照民族特征可以有:汉族、苗族、朝鲜族等;按照性别特征可以有:男人、女人等;按照学历特征可以有:初中、高中、大学、研究生等;按照职业

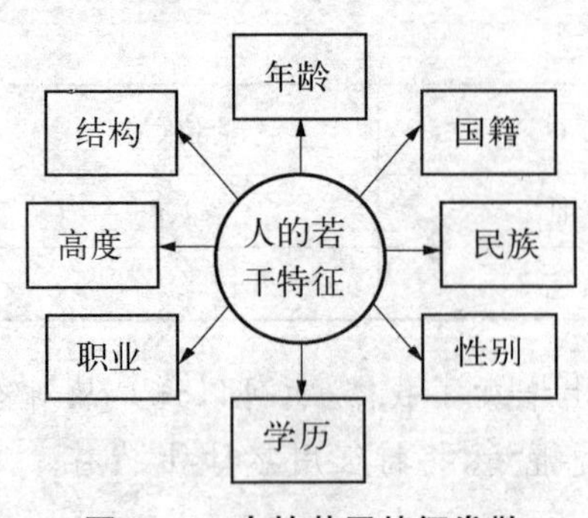

图7-1 人的若干特征发散

特征可以有：工人、农民、军人等；按照高度特征可以有：高个、中个、矮个等；按照结构特征可以有：头、颈、躯干、四肢等。

其次，特征所表现的是一种泛泛的特点，包括或近似于属性的性质，但并一定是仅指属性；因为，有些特征并不一定具有人们客观上和主观上的共识性。

第三，对于一个物体，某些方面具有质和量的表述；在这里，“质”通常可以用“特征”代替，表示客观的存在性；“量”通常可以用“量值”代替，表示限定性。有量一定有质，但是，有质并不一定有量；这种“并不一定”的困境主要表现在：没有发现或难以描述或难以使用定义等。

第四，当用词语表达的时候，有些特征是显现的，即直接在词语中出现，比如，在“身高 170 cm”中，“高度”这个特征就直接在词语中出现；有些特征是隐含的，即在词语中没有直接出现而需要我们通过分析来提取的，比如，在“红苹果”中，特征“颜色”并没有在词语中直接出现，而是通过量值“红”来分析和推导并提取出来的。又比如，“他一小时走 5 公里”中，“5 公里”这个量值既可以是限定“距离”特征的量值，也可以是限定“速度”特征的量值。

【要点提示7-1】 有些特征具有累计性质

特征的累计性质是指无论直接在数量上增加或减少都不会造成该特征性质的改变，这种具有累计性质的特征，一般存在于“物”中；由于具有累计性，所以，通常是可以分解的。比如重量特征就具有累计的性质，因此是可以分解的。类似这样的还有：长度、面积、体积等。这种具有累计性质的特征在创新思维中是一个很重要的性质。

(4) 理解量值(V)。量值是关于某一特定对象的计量、程度、描述和说明等，其基本意思是限定；该特定对象可以是：物元中的“对象(O)”、“特征(T)”、“载体(C)”和以后会讲到的“活动(A)”。量值可以是定量的限定，比如：100 千克、3 米、50 人等；也可以是定性的限定，比如：红、中国产、红旗牌、外国人等。

(5) 量值与特定对象。量值与特定对象的意义主要表现在两个方面：① 表示该特定对象的存在；② 表示该特定对象所受到的限定或者度量。量值对特定对象的限定次数可以是一次性的，也可以是多次性的。比如“红的苹果”、“低速转动”等就是一次性的限定，我们把它称为一级量值，而“国光红苹果”、“均匀低速转动”等，存在二次限定(其中，“红的”为一级量值，“国光”为二级量值，其他级次以此类推)。

(6) 理解载体(C)。在具体的创新思维中，我们还需要增加或分离出更加细化的“载体”这个素元。所谓载体，泛指能够承载其他事物的事物。比如，信息载体是指在信息传播中携带信息的媒介，是信息赖以附载的物质基础，即用于记录、传输、积累和保存信息等的实体。当我们将其与特征相联系时，“载体”就可以理解为“能够承载某一特征的事物”。通常，“车重 4t”中，重量特征的载体是“车”；“红色苹果”中，颜色特征的载体是“苹果”；“身高 175 cm”中，高度特征的载体是“人体”；“桌子高度”中，高度特征载体是“桌子”，也就是“对象(O)”。

在创新思维中，我们需要适当地划小载体，这有利于我们明确创新对象，拓宽创新思路。

【要点提示7-2】 划小载体

在创新思维中就主体对载体的认识和运用而言，我们应该划小载体，适当地分离、细分载体，并具体、直接地体现载体，表现出载体的直接性和可替换性。这样，“车重 4t”中，重量特征的载体不是“车”，而是“轮胎”；“红苹果”中，颜色特征的载体不是“苹果”，而是“果皮”；“身高 175 cm”中，高度特征的载体不是“人体”，而是“骨骼”；“桌子高度”中，高度特征的载体不是“桌子”，而是“桌腿”等。有些载体来自对象中的某部分；有些载体并不需要再划分，就是对象本身。

【要点提示7-3】 “特征-载体-量值”的不可分割性

某些现象的表现也许就是特征。通常，只要有具体的特征，那么一定就存在载体和量值。你可以通过特征去追溯载体和量值，也可以通过其中的某一项去追溯其他项。

(1) 孤立的特征是不存在的，一定是事物所表现出来的特征，这个承载特征的事物就是载体(或是对象，或是对象的某一部分)。① 通常我们都可以通过特征找到载体，有时并不知道载体是什么，但如果你找到了，也许就有了新的发现；比如“案例 1-3：在纸上推算出来的海王星”。② 作为物体的特征，可以表现在目的中，也可以表现在过程或结果中；比如，某不锈钢锅底由于带有类罗纹的形状而具有节能、耐用等特征，形成这一特征的是非金属切削工具加工过程的结果。

(2) 有量值也一定有特征。对于自然界而言，结构的平衡和要素种类及其数量的平衡是一种自然法则。正如牛顿所言：“自然界习惯于简单化，而且总是与其自身和谐一致的”。这里的和谐就是指平衡，要素的种类、要素的数量都是一个量值的概念。虽然有量值一定有特征，但有些特征是难以知道的，如果知道了，也就有了新的发现。

2. 作用对象

在技术创新、管理创新及其他创新思维活动中，针对非事情类对象(一般是指物体类对象)以主题形式表达出来的短语都可使用本技法。其目的是将混合或隐含在短语中相关素元的成分分离出来，进行物元 OTVC 素元的定位，使其作为一个可被思考的独立对象。在此基础上，选择参照素元、检核需要改变的素元，然后再用其他的创新思维方法逐步地展开。

3. 基本步骤

基本步骤见图 7-2。

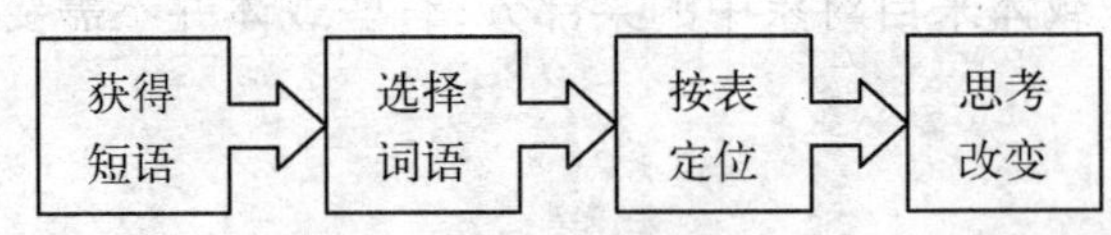

图 7-2　短语物元 OTVC 素元定位技法基本步骤

4. 操作实例

(1) 获得短语：水壶的铝质弯嘴。

(2) 选择词语：嘴。

(3) 按表定位：见下表。

动词( )					名词(嘴)				
级次	量值	特征	载体	对象	级次	特征	量值	载体	对象
1					1	形状	弯的	嘴	水壶
2					2	材料	铝		

(4) 思考改变。特征:形状→(?)

三、 等值原理

素元变换中一个常见的方法就是置换,对于置换更多的了解可阅读“移植与转换观念”章节。置换一词原是数学和化学上的概念。这里,主要是指用另外的素元对象替换原来事物中的素元对象。但是,我们应该注意,置换中一般存着某方面的等值要求。

【特征和功能等值载体置换技法】

1. 基本描述

1.1 原理点

物元中对象、特征、量值和载体的认识也可在“词语的OTVC素元分析技法”中得到相关的信息。

1.2 理解点

(1) 等值概念。在这里,等值具有保持、不变、参照等含义,其中的“值”一方面表示了特征的性质,另一方面也表示了该特征允许范围的限定——有效量值。由于物体对象的特征有许多,甚至是无限的;因此,这里的等值表示了物体对象被锁定的特征或量值不发生变化;并且,应将等值视为一个参照,根据等值要求的性质不同,会出现两种类型:① 客观参照型等值,此型的等值标准来自客观的参照,表现为具有数字或某些技术参数等的客观“等值”要求,比如公里与英里的转换等。② 主观判断型等值,此型的等值标准来自主观的认识判断,具有难以绝对统一的特点,比如A人所喜欢的红色与B人所喜欢的红色难以一致等。

(2) 置换受体与置换供体。我们将需要置换出的对象称为“置换受体”，将用来替代的对象称为“置换供体”。

(3) 特征等值，载体置换。虽然载体与特征之间存在着某种必然性或对应性，但是载体与特征之间是可以考虑分离的。比如，“车重4t”中的载体是“轮胎”，在更换轮胎时，用“千斤顶”顶着；此时，载体“轮胎”就被置换成“千斤顶”了。

(4) 功能等值，载体置换。如同“特征等值，载体置换”中的理由一样，我们可以使功能等值而置换载体，比如保留导电功能，将导电的铜丝载体置换为铁丝或铝丝等。

2. 作用对象

本方法可用于特征和功能保持不变前提下的载体发生变化的需要，特别是技术创新中产品材料载体的置换上。

3. 基本步骤

基本步骤见图7－3。

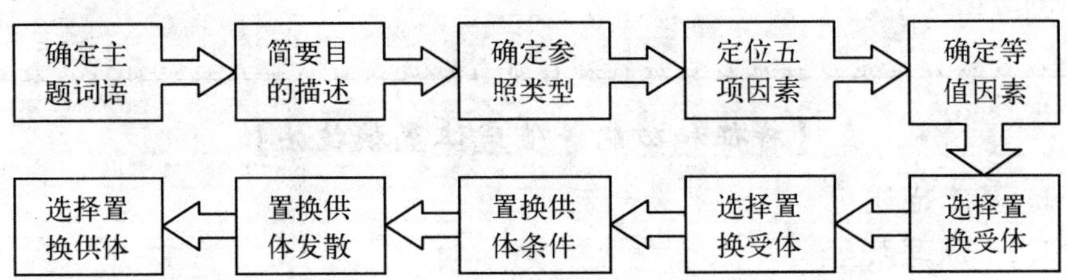

图7－3　特征和功能等值载体置换技法基本步骤

4. 操作实例

我们仍以“曹冲称象”为例，其主题是“小秤不能称大象”。

<table>
<tr><th>序号</th><th>名称</th><th colspan="5">内容</th></tr>
<tr><td>1</td><td>确定主题词语</td><td colspan="5">小秤不能称大象</td></tr>
<tr><td>2</td><td>简要目的描述</td><td colspan="5">称出活的大象的实际重量</td></tr>
<tr><td>3</td><td>确定参照类型</td><td colspan="5">客观参照等值型(√)；　主观判断等值型(　)</td></tr>
<tr><td rowspan="2">4</td><td rowspan="2">定位五项因素</td><td>对象</td><td>特征</td><td>量值</td><td>载体</td><td>功能</td></tr>
<tr><td>象</td><td>重量</td><td>5 000公斤</td><td>象体</td><td>称出</td></tr>
</table>

(续表)

序号	名称	内容	
5	矛盾简要分析	矛盾描述	秤量200公斤≠象重5 000公斤,但是5 000公斤$=X_1+X_2+X_3\cdots$
		满足条件	象重5 000公斤分解为若干部分,并且每个部分都要小于或等于200公斤
6	确定等值因素	特征:重量;量值:5 000公斤;当条件满足时达到"称出"的目的	
7	选择置换受体	载体:象体	
8	置换供体条件	条件要求	① $\sum X$重量$=5\ 000$公斤;② 5 000公斤$=X_1+X_2+X_3\cdots$
		新的主题	符合条件要求的供体有哪些?
9	置换供体发散	见图7-4	
10	选择置换供体	本案例选择的是"石头",从图7-4可以看出,还可以选择其他的置换供体	

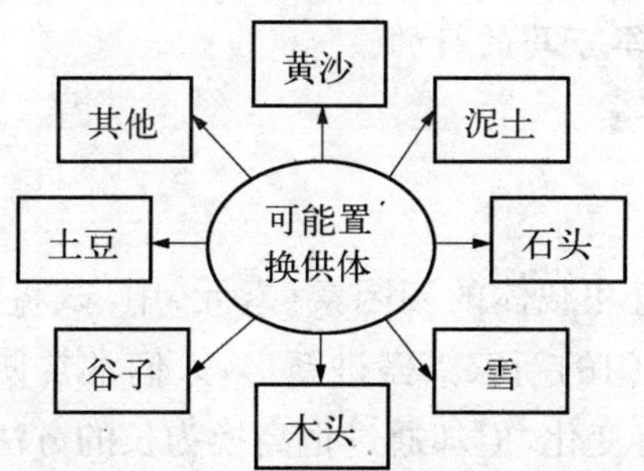

图7-4 重量5 000公斤并且符合条件的置换供体发散

四、四因素变换

当某一问题性的短语被我们定位于四个及以上因素(素元)的独立成分后,可以分别对它们进行相关的分析,从中寻找出可能变化的情况。或者,我们可以任意地选择某一对象对其进行假设性的变换——“换什么”。在开始时，我们并不需要考虑“什么可换”或“换成什么”的问题，不应该受到这种框框的束缚。也就是说，至于实践转换的可能性并不在我们当前的考虑范围之内。

1. 对象变换

在对象、特征、量值和载体的四因素（素元）中，试将对象(O)进行变换。

【案例7-1】　变换对象

韩信被萧何追回汉营之后，刘邦仍然不太赏识他，不愿重用他，但又碍于萧何的面子，不得不应付一番。于是刘邦拿出一张纸给韩信，答应韩信在纸上能够画出多少兵马就让他统帅多少兵马。韩信十分烦恼，区区薄纸能画出几个士兵？苦思之后终于想出了一个好方法，他并没有在纸上画兵画马，而是画了一个身着盔甲的将军，旁边还有一杆“帅”旗，斜展在将军身后。刘邦一看，随即拜韩信为大将。

【点评】

韩信在这里就是巧妙地进行了对象变换，即用“将”替换“兵”，达到了在一张纸上画出千军万马的目的。

2. 特征变换

在对象、特征、量值和载体的四因素（素元）中，试将特征(T)进行变换。比如，为了把高度超过大门的新家具搬进新房，人们常常使用把家具放倒的办法，这时家具的尺寸都没有变化，但却通过把高换为长的方法解决了矛盾，这就是将“特征”这个素元进行了变换，从而使问题得到解决。又比如，国外某些罪犯为了逃避警方追缉，去进行整形手术，就是通过脸部的“特征变换”让人们认不出他。

3. 量值变换

在对象、特征、量值和载体的四因素（素元）中，试将量值(V)进行变换。量值的变换，往往能解决许多问题。比如方便面涨价，有些却采用不涨价但减少重量这一“变相涨价”的办法。又比如，纸张涨价，期刊社为了稳住订户，并不直接提高定价，而是采用减少页码，减少插页、彩页或增加广告等办法变相涨价，这些方法就是将某些特征的“量值”进行变换。

4. 载体变换

在对象、特征、量值和载体的四因素(素元)中,试将载体(C)进行变换。比如,在解决小秤不能称大象中,将象重量的载体变换成石头,使不兼容的问题得到解决。

【不同特征性质与参数间的组合技法】

1. 原理与理解

1.1 形态分析法

(1) 本技法的原理部分来自形态分析法。形态分析法是一种以系统观念、分解观念、发散观念、组合观念等为基础的创新思维方法。这种方法是由美国加州理工学院教授兹维基与矿物学家里哥尼合作创建的,它对破除搜索问题解决方案的限制很有用处。

【案例7-2】 利用排列组合原理

1943年第二次世界大战期间,兹维基参加了美国火箭研制小组,他把数学中常用的排列组合原理应用于新颖的技术方案的设计中,他将火箭的各个主要部件进行了不同的组合,得到了令人惊奇的结果:他在一周之内交出了576种不同的火箭设计方案,这些方案几乎包括了当时所有的制造火箭的可能设计方案。后来才知道,就连美国情报局挖空心思都没能弄到手的德国正在研制的带脉冲发动机的F-1型和F-2型巡航导弹的设计方案也包括在其中。1948年,兹维基发表了他的构思技巧——形态分析法。

【点评】

对各部件进行排列组合,由此得到的是组合的数据,与方案是有区别的,即这些组合数据包含了可供选择的方案。这是需要加以认识和区别的。

(2) 形态分析法的基本原理。形态分析法中,主要有四个观念:① 以系统观念将目标对象看成是一个整体;② 以分解观念从系统对象中分解出某一独立的部分;③ 以发散观念先对该独立部分的特征性质进行发散,然后对每一被选择的特征性质进行特征参数的发散；④ 通过列表，以组合观念将所有特征性质与组成因素排列组合，形成若干个组合数据。最后，对组合数据集会进行方案的选择，见图7-5。

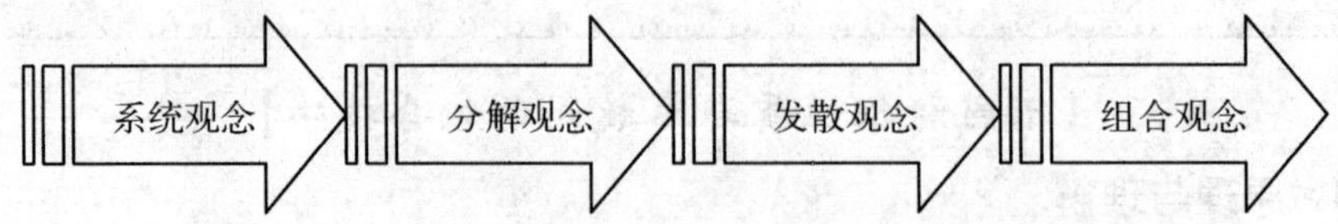

图7-5 形态分析法中主要四个观念的组合

(3) 优点与缺点。最大的优点是产生可选择信息的数量大，如果分离得当的话，几乎没有遗漏，有利于寻找到最佳的解决方案。缺点主要表现在两个方面：① 工作量大，如果一个系统有10个特征性质和10种特征参数的话，那么组合的数目就会达到100个。在如此庞大的信息面前，一方面会使目标发生偏移，另一方面也会使主体的心理产生厌倦式的疲劳，同时也会消耗大量的时间。② 要求"分离"的合理性，如果"分离"不当，则会因增加特征性质而增加工作量，或因遗漏特征性质而使方案的选择失去机会。当然，这个缺憾可以通过"百分之百技法"来加以弥补。

1.2 排列组合与重点选择融合

(1) 重点选择组合模仿了达·芬奇最喜欢使用的思维技巧之一，他相信一旦你列出了一系列的差别，你就可以通过各种方式的组合产生许多新的可能性；为了构建新的东西把一些关键因素想象性地组合起来是达·芬奇天才的奠基石。

(2) 达·芬奇采用的是选择性组合，得到的结果是组合方案；而形态分析法采用的是强制性的组合，得到的结果是组合数据。

(3) 这一技法来自"兹维基"和"达·芬奇"在这一方面思维方法的融合。即：在未进行排列组合前，先剔除一些不必要的特征，然后再进行组合排列。比如，在下面所讲到的汽车前照灯的设计方案的例子中，可以根据车型和消费定位，去掉某些就当前目的而言不合适的特征参数：如果为微型家庭轿车设计的前照灯，应尽量降低成本，所以氙气灯（气体放电灯）和光感应的自动开关控制这些高档配置就不需要考虑了。

1.3 方法选择

你可以根据需要，选择使用"排列组合型"，也可以选择使用"融合型"；本技法下面介绍的是"融合型"。

2. 目的对象

在创新思维众多观念的引导下，通过本技法的运用以产生新的方案空间(数量的增加)；也可以是在“看看还能做什么”的目的驱使下使用本技法，以求获得创新的启发。

3. 基本步骤

基本步骤见图7-6。

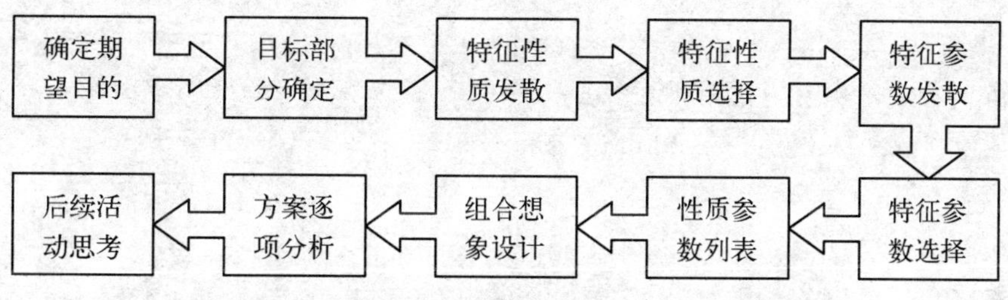

图7-6 不同特征性质与参数间的组合技法基本步骤

4. 操作实例

【案例7-3】 汽车前照灯的设计方案

汽车前照灯是汽车的重要部件之一。首先，前照灯是汽车的眼睛，是汽车漂亮时髦的外表的重要特征。其次，有了可靠且性能良好的照明方能提高汽车的夜间行驶速度，同时对确保汽车的安全行驶非常重要。最后，汽车前照灯的结构形式直接影响到汽车前端的外形，对构建低空气阻力的流线型车身外廓等都是极为重要的。

【点评】

① 确定期望目的：汽车前照灯有哪些组合方案；② 目标部分确定：汽车→前照灯；③ 特征性质发散：外形、光源、材料、控制、颜色、大小；④ 特征性质选择：外形、光源、材料、控制、颜色；⑤ 特征参数发散：如“外形”可发散为方形、圆形、椭圆形、柳叶形、菱形等；⑥ 特征参数选择：如“外形”选择为圆形、椭圆形、菱形等。

第8章 词语观念

一、词语与思维和词

1. 词语

词语是指词和词组或短语的合称，包括单词、词组及整个词汇；在本书中是一个更为广义的概念。所谓词汇是一种语言中所有的词和所有的相当于词的作用的固定结构的总汇；后者包括成语、惯用语、谚语、歇后语、专门用语和习用套语等。对于实体性词语，在创新思维中，我们可以从四个方面去把握。

【要点提示8-1】 实体词语的四性

在创新思维中，通常需要我们从四个方面去理解和把握一个实体性的词语，见图8-1。

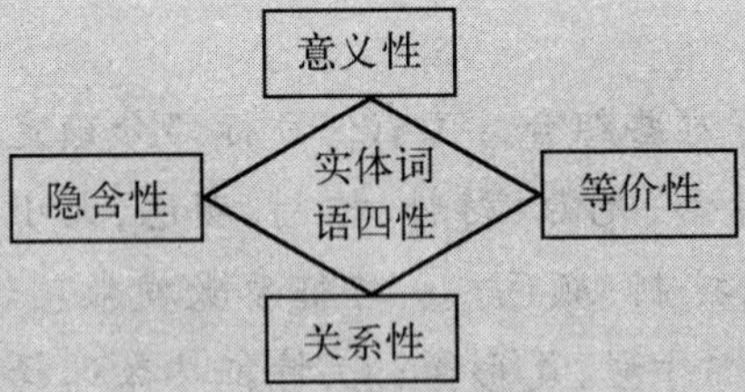

意义性
隐含性　实体词语四性　等价性
关系性

图8-1　创新思维应该关注实体性词语的四性

(1) 意义性。这是最基本的，也就是从字面上理解该词语所表达的基本含义，比如，“海市蜃楼”比喻虚无缥缈的事物。

(2) 等价性。这里的等价性包括两个方面：其一是指具有同义或近义的表示，比如“包含”与“包括”；其二是指具有相等意义的表示，比如“点A

在直线上"等价于"直线通过A点"，"两条直线互相垂直"等价于"两条直线所成的角是90°"。

(3) 关系性。这里的关系性也包括两个方面：其一表示就某词语而言，放在词语特定的环境所发生的联系；其二是从词义的词汇意义、色彩意义和反义词语这三方面去思考可能发生的联系。

(4) 隐含性。它表示在该词语中隐含了什么，也是隐含判断的具体运用。

【案例8-1】 **因雨，未赛**

有位小学老师在上课时布置学生写一篇关于上次足球赛的作文，显然"上次"指的是"哪一次"是共知的。其中有位学生只写了几个字就放下了笔。老师问他："你为什么不写呀？"他说："写完了。"老师拿起他的练习本一看，只见上面写道："因雨，未赛。"

【点评】

其实，那位教师在布置学生写一篇关于上次足球赛的作文时已经隐含了一个错误判断，即："那次足球赛已经进行过了"。而这个学生的"四字文章"看来是恰到好处地对这个错误的隐含性进行了反驳："因雨，未赛。"

实体词语中的意义性、等价性、关系性和隐含性这四性是通过词语的表达形式进行创新思维的一个重要的基础模型。

2. 词语与思维

思维是语言表达的内容，语言是思维的表达形式，是思维的物质外壳，是思维的载体。语言的基本组成单位是词，它是在对客观事物抽象概括的基础上形成的。没有词（言语），思维活动就不能正常进行，比如，反映事物本质的抽象思维形式是概念、判断和推理等，其中概念是抽象思维的细胞，它与词语有着密切联系。很多的实验已经证明了语言对于解决问题的重要性。

【要点提示 8-2】 词语的相关研究是适应和开发左脑功能的基础关键

一方面，思维所反映的现实与语言是不可分割地联系着的。一般地说，不论从思维的发生发展的历史过程来看，还是从个体认识的逻辑过程来看，不仅思维依靠语言表达，而且就其形成来说也非借助于语言不可。美国 B·L·沃尔夫认为，语言是思想的塑造者，它决定人们的思维，甚至决定人们对世界的看法。

另一方面，正如前面"创新思维"章节中所说的，左脑思维的输入形式和思维过程的载体主要是词语。因此，设立和加强对词语相关的认识、分析和研究是适应和开发左脑功能的基础关键，也是思维或创新思维可操作性的本源之举。

语言是思维信息或内容的载体和表达。在思维或创新思维中，无论什么创新思维的方法或方式，一般都要借助词语的形式来表达(在这方面，中文更具魅力)，语言更多地是以书面词语的形式出现的。将词语的研究与思维或创新思维的方法、方式和过程的研究结合起来，是一种可观的、具体的和有效的反映与表达的重要形式之一；或者说，借助词语来研究思维或创新思维的规律是一种重要的方式。

3. 词语与词

我们已经知道，词语是指词和词组或短语的合称。那么如何来简要地认识词呢?

(1) 词是语言符号的单位，它是一种凭借声音表示意义的音义结合体。词是语言中一种音义结合的定型结构，是最小的可以独立运用的造句单位。词是词汇的个体成分，是语言符号的单位，词在交际中的主要功能就是用来组成句子以表达思想，所以词又是组句的备用单位。从造句的材料来看，词是最小的不能再被分割的单位。任何词的产生都是人们对客观事物进行认识和思维的结果。

(2) 词作为一个最小的、不可分割的整体，主要表现为它必须表示一个独立而完整的意义。这个意义是特定的，表示某种特定的事物或现象。就表示某一特定的意义而言，词是不能再被分割的，否则，这个词就会失去原有的意义而不再存在了，或者因改变了原来的意义而变成了另外的词。比如"地图"一词表示了"说明地球表面的事物和现象分布情况的图"，这种意义是特定的，与它指称的特定事物有着密切的联系。如果将"地图"加以分离，那就成为"地"和"图"两个词，当然就不再是"地图"这个词了；此时，虽然它们所表示的只能是"地"和"图"

两个词的意义，但与“地图”都具有关联性。这一规定，从逆向的观念来想，无疑也给我们创新带来了思维的空间。

(3) 概括地说，词义包括着词的词汇意义、语法意义和色彩意义三个部分。

词汇意义是指词所表示的客观世界中的事物、现象和关系的意义。比如，“书”一词所表示的词汇意义是“装订成册的著作”，“杰出”一词所表示的词汇意义是“(才能、成就)出众，不平凡”。这样，“装订成册的著作”就是“书”一词所表示的词汇意义，“(才能、成就)出众，不平凡”就是“杰出”一词所表示的词汇意义等。

语法意义是指词的表示语法作用的意义。词的语法意义是语言中词的语法作用通过类聚之后所显示出来的，所以它是一种更抽象更概括的意义。语言中的每一个词都从属于某种语法关系的类聚和概括之中，所以每一个词也都具有一定的语法意义。比如“名词，可作主语、宾语”就是“书”的语法意义，“形容词，可作定语”就是“杰出”的语法意义等。

词的色彩意义是指词所表示的某种倾向或情调的意义，这种意义也是社会约定俗成的。通常的行为是将其分为中性、褒义和贬义三种色彩，比如“效果”、“结果”和“后果”一组词中，“效果”一般多具褒义的色彩，“后果”一般多具贬义的色彩，而“结果”一般多具中性色彩。在创新思维中，我们应该注意不要习惯性地或人为地给某些词打上褒贬的印记，也许站在“第三者”的立场上能更客观地看待问题，防止“只缘身在此山中”。

词的词汇意义、语法意义和色彩意义这三个部分是互相联系、互为一体的，它们共同充当词义的内容。要想对一个词的意义有比较全面的了解，我们应该从这三个方面来加以认识和分析。当然，其中词汇意义是最主要的，因为只有当一个词具备了词汇意义的时候，才能成为表示客观存在的符号，才能成为语言中的词；也只有当一个词具有了词汇意义的时候，它才能进一步获得语法意义和色彩意义。所以，有时“弄清”词汇意义将成为我们进行创新思维的必须前提，在此基础上也可以直接借用，进行创新思维。

【词汇意义结构对象换元技法】

1. 基本描述

1.1 原理点

正确理解词的词汇意义，并在此基础上进行创新思维。

1.2 理解点

【要点提示 8-3】 创新中的填词原理

(1) 填词,原是指按照词的格律作词,因此要求必须按照格律选字用韵。其中格律主要表现在格式和规则上,或者可以通俗地将其看作结构。这样,就可以粗糙地理解为是按照结构的要求选择对象——词。

(2) 有些词汇意义的表述,有其一定的结构形式。比如:"书是装订成册的著作",其结构是:"装订成册"+"著作"="书"。在这个结构中有两个元,即"装订成册"和"著作"。这两个元可以有两种变换的情况:①"装订成册"是参照元(不变对象),"著作"是变换元(可变对象),那么其结构就成为:"装订成册"+"X"="东西"(由于"X"不知道是什么,所以其最后的形成物只能是"东西");②"著作"是参照元(不变对象),"装订成册"是变换元(可变对象),那么其结构就成为:"著作"+"Y"="东西"。

(3) 无论未知数是"X"还是"Y",我们都可以通过填词的方法,在保持其结构的前提下变换它的内容。

(4) 在创新思维中,填词原理表现为主体保持结构基本要求不变,而仅对结构内容的一部分进行变换的活动。填词原理运用的前提是清楚结构的基本要求。填词原理在创新思维的换元、模仿等方法中具有相当重要的指导作用。

2. 目的对象

根据原来的词汇意义词语,在保持原来结构不变的前提下,通过变换结构中名词类的元来组成新的东西,从而达到创新思维的目的。本技法看似简单,却可广泛用于一般的各项创新思维的基础活动中;当然,在此过程中,可以借助相关的工具书来拓展思路。

3. 基本操作

基本步骤见图 8-2。

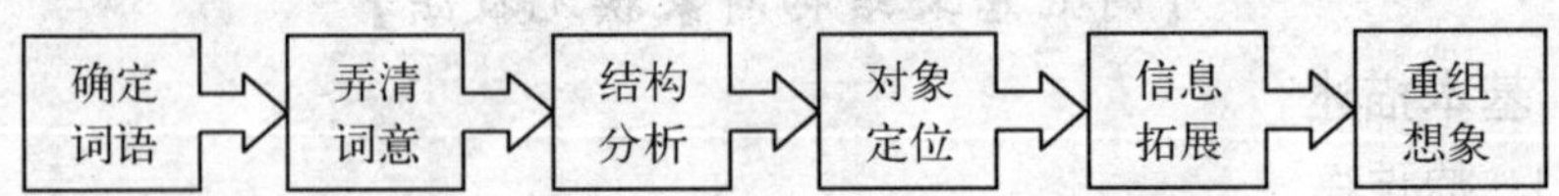

图 8-2 词汇意义结构换元技法基本步骤

4. 操作实例

序 号	名 称	内 容		
1	确定词语	书		
2	弄清词意	原来意义	书是装订成册的著作	
3	结构分析	“装订成册”+“著作”=“书”		
4	对象定位	“装订成册”+“X”=“东西”		
5	信息拓展	见图8-3		
6	重组想象	参照元	变换元拓展结果	新东西想象设计
		装订成册	白纸	练习簿
			文章	刊物
			图画	画册

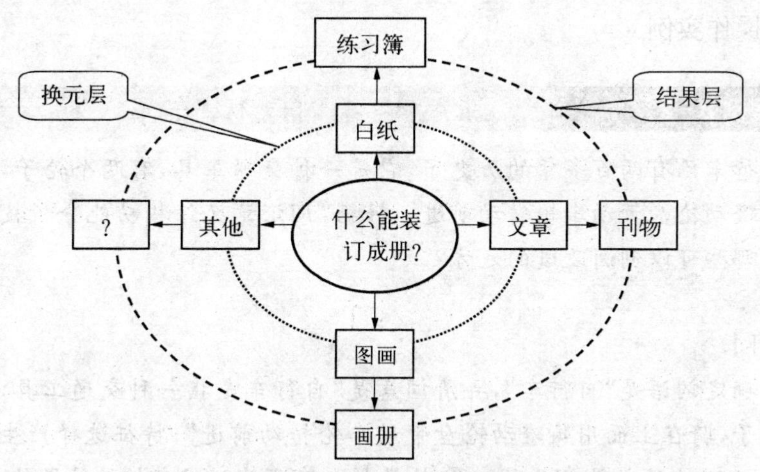

图8-3 “装订成册”+“×”=“东西”的发散

【词汇意义结构功能分析技法】

1. 基本描述

1.1 原理点

词的词汇意义认识见以上描述,并在此基础上进行创新思维。

1.2 理解点

在创新思维中，我们可以根据原有的词汇意义结构，从功能或特征等切入并将其作为基点进行信息拓展，以求获得新的认识、启发而达到创新的目的。

2. 目的对象

根据词语的词汇意义，在保持原来结构不变的前提下，通过对词汇意义中相关对象的功能或特征的拓展以及想象设计来组成新的东西，从而达到创新的目的。本技法可广泛用于一般而简单的各项创新思维的基础活动中。

3. 基本步骤

基本步骤见图 8-4。

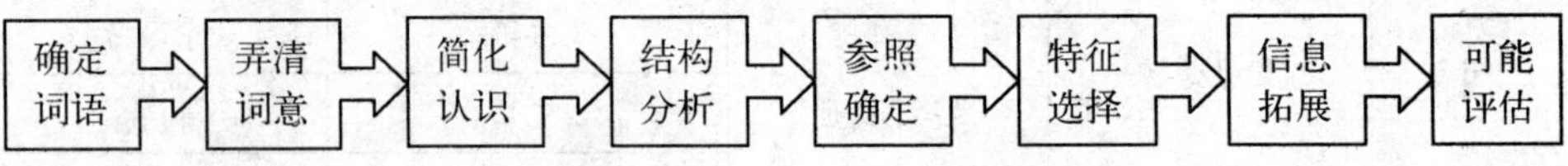

图 8-4 词汇意义结构功能分析技法基本步骤

4. 操作实例

【案例 8-2】 自行车

自行车已有两百多年的历史了，它是一种交通工具，有两个轮子，骑在上面用脚蹬动轮盘带动车轮转动前进。根据“词汇意义结构功能分析技法”，自行车有哪些可以创新改进的地方？

【点评】

确定词语是“自行车”，弄清词意是“自行车是指一种交通工具，有两个轮子，骑在上面用脚蹬动轮盘带动车轮转动前进”；特征选择产生两个问题：① 轮子数量有几种？② 轮子材料有哪些？信息拓展结果是：

(1) 轮子数量有几种？① 一个，如杂技的独轮；② 三个，如手摇残疾车；③ 四个，如带有两个辅助轮的儿童车；④ 五个，如双人车，1 个方向轮，4 个动力轮(也可一组机械动力，一组人力动力，像助动车那样)。

(2) 轮子材料有哪些？原来是金属，可考虑木头、塑料或塑合金材料等。

二、 同义词

所谓同义词是指意义相同和相近的一组词。

【同义词信息拓展技法】

1. 基本描述

1.1 原理点

一个词的词义实际包括了两部分，一是基本意义，或者叫概念意义，也就是本质意义；另一个是附加意义，也就是属性意义。比如，“儿童”，除了“较幼小的未成年人”等本质意义外，还有“天真、活泼、缺少耐心”等属性意义，见图8-5。

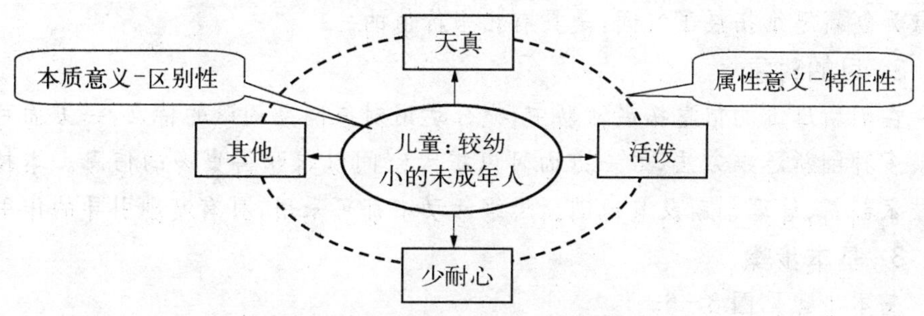

图8-5 词的本质意义与属性意义

【要点提示8-4】 利用同义词的两个基本特征进行信息拓展活动

“同义词”顾名思义应该是意义完全相同，但是真正像这样的同义词是很少的。因为，一个词的本质意义也往往不止一个，在词典里区别为几个“义项”。

(1) 一般所说的同义词都只是意义大致相同或核心意义大致相同。也就是说，两个同义词之间可以有相同的义项(同义义项)，同时又可以有不相同的义项(异义义项)，大多数同义词之间都是交叉关系。所以，有些学者不用“同义词”而用“近义词”。

(2) 同义词信息拓展技法能扩大我们的思考空间，同时又不至于离题太远。按照这个要求，反义词恐怕就不行了。虽然同义词也有中介，但它是“固定”的中介，而非“任意”的中介。

当然，在创新思维活动中，我们不必拘谨，可以变通地将相近或相似含义的词看成是“同义词”，以帮助我们拓宽思路。比如，“分解”、“分离”、“分割”和“分开”等，虽然具有一些差别，但依然可以看成是“同义词”。

1.2　理解点

(1) 从创新思维的角度看，严格的同义词没有什么可研究的，值得研究的是那些非严格的同义词；这是因为：一方面，同义词之间同时具有“本质意义”与“属性意义”的特点；另一方面，同义词之间同时具有“异中有同”和“同中有异”的特点，即尽管是同义词却存在着部分本质意义相同与部分本质意义相异的情况。

(2) 同义词的“异中有同”和“同中有异”与“本质意义”和“属性意义”这两类特点为创新思维拓展了空间，是具有相当价值的。

2. 目的对象

在创新思维的信息拓展活动中，充分运用对象同义词语的特点，一方面可以拓展多种创新思维方法，另一方面可以扩大空间以求获得更多的信息。本技法在技术创新、管理创新及其他创新思维活动中都可采用，具有基础引导的作用。

3. 基本步骤

基本步骤见图 8-6。

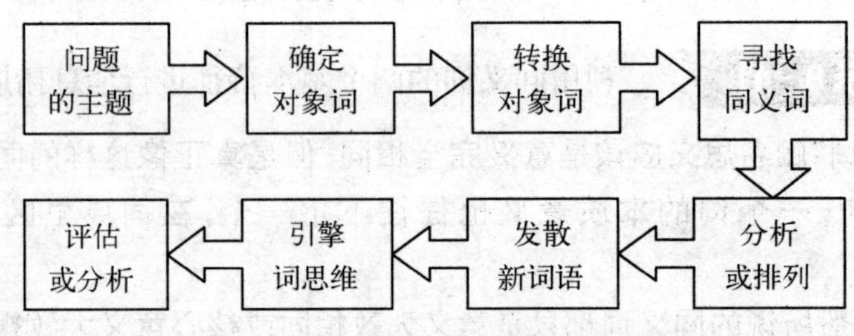

图 8-6　同义词信息拓展技法基本步骤

4. 操作实例

我们以“解决汽车噪声给人带来的烦恼”为例。问题的主题是“解决汽车噪声给人带来的烦恼”，确定对象词是“噪声”，转换对象词是“噪→吵”，寻找同义词是“吵-闹”。通过相关步骤，我们可以得到如图 8-7 所示的一些新词：

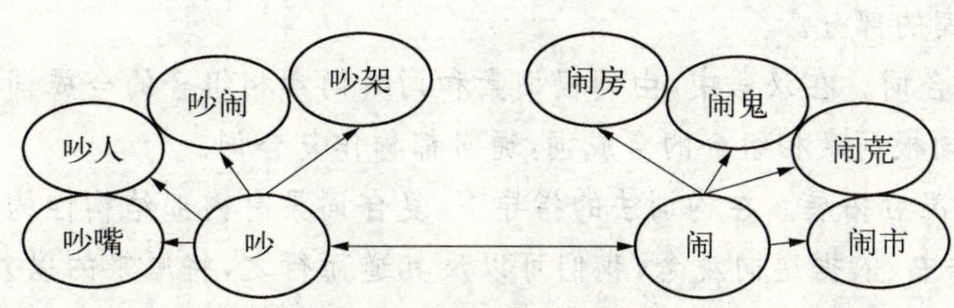

图8-7 “吵”与“闹”的关联发散

随后,我们对这些新词进行想象性思考,具体可以有:① 嘴:嘴可以吸东西,是否可以想办法将声音吸掉?② 人:走人少的地方,即走在专用的车道上(如果有的话)?③ 闹:与其“对闹”,即用某东西分解或中和它?④ 架:是否可以将发动机架空来减少震动所发出的噪声?⑤ 房:是否可以像房子一样地将发动机封闭起来?⑥ 鬼:?⑦ 荒:由于减少汽车的噪声会增加成本,而在荒野上是不需要的;那么是否按照噪声的标准,有减少噪声的汽车可以在市区行走,没有减少噪声的汽车不能在市区行走?⑧ 市:可以同“荒”一样思考。

三、 复合词五种结构

顾名思义,复合词是由一些词汇复合而成的。下面,我们通过“复合词五种结构信息拓展技法”来讨论复合词的五种结构,并在此基础上拓展我们的创新思路。

【复合词五种结构信息拓展技法】

1. 基本描述

1.1 原理点

(1) 构词法。构词法是指词的内部结构规律的情况,也就是词素组合的方式和方法。语言中的每一个词都是构词法研究的对象,对每一个词都可以从构词的角度做内部结构的分析。比如“插秧机”一词,从构词的角度分析,它是一个偏正式的复合词,“插秧”是偏的部分,“机”是正的部分,“插秧”是限定说明“机”的。进一步分析,偏的部分“插秧”的内部结构又是一种动宾式,“插”是动的部分，“秧”是宾的部分。

(2) 复合词。在汉语中，由词根词素和词缀词素相组合的合成词，通常称为派生词；由词根词素相组合的合成词，通常都称作复合词。

(3) 分离后拓展。在构词法的指导下，复合词具有内部结构性的组合关系。在创新思维中，依据逆向观念，我们可以反其道而行之，将原来的以复合词形式出现的对象按照结构性的组合规律将其分离开来，并分别加以分析和拓展。每个复合词都是对象，每个被分离出来的词也是对象，在这种情况下的所有词都可被视为是“基点词”。

(4) 拓展结果组合。可以将拓展的结果按照相交法进行组合，形成新的信息——也许是一种新的概念或事物。

1.2 基本类型

(1) 联合式。联合式是指组合中的两个词素之间的关系是平等并列的，其种类较多，这里只讨论同义联合和反义联合。同义联合表示组合中两部分词素的词义相近性的联合，比如：道路、根本、把握、离别、依靠等。反义联合表示组合中两部分词素的词义相反性的联合。比如：高低、伸缩、开关、轻重、正反。

(2) 偏正式。偏正式是指组合中的两部分词素之间是修饰和被修饰的关系，或者说，组合中的前一项修饰(限制或描写)后一项，后一项叫中心词，前一项叫修饰词。比如：汉语、红旗、飞机、计算机、玻璃窗。

(3) 补充式。补充式是指组合中的两个词素之间是补充与被补充、注释与被注释的关系，可以分为动补型和注释型两种形式。动补型表示对行为动作的补充说明，组合中的前一项表示动作行为或性质状态，后一项对前一项进行补充说明，前一项叫中心词，后一项叫补词。比如提高、离开、降低、隔绝、革新、扩大等。注释型表示对所属物类进行注释说明，组合中的前一项为补词，后一项为中心词，比如：松树、韭菜、梅花、淮河、玉石、鲤鱼、茅草、水晶石、水仙花。

(4) 动宾式。动宾式是指组合中的两个词素之间是支配和被支配的关系，或者说，组合中的前一项表示动作行为或判断等，后一项表示动作行为或判断等所涉及的对象。比如：贴心、动员、担心、怀疑、冒险、吃力。

(5) 主谓式。主谓式是指组合中两个词素之间是陈述和被陈述的关系，或者说组合中的前一项表示陈述的对象，后一项是对前一项的陈述或说明，前一项叫主词，后一项叫谓词。比如：地震、海啸、自觉、目击。

2. 作用对象

本技法是最简单，也是最基本的创新思维技法之一。在思维或创新思维中，我们大多遇到的是以复合词形式出现的对象。因此，本技法可广泛用于各项创新思维的活动中。

3. 基本步骤

基本步骤见图8-8。

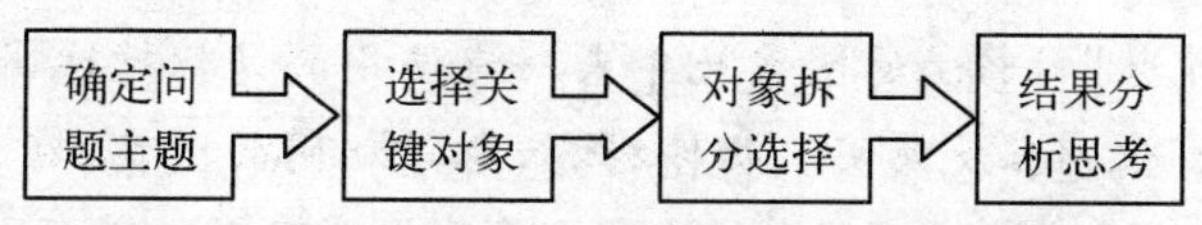

图8-8　复合词五种结构信息拓展技法基本步骤

当完成“对象拆分选择”后，在“结果分析思考”中，我们可以根据需要或按照偏好选择其他技法，也可以按照构词类型选择技法。下面，我们通过“偏正式复合词语拓展技法”来进一步介绍上述技法的后续步骤。

【偏正式复合词语拓展技法】

1. 基本描述

1.1　原理点

见“复合词五种结构信息拓展技法”1.1原理点部分。

1.2　理解点

(1) 我们可以将偏正式复合词语分离成中心词和修饰词状态，并分别进行拓展，或者将拓展结果再合成。

(2) 本技法应该上接“复合词五种结构信息拓展技法”或经判断后直接使用。

2. 作用对象

本技法是最简单，也是最基本的创新思维技法之一。当我们所及的对象是偏正式复合词语时可以选择应用本技法。

3. 基本步骤

基本步骤见图8-9。

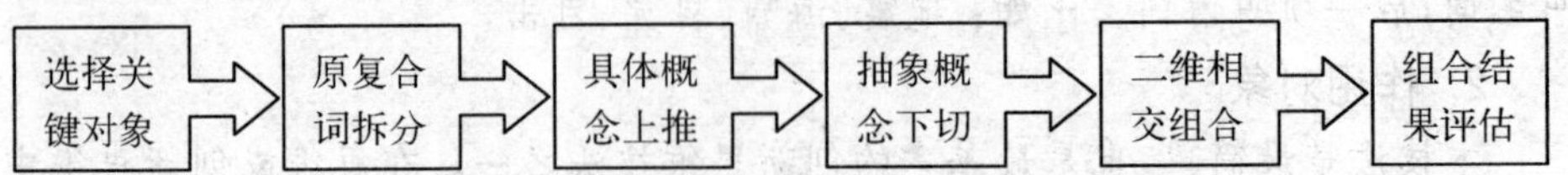

图 8-9　偏正式复合词语拓展技法基本步骤

4. 操作实例

【案例 8-3】　哪些是可供改进的图形

某公司“花牌”衬衫上的图案几年来一直使用的是红玫瑰，近期的销路有些下降，其中有位顾客反映买了两件衬衫，都是相同的图案，有时不知哪件是干净的。这就需要商家进行改进，增加不同的花类图形。那么，有哪些是可供改进的图形呢？

事项主题		改进红玫瑰图形			
序号	名称	内容			
1	选择关键对象	红玫瑰			
2	原复合词拆分	修饰词	红	中心词	玫瑰
3	各自概念上推	修饰词“红”的上推概念是“颜色”；中心词“玫瑰”的上推概念是“花类”			
4	抽象概念下切	见图 8-10 和图 8-11			
5	二维相交组合	见“相交表”			
6	组合结果评估				

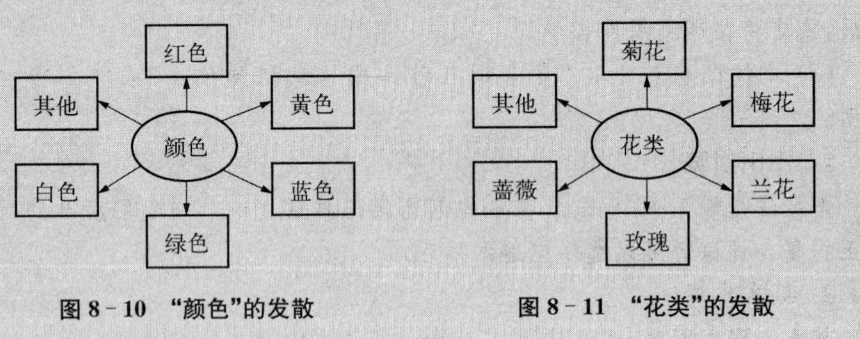

图 8-10　“颜色”的发散　　**图 8-11　“花类”的发散**

偏正式复合词语拓展技法

相交表：

纵向号	中心下切									
	横向号		1	2	3	4	5	6	7	8
	修饰下切	名称	菊花	梅花	兰花	玫瑰	蔷薇	……		
A		红色	红菊花	……	……	……	……			
B		黄色	……	黄梅花	……	……	……			
C		蓝色	……	……	……	蓝玫瑰	……			
D		绿色	……	……	……	……	绿蔷薇			
E		白色	……	……	白兰花	……	……			

四、词语的具体化

下面通过“词语具体性的五个什么技法”的介绍来讨论“词语的具体化”内容。

【词语具体性的五个什么技法】

1. 基本描述

1.1 原理点

(1) 本方法是在“纵向式五个为什么技法”的基础上产生的。

(2) 这是一个小技法，更多的相关了解可阅读“纵向式五个为什么技法”。

1.2 理解点

(1) 无论是在平时工作或者创新思维中，常常会遇到含糊不清或者概念模糊的句子类词语。比如，“工作没有做好”所表达的是一个相当宽泛、抽象的意义。无论是谁，就某岗位而言，会有许多性质的工作。在“工作没有做好”的词语中，我们很难知道究竟是什么工作没有做好，这给我们解决问题或进行思考带来了困难。

(2) 通过五个什么的方法，将某些抽象或含糊的概念、对象或动作具体化。

其程序或方法与五个为什么基本一样。区别仅在于：① 起点的是一个抽象或含糊的概念、对象、动作或词语；② 所问的词不是“为什么”，而是“什么”。

2. 作用对象

将某些抽象或含糊的概念（或对象、动作、词语）具体化，这实质上是在帮助寻找解决问题的切入点。

3. 基本步骤

基本步骤见图 8－12。

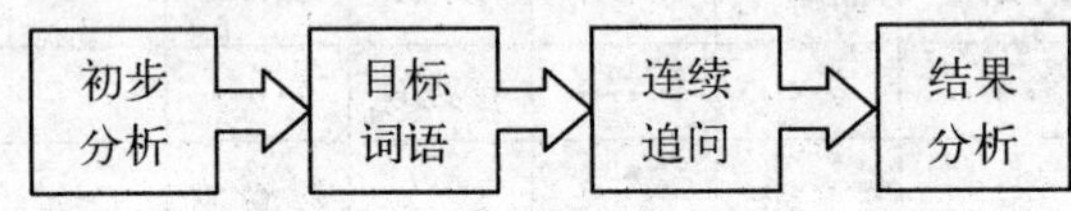

图 8－12　词语具体性的五个什么技法基本步骤

4. 操作实例

原来词语是“工作没有做好”，初步分析是“我们需要知道的是：究竟什么工作没有做好”，目标词语是“工作”，连续追问及其答案是：

(1) 什么工作没有做好？——思想工作没有做好。

(2) 什么思想工作没有做好？——当受到挫折时的思想工作没有做好。

结果分析是：“受到挫折时的思想工作”已经表达了一个具体环境中的行为；当然，你还可以再细问下去。

五、　和田动词检核表

下面，我们通过“和田 12 动词检核表技法”来介绍“和田动词检核表”。

【和田 12 动词检核表技法】

1. 基本描述

1.1　原理点

(1) 本法来自“和田十二法”，是上海市和田路小学在上海市创造学会的大力支持下，早在 20 世纪 80 年代初就开始对学生开展的创新性教育。

(2) 该技法是在奥斯本检核表法和其他技法基础上，结合了我国的实际情况提炼和总结出来的。在进行具体运用的过程中,可以把奥斯本的检核内容简化为12个关键动词。

1.2 理解点

(1) 加一加:检核对象还可添加些什么?比如,把它加大一些,加高一些,加厚一些,行不行?把这件东西和其他东西加在一起,会有什么结果?需要加上更多时间或次数吗?

(2) 减一减:检核对象可以减去点什么?比如,把它减小一些,降低一些,减轻一些,行不行?可以省略或取消什么吗?可以降低成本吗?可以减少次数吗?可以减少些时间吗?

(3) 扩一扩:检核对象可以扩展些什么?比如,宽银幕电影、投影电视、投影教具等可以说是"扩一扩"的结果。功能上能扩大吗?一物多用的工具和生活用品是一个典型的例子,比如多用刀、多用剪、多用起子等,均属功能方面的扩展。

(4) 缩一缩:检核对象能否缩减?比如,使这件东西压缩一下会怎样?能否折叠?日本精工公司推出的袖珍彩电,仅两英寸,可放在手掌中;日本市场上出现了一种"迷你型"复印机,只有笔记本那么大,可以随身携带,可方便地复印报刊文章或资料,给人们的工作和学习带来了极大的方便。

(5) 变一变:检核对象的特征能否改变?比如,改变一下形状、颜色、音响、味道、气味、重量会怎样?改变一下次序会怎样?

(6) 改一改:检核对象还有哪些缺点需要改进?比如,这种东西还存在什么缺点?还有什么不足之处?需要加以改进吗?它在使用时是不是给人带来不便和麻烦?有解决这些问题的办法吗?

(7) 联一联:可以与哪些事物联系或组合?比如,某件东西或事物的结果,跟它的起因有什么联系?能从中找出解决问题的办法吗?把某些东西与事物联系起来,能帮助我们达到什么目的吗?该事物能够与其他事物组合起来吗?

(8) 学一学:有什么事物可以让自己模仿和学习的呢?比如,模仿它的形状和结构会有什么结果?学习它的原理技术,又会有什么创新?学习它的方法,又会有什么结果?

(9) 代一代:检核对象能否用别的事物取代?比如,用别的材料、零件、方法、工艺等,行不行?用纸代布,制成结婚礼服等一次性产品,色彩鲜艳,造型别致,价格低廉,在国际市场上甚为走俏。美国哥伦比亚自行车公司用环氧树脂做自行车架,重仅1 027克,用这种车架装配的公路赛车,重量仅7.7～8.4千克,减轻了重量,也节省了大量钢材。

(10) 搬一搬:将检核对象搬到别的场合也能使用吗?比如,这个想法、经验、道理、技术搬到别的地方,也能用得上吗?

(11) 反一反:如果把检核对象反一下会有什么结果?比如,把一件东西、一个事物的正反、上下、左右、前后、横竖、里外相反一下,会有什么结果?

(12) 定一定:为了完善此事物还要规定些什么?比如,为了解决某一问题或改进某一件东西,为了提高学习、工作效率,防止可能发生的事故或疏漏,需要规定什么?制定一些什么标准、规章、制度?

2. 作用对象

本法具有简单易记、操作方便、内容较基础、较全面等优点,适合于各种简单的创新活动。

3. 基本步骤

基本步骤见图 8-13。

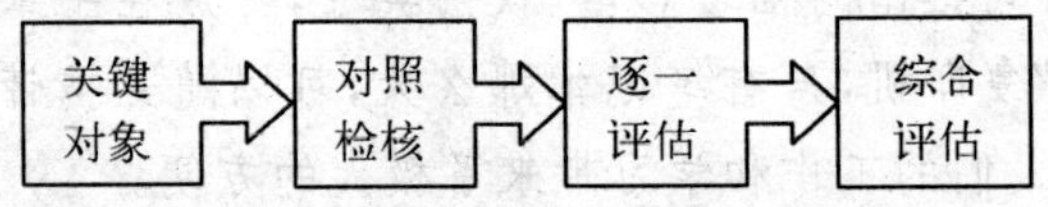

图 8-13　和田 12 动词检核表技法基本步骤

4. 操作实例

省略。

达尔文进化论的衍生与如何站在巨人肩膀上的继续

第9章 进化观念

一、进化观念

1. 三大进化论

进化有时亦作“发展”的同义词，是指缓慢的、逐渐的、不显著的变化。这种变化常见的特征有：由小到大、由简到繁、由单一到多样、由低级到高级、由量到质等。

生物进化论最早是由查尔斯·罗伯特·达尔文提出的，在其名著《物种起源》中有详细的论述。继之，一些思想家把生物进化理论引入社会历史和文化研究领域，导致了社会进化论的产生，而技术进化论是由前苏联发明家阿奇舒勒在TRIZ中提出的。这样，就存在着生物、社会和技术三个方面的进化论，被许多学者称为“三大进化论”。

2. 进化是一种“继续”

如果我们把进化视作“发展”和“进步”的话，那么所谓的进化就是一种“继续”，也是一种“联系”，即继续性/联系性发展或继续性/联系性进步。因为，任何的所谓进化或者继续或者联系都是建立在以往的基础和前提之上的。在人类漫长的历史长河中，大多数非自然性的进化都是建立在无数前人努力的基础上的。图9-1表示了你可以站在进程中

图9-1 事物发展的进程中是由许多点组成的

的任一点上,并且可以采取任何的方向。

创新这个特殊的词,既具有观念性,表示一种思想和方法;也具有动作性,表示一种行为;更具有结果性,即在与以往的比较中来度量你行为和结果的程度——是否具有创造性。一个不可辩驳的事实就是:在科学史上,一项重大的发明常常不是一个人,甚至不是一代人所能完成的。比如,在纽可门发明蒸汽机之后,有位英国人斯密顿,他在1769—1772年这三四年间,对当时各种马力的蒸汽机做了各种各样的实验,先后写了130多个报告,还整理出一套计算公式。尽管他没有独创性的发明,却为瓦特改进蒸汽机的性能打下了基础。

其实,在人类历史的科学宝藏中,不仅有无形的"观念"和"方法",也有有形的"半成品"和"成品";不仅有"经实践认证的",也有"经理论推断的";不仅有"当时成功的",也有"当时不成功的"。所有这些,都是前人留给我们的宝贵财富,关键是你怎样去认识和发现它们。如果你能充分认识并努力发掘它们的价值,你同样也会得到事半功倍的成效。每一位创新者都应该记住这样两句话:①"前人"无论什么原因引起的停止,"后人"都应该视为是"中途停顿";② 科学的进步不仅是建立在前人结果基础上的,而且也是建立在人类道德基础上的。

【案例9-1】 "不发明,只完善"的松下策略

1918年,松下幸之助还在一家自行车商店当学徒。当他得知爱迪生的一些伟大发明已经进入日本社会的时候,预感到这是一个难得的创业契机。十年后,一家由他操持兴办的松下电器公司诞生了。以后,松下又把"不发明,只完善"作为公司战略,就是广泛地选用国内外发明,买进专利,再努力地进行仿制、改良和改进。迄今为止,松下也很少发明新产品,但却总是低价生产,广为行销。他建立了23个拥有最新技术的生产研究室,专门分析竞争对手的新产品,发现不足之处,找出改进的方法,使产品质量和性能更臻完善。比如,录像机技术本是索尼公司首先发明的,但松下公司经过市场调查,了解到消费者最喜欢的是能放映更长时间的录像机。于是,松下公司就设计出一种容量更大、体积更小巧的录像机,不仅性能更可靠,而且价格也较索尼的低15%,结果,松下的"乐声"和RCA两个牌子的录像机压倒了对手,占有了录像机市场的2/3左右。

【点评】

从发展或进化的观点来看，任何新事物在产生的即刻，即存在改进的可能。松下公司制定的“不发明，只完善”的政策显然也是在前人基础上继续的一种借力方法。松下幸之助认为，“不发明，只完善”较之开发新产品有两大好处：其一是可以躲开由于新产品开发成功后经济寿命短暂而带来的困难；其二是可以躲开因开发新产品失败而导致的困境等。

3. 技术系统的进化理论

阿奇舒勒和他的合作伙伴经过长期的研究，对技术系统的发展规律进行了总结、归纳和抽象，提出了技术系统进化理论。所谓技术系统的进化，就是不断地用新技术替代老技术，用新产品替代旧产品，即实现技术系统功能的各项内容从低级到高级或者从简单到复杂等方面的变化过程。它也符合生物进化和社会进化共同的一般规律，即进化是一个螺旋的、曲折的、辩证的、永无止境的过程。阿奇舒勒认为：① 所有的系统都是向“理想态”进化的；② 技术系统的进化不是随机的，而是遵循一定的客观规律，同生物系统的进化类似，技术系统也面临着自然选择、优胜劣汰；③ 同一规律往往在不同的技术领域被反复应用，即任何领域产品的改进、技术的变革过程，都是有规律可循的，这也避免了盲目的尝试和时间的浪费。

技术系统进化是 TRIZ 理论的核心内容之一，可以概括为著名的八大法则，具体是：技术系统的 S 曲线进化法则，技术系统的提高理想度法则，子系统的不均衡进化法则，动态性和可控性进化法则，加集成度再进行简化的法则，子系统协调性进化法则，向自动化方向进化法则，向微观级和场应用的进化法则。

进化论的考察应该将对象置于三时态和三系统组合的空间模型中进行，本书只简要介绍“技术系统的 S 曲线进化法则”；对于其他进化法则，读者可阅读相关的书刊，比如王亮申的《TRIZ 创新理论与应用原理》等。

二、 技术系统的 S 曲线进化法则

1. S 曲线描述

(1) S 曲线的含义。阿奇舒勒等通过对大量发明专利的分析，发现任何一

种产品、工艺或技术都在随着时间向着更高级的方向发展和进化，并且它们的进化过程都会经历相同的几个阶段，满足一般的周期律，并形成一条S形的曲线。这条S形的曲线形状和部分含义与营销学中“产品生命周期曲线”相似。但是，S曲线侧重描述的是一个技术系统中的诸项性能的发展变化规律，也可认为是一条产品技术成熟度的预测曲线。

(2) 技术系统进化的四个阶段。每个技术系统的进化，都要经历四个阶段：婴儿期、成长期、成熟期和衰退期，如图9-2所示。图中的纵坐标为技术系统的某个性能对象参数，横坐标为时间。性能，简单地说，是指机械、器材、物品等所具有的性质和功能；比如，在飞机这一技术系统中，飞机的速度、安全性等都是其重要的性能。因此，我们把S曲线定义为：完整地描述了一个技术系统从孕育、成长、成熟到衰退的变化规律的曲线。

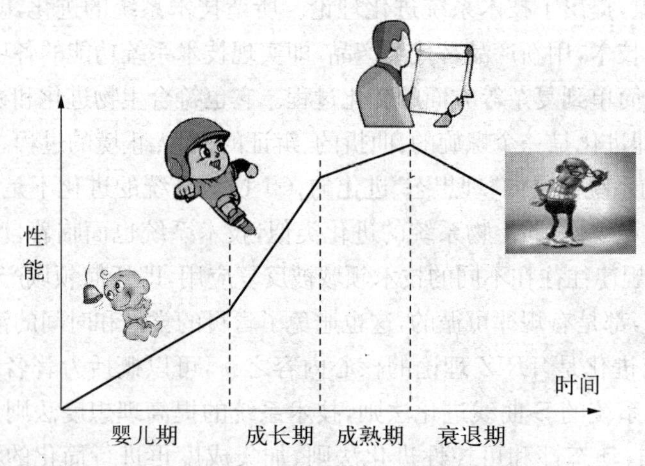

图9-2　技术系统性能的S-曲线示意图

(3) 整体系统性能与子系统性能。我们需要特别理解“一个技术系统”的概念。所谓“一个技术系统”，是指一个对象，该对象可以是整体系统，比如一部手机；也可以是子系统，比如手机的照相子系统；这与我们前面在“对象观念”中所讲的观点是一致的。其中，整体系统性能S曲线，是指将一个产品的整体性能作为对象来分析其在S曲线中所处的阶段；子系统性能S曲线，是指将一个产品的某一子系统性能作为对象来分析其在S曲线中所处的阶段。显然，就观察对象而言，与营销学中的“产品生命周期曲线”是有区别的。

（4）单一方面与多方面。S曲线在图形的表达上可以是单一方面的，如图9-3所示；也可以是多方面的，如图9-4所示。在综合分析时，如果将几条曲线共同标注在一个图中，将会更加一目了然，它可以帮助人们更有效、更全面地了解各方面所处的阶段和相互关系。

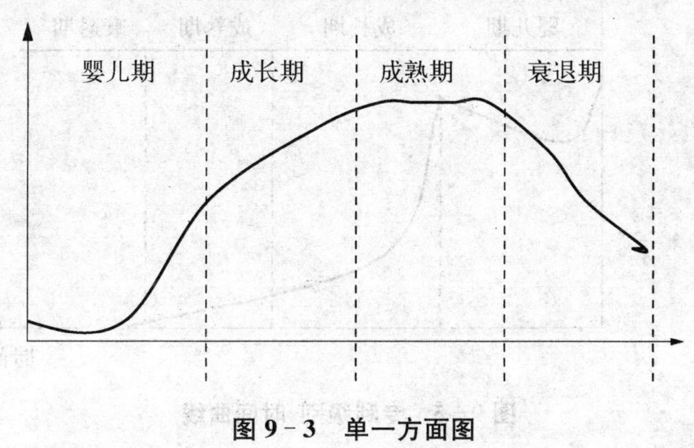

图9-3 单一方面图

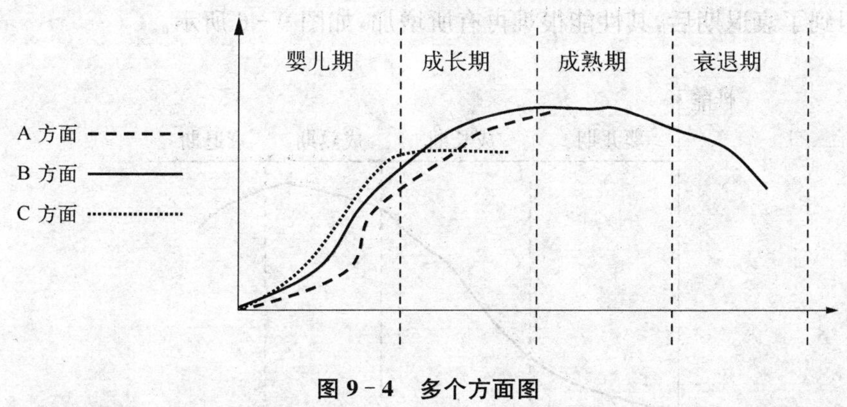

图9-4 多个方面图

2. 四个方面的曲线

阿奇舒勒从专利级别、性能参数、专利数量和经济收益四个方面来描述技术系统在各阶段所表现出来的特点，我们会在随后对其进行详细论述。如果能收集当前产品的有关数据就能建立这四条曲线，并有一个相对可靠的综合性分析结果。当然，这需要通过一个大量的工作和比较复杂的分析系统来实现，就企业来说，这不是一个部门能够完成的。

(1) 专利级别-时间曲线。专利级别-时间曲线说明,一代产品的第一个专利往往是一个高级别的专利,后续的专利级别逐步降低。但是,当产品从婴儿期向成长期过渡时,会有一些高级别的专利出现,如图 9-5 所示。

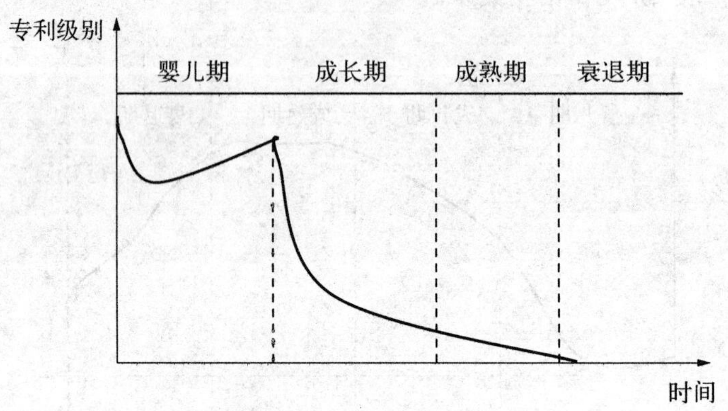

图 9-5　专利级别-时间曲线

(2) 性能-时间曲线。性能-时间曲线表明,随时间的延续,产品性能不断增加,但到了衰退期后,其性能很难再有所增加,如图 9-6 所示。

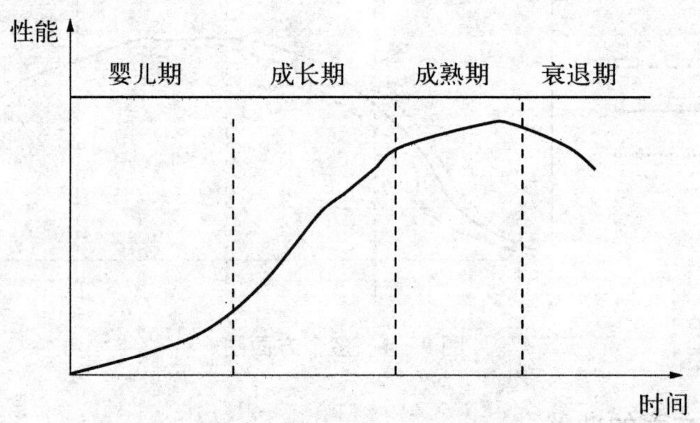

图 9-6　性能-时间曲线

(3) 专利数-时间曲线。专利数-时间曲线表明,婴儿期专利数较少,在成熟期曲线拐点处达到最大值。在此之前,很多企业都为此产品的不断改进而投入,在此之后,该产品已进入衰退期,企业进一步增加投入已没有什么回报,所以专利数降低,如图 9-7 所示。

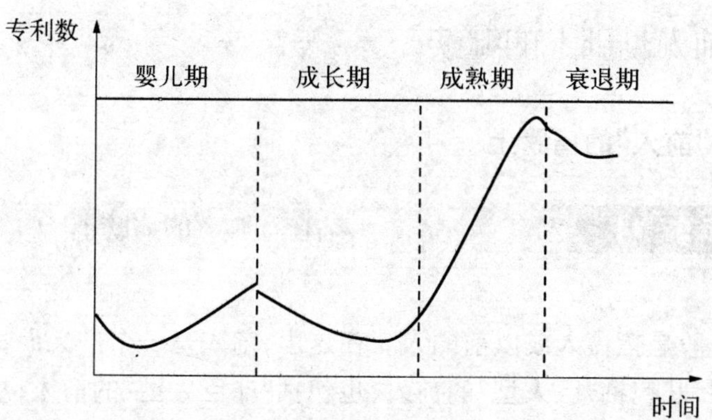

图 9-7 专利数-时间曲线

(4) 利润-时间曲线。利润-时间曲线表明,企业开始投入产品时,只有投入没有盈利。到成长期,产品虽然还需进一步完善,但产品已出现利润。之后利润逐年增加,到成熟期的某一时间达到最大利润,之后又开始下降,如图 9-8 所示。

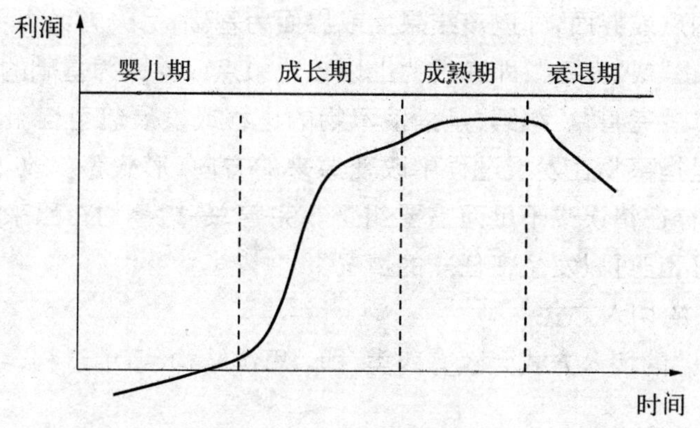

图 9-8 利润-时间曲线

这四个 TRIZ 的统计图形显示了某些规律,在"TRIZ 初步认识"章节中也会有相关的数据显示。在这里,我们建议读者仔细思考其产生的可能原因和内在的逻辑关系,即:为什么是这样,曲线规律表示了什么,我们需要做些什么……

三、 前人基础上的继续

1. 站在“前人”的肩膀上

【要点提示9－1】 站在“前人”的肩膀上

1. 前人

前人一般是指古人或以前的人。在这里,前人是一个广义而特定的说法:从成果上讲,既包括“巨人型”的前人,也包括“非巨人型”的前人;从时间上讲,既包括“不同时代”的前人,也包括“同一时代”的前人;从主体上讲,既包括“非同一主体”的前人,也包括“同一,但时间不同主体”的前人。总之,前人泛指由对象和时间所界定的其他人(包括前后不一样的你)。事实上,无论这个前人是谁,无论这个前人是哪个年代的,也无论对你创新的启发有多大,对于你来说,他们都是“巨人”。

2. 什么是“站”,以及如何“站”在前人的肩膀上

“站”在这里有两层意思:一方面表示为某个或某项结果(包括成功的和不成功的)的点或界面,即以该结果点或界面为基础;另一方面表示为“继续”、“转折”、“改正”或“完善”,即在行为上以该成果点或界面为基础的“继续”、“转折”、“改正”或“完善”。继续,是指使事物的进程或发展趋势连下去或延长下去。转折,是指事物在发展过程中改变原来的方向、形式等。改正,是指事物在某些方面存在错误或不足而需要纠正。完善,是指事物在原来的基础上更加完备、美好,它可以发生在任一的情况下。

3. “站”的切入方式

常见“站”的切入方式大致有四类,即:思维结构、事项过程、结果状态、停止原因。

(1) 思维结构,是以过去事例的“思维结构”作为切入对象,表现为对以往发明创新事例的个人和事项的研究与模仿。比如他们的思维观念、形式、方式、方法、知识基础和心理因素等,即通过某些人或某些事的具体分析来归纳或总结出创新思维的一些思路(路径和方法),比如大多的创新天才都具有强烈的质疑观念等。

(2) 事项过程，是以过去事例的"事项过程"作为切入对象，表现为对过去事例(无论成功还是失败)的复现和分析。在这一方面，爱迪生堪称典范，他通过具体实验来再现详细的过程，从中寻找或发现别人不需要而自己需要的、或别人忽视的而自己应该重视的新东西，以此得到举一反三、触类旁通的启发。

(3) 结果状态，是以过去事例的"结果状态"作为切入对象，表现为对事例的检核，在既有成果的基础上做进一步完善。在这一方面，松下公司是一个典范，见案例9-1："不发明，只完善"的松下策略。

(4) 停止原因，是以过去事例"停止原因"作为切入对象，表现为对事例停止原因的研究和分析。相对于前几项来说，则更为具体；因此，将设另题讨论。

2. 前人事例停止原因的分析与继续

下面，我们通过"前人事例停止原因分析技法"和其他的相关技法来讨论"前人事例停止原因的分析与继续"。

【前人事例停止原因分析技法】

1. 基本描述

见以上的相关内容。

2. 主要类型

根据大量的经典案例分析，前人事例停止的原因主要可分为：人为趋势限制型、整体环境限制型、权威定势限制型、研究方向限制型、过程错误限制型、研究类型限制型、局部条件限制型等。限于篇幅，在这里仅简要介绍前五种类型。

2.1 人为自我限制型

(1) 基本理解。人为自我限制型停止的主要原因是：① 主体在研究过程中遇到某一"新发现"或"闪光点"而不屑一顾，人为地认为"没有意义"；② 主体在获得阶段性成果后自认为是已经"到顶"而"无路可走"了，"没有必要"再继续下去。

(2) 案例说明。

【案例 9-2】 "X 射线"是突破"人为自我限制"的继续

1879 年,克鲁克斯管(一种抽去了一些空气的玻璃管)的发明者、德国科学家克鲁克斯,在做高真空放电管试验时,曾发现在管子附近的照相底片有模糊阴影。遗憾的是,他只专注于试验本身,对此发现并未穷追下去。

1890 年,美国科学家古兹皮德和詹宁斯也曾注意到,在演示克鲁克斯管以后,照相底片特别地发黑,但他们也认为"没有意义",没有继续观察。

1892 年,勒纳德和其他一些德国物理学家已经观察到克鲁克斯管附近的荧光,但他们的全部注意力都集中在研究阴极射线的性质上了,这个管子外部的效应仍未引起他们的重视。

1895 年,德国维尔茨大学教授伦琴在研究阴极射线时,对克鲁克斯管外面一张磷光屏在黑暗中发光的现象予以重视,并对它反复实验、观察、研究,终于发现了从克鲁克斯管阳极发射出的一种新射线——至今还在为人类造福的 X 射线。由于这一重大发现,他在 1901 年获得了第一个诺贝尔物理学奖。

【点评】

本案例有三次"人为自我限制"的停止,都表现为主观地认为"没有意义"或"满不在乎"。但伦琴与其他科学家不同,他没有错失这个机遇。对有志于创新的人来说,如果能对"人为自我限制"的现象进行再研究,也许就会有新的重大发现。

在人类历史上,"人为自我限制"是相当常见的,迈克尔·米哈尔科在《创新精神》一书中描述了这样几件事例:

*1899 年,美国专利事务局的局长查尔斯·迪尤尔建议政府关闭专利局,因为他认为所有的东西都已经发明了。

*1923 年,著名的物理学家,诺贝尔奖获得者罗伯特·米利肯说,人类绝对没有驾驭原子的力量。

*菲利普·赖斯是一个德国人,他在 1861 年发明了传送音乐的机器,距离发明电话只有几步之遥,但当时德国所有的通讯专家都认为这样的设备没有市场,因为电报已经足够好了。15 年之后,亚历山大·格雷

姆·贝尔发明了电话,而德国竟成为最热情的用户。

＊切斯特·卡尔森在1938年发明了静电复印机,但当时所有的大公司,包括IBM和柯达都对他的发明嗤之以鼻,把他拒之门外。他们声称复写纸非常便宜并且极其丰富,没有人愿意买一台昂贵的复印机。

＊弗雷德·史密斯在耶鲁大学就读时就萌生了创办联邦快递公司的想法,提供国内隔天可达的快递服务。但美国邮政总局、UPS、史密斯的教授甚至美国所有的快递专家,都预言他的公司会失败。根据他们在快递行业的经验,他们说没有人愿意为快速和可靠支付大笔费用。

(3) 关键提示:当我们重新审视"人为自我限制"的事例时,应该自问:是不是真的没有意义?

2.2　整体环境限制型

(1) 基本理解。整体环境限制型停止的主要原因是受当时整体环境条件的影响而无力再继续下去。

(2) 案例说明。

【案例9-3】　"青霉素"是突破"整体环境限制"的继续

1928年,47岁的弗莱明在英国圣玛丽学院讲授细菌学。一天早晨,他同往常一样推门走进实验室,第一件事就是检查一夜间细菌的生长情况。他将一个个碟子状的培养皿取出来仔细观察,发现有一只培养皿里的葡萄球菌培养基发了霉,长出了一团青绿色的霉花。这是实验中常有的情况,按理应该倒掉,重新培养。所以,他的助手拿起这只培养皿准备处理掉。他说:"不!等一等,让我再仔细看看。"弗莱明从小就养成了一种细心的习惯,加上长期研究细菌积累的经验,使他觉得这青绿色的霉花有些非同一般。他把碟子拿在手里仔细观察,只见在青绿色的霉花周围出现了一圈空白,那是杀死了周围的葡萄球菌后留下的。这一发现使弗莱明惊喜万分。他赶紧吩咐助手将霉菌培养液仔细过滤。然后,把一滴过滤液滴进一只满是葡萄球菌的小碟,几个小时后,小碟里的葡萄球菌全被杀灭了。为了测定这种霉菌的杀菌效能,他不断将过滤液稀释，结果发现，1%浓度可杀灭链状球菌，直到0.1 %浓度还可杀灭肺炎球菌。弗莱明把他的重大发现写成论文，发表在1929年9月出版的《实验病理学》杂志上。

按理，弗莱明发现了抗菌素，人类从此找到了一种杀灭危及人类生命的病菌的法宝。可是实际上却不那么简单，因为碟子里培养出的青霉素实在太微不足道了。即便治疗一个轻微的伤口也需要几公升的过滤液，怎么能把几公升液体注射到人的血管中去呢？而从当时宏观的科技环境来看，又没有能力解决青霉素的提纯问题，所以青霉素在给当时的医学界带来一阵短暂的兴奋之后，很快被人们遗忘了。

1940年，有个名叫钱恩的德国青年化学家，读到了弗莱明10年前写的那篇论文。他意识到弗莱明发现青霉素的巨大价值，决心解决青霉素的提纯问题。他经过无数次实验，终于提炼出很少一点纯度较高的青霉素。他先给八只小白鼠注射了致死的病菌，然后把他提炼出的青霉素注射到小白鼠身上。可惜，只够给四只小白鼠注射，结果这四只活了下来，另外四只很快都死了。

1941年，在英国教书的澳大利亚病理学家弗洛里在一家化工厂的帮助下，继续钱恩的研究，经过不懈的努力，一种高纯度的青霉素终于诞生了。当时，第二次世界大战正炮火连天，有谁肯来投资研制这种新药呢？弗洛里想到大洋彼岸的美国，终于得到美国农业部的支持。经过整整两年的努力，他使青霉素的纯度提高到每立方厘米200单位，完全可以供临床应用了。

【点评】

从1928年到1941年间，由于当时科学技术和经济发展水平等整体环境的限制，青霉素的发明被中止。1945年，弗莱明、钱恩和弗洛里三位科学家共同获得诺贝尔生理学和医学奖。

(3) 关键提示：当我们重新审视“整体环境限制”的事例时，应该自问：现在的整体环境可以了吗？

2.3　权威定势限制型

(1) 基本理解。权威定势限制型停止的主要原因是受到当时某种权威性的消极定势作用而放弃了。

(2) 案例说明。

【案例9-4】 "元素周期律"是突破"权威定势限制"的继续

门捷列夫第一次将元素周期律在俄罗斯化学学会学术讨论会上报告时,有位先生当众提出问题说:"铟的原子量是75.4,应排在砷和硒之间,可这样一来砷就要被挤走了,不再跟性质相似的磷排在一族,硒也被挤走了,不再跟硫排在一族。"这一发难使门捷列夫一时无言以对。他觉得如果铟的原子量75.4是对的,那就证明他的周期表有问题;如果他的周期表是对的,那铟的原子量肯定不是75.4。于是他决定自己来计算铟的原子量,最后得出的结果是113.1。这样,铟应该排在镉和锡之间。门捷列夫如释重负,更坚信他的周期表是正确的。按照同样的道理,他一一纠正了铍、钛、铈、铀等一些当时被算错原子量而在周期表中"捣乱"的元素的原子量。重新排列的元素周期表就能天衣无缝地显示元素周期变化的规律了。

【点评】

通常,我们的知识主要来自三个方面,即受教育获得、从"前人"获得和自己获得。门捷列夫第一次将元素周期律在学术讨论会上报告时所受的"责难"使他陷入难以自圆其说的境地。如果坚持认为铟的原子量权威数字是正确的话,门捷列夫就应该承认自己的元素周期律是错误的,既然是错误的就应该放弃。如果这样的话,可能就没有门捷列夫的元素周期律了。

(3) 关键提示:当我们重新审视"权威定势限制型"事例时,应该自问:所有数据或依据都是正确的吗?

2.4 研究方向限制型

(1) 基本理解。研究方向限制型停止的主要原因是在过程中遇到困难而不另辟蹊径,一条道走到黑。

(2) 案例说明。

【案例9-5】“行星的椭圆轨道”是突破“研究方向限制”的继续

开普勒在潜心研究火星的轨道问题时，一头埋进纸堆里，按照哥白尼“星球是作圆周运动”的论点来计算。计算都没有错，但他接连算了几个月，都无法得到与观察结果相吻合的数据。此时，精通数学的开普勒觉得应该改变方向来看问题，他开始怀疑火星的轨道不是圆的。当方向转变后，问题很快就迎刃而解了，原来，火星的轨道不是圆的，而是椭圆的！这成为天文史上划时代的大事，开普勒又进行了多次计算，总结出著名的开普勒第一定律：每个行星以椭圆轨道绕太阳运动，太阳处在椭圆的一个焦点上。

【点评】

开普勒在计算火星的轨道时就站在了哥白尼这个“巨人”的肩膀上，采用了哥白尼的论点，但这使他的研究出现了方向上的错误而无法继续下去。也许，当时也有很多人在计算火星的轨道，但他们都没有想到应该把研究方向从圆形轨道转向椭圆轨道，所以，都没有成功。

(3) 关键提示：当我们重新审视“研究方向限制型”事例时，应该自问：是不是可以改变一下过程中的某一方向？

2.5 过程错误限制型

(1) 基本理解。过程错误限制型停止的主要原因是在过程中的某一点由于种种原因而发生了错误，从而导致了停顿或以失败告终。

(2) 案例说明。

【案例9-6】“第四种血型”是“过程错误限制”的继续

血液是一种对人生命攸关的液体，一个人如果失血达到总血量的1/3就会死亡，补救的办法是给他输血。可是在数以千万计的输血临床实践中，有的成功了，有的却失败了。比如，有的病人在接受输血时会出现呼吸紧迫、头痛胸闷、发冷、高烧和心力衰竭等症状，最后致死。而有的病人却没有不适反应，输血后得救了。这究竟是怎么回事呢？人们想尽办法，却一直不得其解。

1900年,33岁的兰茨坦纳调查了许多输血病人的病案,渐渐地形成了一种猜测:会不会是输入的血液和病人的身体互不相容而产生危及生命的某种变化呢?于是,他找来实验室里的五位同事,加上他自己,将他们六个人的血液彼此混合,看看会有什么变化,并在一张纸上做了详细的记录。最后,他从表上找出了这样的规律:每个人的血清和自己的红细胞相遇都不会发生凝聚,如果和别人的红细胞相遇就会产生凝聚和不凝聚两种情况。要是产生絮状凝聚,就会堵塞体内的毛细血管,这不正是产生输血反应的根源吗?根据这张表格,兰茨坦纳认为人类有3种不同的血型,不同血型的红细胞和血清相混会发生凝聚,使血液失去功能,最后致人死命。1900年,兰茨坦纳将他的发现公布于世,揭开了输血反应之谜。

不过,在这一过程中,兰茨坦纳犯了"以偏概全"的错误,因为他只做了六个人的试验,六个人的血型怎么能概括全人类的血型呢?有位名叫狄卡斯德罗的医生敏锐地意识到了这一点,1902年,狄卡斯德罗医生对155名正常人重复了兰茨坦纳的实验,发现151人的反应类型与兰茨坦纳宣布的血型反应完全相同,而另外4人的红细胞,除了和自己的血清不发生凝聚以外,对其他人的血清都发生凝聚,这说明还有第四种血型存在。

【点评】

显然,这个"以偏概全"的逻辑错误是兰茨坦纳在实验过程中没有意识到的,狄卡斯德罗医生则纠正了他的错误,发现了第四种血型。

(3) 关键提示:当我们重新审视"过程错误限制型"事例时,应该自问:该过程是否无懈可击?

3. 作用对象

本技法适用于过去相关的发明创造事例,无论是成功的还是失败的。因为,它们都同样处在"中途停顿"状态。我们重新的检视也许会有新的发现,这种发现既是一种继续,也是一种创新。

4. 基本步骤

基本步骤见图9-9。

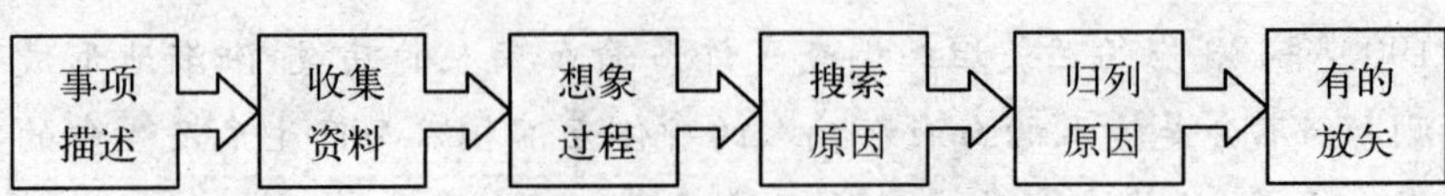

图 9-9 前人事例停止原因分析技法基本步骤

5. 操作实例

从略。

常常被人忽视，但却可以跳跃鸿沟的中间环节

第10章 中介捕获观念

【要点提示 10-1】 引起注意-获得感觉-选择注意

当你在街上行走时会有很多的刺激源，这些刺激源中的许多由于你"心不在焉"而被忽视了，并不能使你产生感觉。只有那些被你注意到的刺激源才能产生感觉，而在感觉的过程中又会有某些引起你的注意。在这里，应该引起你关注的是"注意"这个词语(关于"注意"的理解，我们将在下面讨论)。所以，在创新思维中就有：① 如何引起"注意"？② "感觉"到了什么？③ 什么方向再"注意"？

注意与感觉之间具有"引起注意-获得感觉-选择注意"这样基础性的、结构性的过程。在前面所讲的许多观念中都贯穿或隐匿了这一基本过程，比如：① 在某一特定空间中，由于主题的驱动使我们注意到了某一特定的对象；② 这一对象使我们"感觉"到了某些特征；③ 其中个别特征引起了我们更多的注意，沿着这一方向思考或连续地思考下去，见图 10-1。

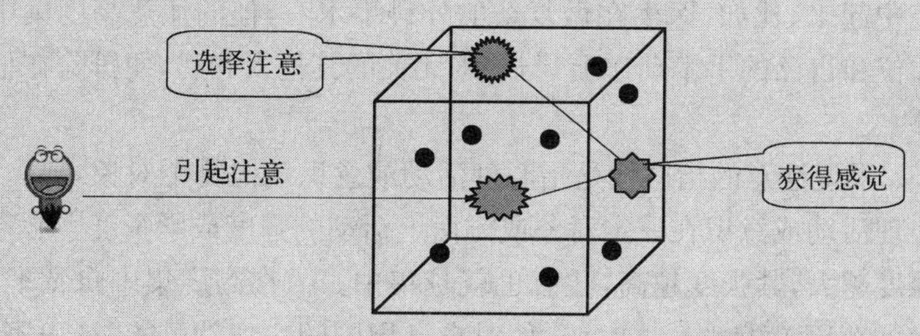

图 10-1 "引起注意-获得感觉-选择注意"示意图

注意的人可以是主体的你，也可以是客体的他。因此，“引起注意-获得感觉-选择注意”无论在创新思维中还是在商务策划中，都是一个很重要的基本过程。

一、注意

1. 注意描述

(1) 注意是对刺激的有意识关注，是将心理活动指向并且集中于某个或某些对象。对感觉记忆中的信息加工是从注意开始的。注意是外界信息进入人脑的选择或引导，只有受到注意的信息才能得到人脑的进一步加工，而大部分信息因未受到注意而迅速消失。从一般角度来讲，注意的含义是指把意志放到某一方面；从心理学的角度来讲，注意是和意识紧密相关的一个概念，但不同于意识。

(2) 注意有两个显著的特点，它们分别是注意的指向性和注意的集中性。

注意的指向性是指人在每一瞬间，他的心理活动或意识选择了某个对象，而忽略了另一些对象。在这句话中我们特别需要很好地理解“每一瞬间”。比如，一个人在电影院里看电影，他的心理活动或意识在瞬间选择了银幕上人物、声音等而忽略了画面的背景。又比如，他在电影院只关注银幕上的图像，而忽略了电影院的结构，以致对于该电影的情节讲得头头是道，但对于电影院的墙是什么颜色、什么特点只留下模糊的印象，甚至会讲不出来。由此可以看出，注意的指向性是指心理活动或意识在哪个对象或哪个方面上进行活动。指向性不同，人们从外界接受的信息不同，感觉也会不同。

注意的集中性是指当心理活动或意识指向某个对象的时候，它们会在这个对象上集中起来，比如，医生在做复杂的外科手术时，他的注意高度集中在病人的患病部位和自己的手术动作上，与手术无关的其他人和物，便排除在他的意识中心之外。

(3) 如果说注意的指向性是指心理活动或意识朝向哪个对象，那么，集中性就是指心理活动或意识在一定对象或方面上活动的强度或紧张度。心理活动或意识的强度越大，紧张度越高，注意也就越集中。人在高度集中自觉地注意时，注意指向的范围就缩小。这时候，他对自己周围的一切就可能“视而不见，听而不闻”了。例如，上海世博会上，有些场馆在播放影像资料时，当镜头持续往上时，你坐的椅子也会同步上升；当镜头持续往右时，你坐的椅子也会同步向右倾斜，这种组合就给人一种“立体感觉”。其实它是利用你的注意指向性和集中性，辅助于椅子的同步活动所造成的“模拟立体感”。当离开你“本来应该注意”的对象时，这种所谓的立体感就荡然无存了，仅感到椅子在动。

2. 是什么使该物体成为你的注意焦点

你为什么选择注意这个，而不选择注意那个？或者说：是什么使该物体成为你的注意焦点？理查德·格里格在《心理学与生活》一书中指出，这个问题的答案有两个方面，我们可以称其为“目的指向选择”和“刺激驱动捕获”，也可以说是注意的两个特点。

(1) 目的指向选择，反映的是你对将要注意的对象做出的选择，是你自己的目标功能。就信息而言，目的指向选择的核心是在一群信息中按照目的来选择信息，即在一个信息集合中，选择了与目的相关的信息，而放弃了其他信息，也表现为信息从多到少。这种行为是由你根据目的所进行的选择，但并不排除在消极定势主导下所做出的常见、习惯性的选择。在这句话中，我们特别需要理解“你对将要注意的对象做出的选择”。

(2) 刺激驱动捕获，发生在刺激的特征（环境或空间中的对象）自动抓住你的注意时，它不依赖于知觉者当时的目的。比如，当你驱车外出时，车子停在交通灯前面，而你正在胡思乱想，突然旁边一辆车的喇叭声响起，就会吸引你的注意力（它原本是存在于你的“自在空间”中的，是由于某一特征量值的变化引起了你的注意），你关注到了这辆车；这样，你就经历了刺激驱动的捕获——捕获了这辆车作为对象的信息。就信息的具体性而言，刺激驱动捕获的核心是通过主体被动的刺激来增加已有的信息数量，也表现为信息从少到多。即通过环境自在的额外刺激抓住你的注意，并可以从一个点信息扩大为一个信息集合。在这句话中，我们特别需要理解“自动抓住你的注意”。

3. 四个基本问题

就注意而言，在创新思维中我们应该关注这四个基本问题：

(1) 引起谁的注意？这个问题其实就是引起哪些目标人的注意，比如引起主体的注意，引起目标他人的注意或者引起目标消费群的注意等。

(2) 注意什么？这个“什么”，一是指能够引起我们兴趣的东西，二是指我们预期的东西，三是指我们非预期的额外东西。

(3) 如何引起注意？它表示用什么方式或方法来引起对象的注意，比如某公司在报刊上的第一天的广告内容只是一个大问号，并标明：请注意明天的说明；在第二天才刊登出具体的内容。其方法就是通过第一天的“大问号”来引起对第二天广告内容的注意。在创新思维中，更多的可以通过“弄清”和“联系”的手段来引起主体的注意。

(4) 向什么方向注意？从一定含义上讲，创新思维中拓展信息的具体方法的基本目的之一就是通过这些联系引导你的注意，即通过某些方法使你从这个点注意到那个点，使你从这个方向线注意到那个方向线，使你从这个空间注意到那个空间。

【要点提示 10－2】 注意的四个基本问题与注意空间对象

(1) 关注“注意的四个基本问题”不仅是一种观念，也是一种具体行为。在实际的操作或运用中，注意的四个基本问题是十分重要的，它具有基础框架的功能；比如在广告策划中，在公路“指向牌”的设计中，在培训教案的设计中等。即使在平时的工作中我们也应该关注“注意的四个基本问题”，使我们的思路条理化、系统化。

(2) 通过前几章的讨论，我们已经知道：在一个特点的空间中会存在许多的客观对象，对这些客观对象我们是依据目的进行选择的。在选择前，我们将可计数的对象分为“预期的”、“质疑的”和“其他的”三类，那么在选择“预期的”以后，至少还存在着“质疑的”等供我们进一步思考，应该引起我们的注意。其实，在进行这三类的甄别过程中，如果你用心的话，也许还会有其他的发现。在一项具体事项的研究中，主体的注意力往往会锁定在预期的目标上，对于其他方面的东西，基本上是视而不见或充耳不闻，“X 射线的发现”等案例都说明了这个问题。又比如，爱迪生重复以往的创新过程，松下公司对他人的创新结果进行检核等也是如此。也许，他们的共同目的之一就在于通过与他人不一样的特别注意“找到新的东西”或“得到新的启发”。

4. 注意的结构模型

【要点提示 10－3】 “捕获-选择”和“捕获空间-捕获对象”

在创新思维中，我们可以简单地将“刺激驱动捕获”和“目的指向选择”理解为“捕获对象”(注意到了什么)与“选择对象”(注意的是什么)。

(1)“刺激驱动捕获”。就注意焦点或注意对象而言,具有被动的行为性,它的要点是通过刺激或驱动形成一个特定空间,然后对空间中存在的许多客观信息或对象进行“捕获”(发现对象)或转换对象(在原来的空间中从注意 A 转换到注意 B)或转换对象性质(从对象的 A 特征转移到 B 特征)。

(2)“目的指向选择”。就注意焦点或注意对象而言,它的要点是在一个存有许多客观对象的特定空间中进行“选择”,是一种主动的行为,大多具有有意识的指向性。观念也是一种主动的行为,也许更多的是具有无意识的指向性,因而从一定的意义上讲,“目的指向性选择”与“观念指向性选择”具有某种类似性。

(3)在创新思维中,通常我们首先需要在某种思维观念下或某种形式、方式和方法的作用下进行驱动,以捕获到特定的空间(有人叫你,你突然回头,首先进入你视野的是空间,其次才是对象),然后再根据目的进行对象的选择,因此“捕获-选择”或者“捕获空间-捕获对象”的活动在创新思维中具有对应性。

(4)在目的确定的前提下,“选择”不满意可通过“捕获空间”后再“选择对象”,或者反之;“捕获”后的有用性是需要通过目的性的选择来验证的(想一想你去车站接人的过程);如果第一次“捕获”后未获得满意的结果,可再次“捕获”或换一种路径或方法来“捕获”(想一想你寻找东西的过程)。

(5)在创新思维中,选择或捕获的对象可以是一个具体的物体,也可以是某一事项;可以是一个具体的点,也可以是一个特定的空间;可以是图像,也可以是文字……

二、　中介

1. 中介描述

我们将从“哲学中的中介”、“空间中的中介”、“中介观念”和“共轭”这四个方面来进行简要的讨论。

(1)恩格斯指出:一切差异都在中间阶段融合,“一切对立都经过中间环节而互相过渡……辩证法不知道什么绝对分明的和固定不变的界限,不知道什么无条件的普遍有效的‘非此即彼’,它使固定的形而上学的差异互相过渡,除了

‘非此即彼’，又在适当的地方承认‘亦此亦彼’，并且使对立互为中介……”。我们可以将其简单地理解为：事物之间除了“非此即彼”也有“亦此亦彼”。“亦此亦彼”就是将对立看成是互为中介的，事实上也是如此。比如，生物的进化论否定了绝对分明的和固定不变的界限，脊椎动物和无脊椎动物之间的界限，也不再是固定不变的了，鱼和两栖类之间的界限也是一样，而鸟和爬行类之间的界限正日益消失。

(2) 事物联系的普遍性是以空间作为背景的，是建立在空间观念基础上的。而中介是事物联系普遍性建立在空间观念基础上的必然要求之一。如果没有中介概念，那么空间观念只能体现思维空间的界域性而无法体现事物联系的普遍性。

【要点提示 10-4】 中介的有形性和无形性

爱因斯坦说：“如果我拾起一块石头，然后放开手，为什么石块会落到地上呢?”通常对于这个问题的回答是：因为石块受地球吸引。但是，地球对石块的作用并不是直接的，地球在其周围产生引力场，引力场作用于石块，才引起石块的下落运动。如果没有某种中介媒质在其间起作用，超距作用这种过程是不可能的。在磁铁吸铁的现象中也是如此，磁铁在其周围产生磁场，其吸引作用是以磁场为媒介的。

由此看来，中介可分为有形的和无形的；在这里，有形和无形是以能否作为“看得见的实体”来区别的。发现事物联系的中介，特别是无形的中介是非常重要的。这提示我们：在创新活动中，对于看不到、听不到或没有发现的东西并不能肯定地判断为不存在，至少这个结论是或然性的，它不应该成为我们思考和行为的“消极定势”。

(3) 中介观念。详见要点提示 10-5。

【要点提示 10-5】 中 介 观 念

黑格尔认为，作为事物之间联系环节和事物转化、发展中间环节的中介，是普遍存在的。据说，欧几里得曾用测量金字塔塔影的方法测得金字塔的高度，拿破仑则借助军帽帽檐目测莱茵河的宽度等，这些都是善用中介事物的成功案例。

中介的基本解释是媒介,表征事物之间间接联系的范畴。中介是指在不同事物或同一事物内部对立两极之间起居间联系作用的环节;中介是相对于直接性,相对于事物之间的直接联系而言的。

(1) 就事物的普遍联系而言：① 事物的普遍联系性是通过中介的概念或对象来具体体现的,否则这种普遍联系就显得空乏,甚至是虚无缥缈的;② 撇开时间的顺序性和主体的选择性,从事物普遍联系的角度看,存在的事物既是出发点,也是中介点,除非它是万物之源;③ 各种物质客体之间直接和间接的纵横交织联系,构成了整个物质世界的普遍联系之网,其中,中介就是网结或节点。

(2) 就事物的发展过程而言,在事物的发展过程中,中介表现为事物转化或发展序列的中间阶段。

(3) 就事物的差异性而言,中介是一切差异的中间融合阶段或地方。

(4) 就创新思维的认识而言：① 在空间观念下的点-线关系中,任何一个点都具有中介性;② 事物的普遍联系性使创新具有存在和可能,但很少不需要中介的参与;比如,日本东洋企画株式会社社长植田康创立的"植田 T 理论"强调了在企业营销广告中借助中介的方法。

在创新思维中,一般我们需要注意的是：

(1) 有时,对许多事物不明原理或原因的探索,也许在中介观念的引导下找到或进行假设的话是会有所收获或顿悟的,比如"发现海王星的过程"。

(2) 有时,某一现象并不是目标对象的反映,而是中介对象直接或间接作用下的反映,比如海王星对天王星"越轨"现象的作用。

(3) 有时,刺激驱动捕获的形式中是必然存在中介的,这种中介的出现可以是随意刺激而产生的,也可以是通过任意设置而有意产生的。

(4) 有时,在某些情况下,中介具有共轭的性质,表现为相似性和过渡性等。比如,在共轭控制中就利用了两个事物之间的相似性;又比如,两种具有相关性的不同颜色的过渡区域就具有共轭性。特别应该引起我们关注的是：两个不相关事物之间的相似性或共性部分是一种重要的"中介"。

(5) 有时,在某些情况下,中介还充当了参照的角色;比如有些事物的特征是不能纯粹直接地显现,而只能通过和另一方的相互关系、相互作用中才能表现出来。所以人们也常常以“互为中介”来说明不同事物之间的相互联系、相互制约、互为前提等的关系。

建立中介观念，不仅可以使人们自觉地寻找和发现那些表面上不相联系的事物之间的媒介，从而更自觉地以普遍联系的观点观察事物，达到全面认识事物的目的，而且还可以克服那种把对立绝对化的形而上学观点，帮助对“对立统一规律”的理解。

(4) 共轭。按理说，在创新思维中共轭可以作为一个独立的观念来对待。但是，限于篇幅，在这里只作一个提示。

【要点提示 10-6】 共　轭

(1) 共轭是一个深邃而富于活力的词，有很强的意会性；在这里我们试图通过共轭控制来理解共轭。所谓共轭控制是指通过或借助中间起过渡作用的媒介或中介实现控制，这种控制根据“相似性原理”和“对立统一原理”，在现有控制能力的条件下，通过中间起过渡作用的媒介或中介来扩大控制范围，从而把对事物B(参照事项或供体事项)的控制经验用于对事物A(目标事项或受体事项)的控制。共轭控制也可称为推理控制或逻辑控制，是试探和经验控制相结合的产物。

(2) 在平时或创新工作过程中，我们会遇到这样一种情况：由于对某一事物的性质一无所知或受控制能力的限制，而无法直接完成对此事物的控制。但是，在现有控制能力的条件下，我们已经取得了对另一种与此事物相似的事物的控制经验。那么，能不能因这两种事物的相似，而把参照事项(供体事项)的控制经验用于对目标事项(受体事项)的控制呢？当然，其中还需要找到共轭对象；如果是这样，那么共轭控制就提供了这种可能。当然，这里讲的仅是可能，因为你不能忽视相关要素的差异性，否则就成“照搬照抄”了。

(3) 荀子在《劝学》中说：“假舆马者，非利足也，而致千里；假舟楫者，非能水也，而绝江河”。意思是说：借助马的人，虽然不是善行者，但可以远行千里；借助船的人，虽然不是善泳者，但却可以横渡江河。在这里也可理解为：“马行”和“人行”与“船驶”和“人泳”都具有“延长距离”这个共轭的相似性，所以，虽然不是善行者，借助“马”可以达到远行千里的目的；虽然不是善泳者，借助“船”可以达到过江的目的。

(4) 两个不同的事物,如果它们都有相当重要的某一特征,那么这个特征也具有共轭性。比如,在“曹冲称象”的故事中,其核心是“200 公斤秤重的小秤不能称 5 000 公斤的大象”,其中“200 公斤秤重”的特征是“重量”,而“5 000 公斤大象”的特征也是“重量”;这样,就明显地看出“重量”具有共轭性了。

(5) 中介原理、相似性原理和对立统一原理等对我们理解共轭是有帮助的。

2. 中介的表现类型

我们从中介作用发生在不同背景的事物中看,大致将其分为五种类型,即:事物联系上的中介、空间位置上的中介、时间顺序上的中介、学科交叉上的中介和思维过程上的中介。本书只介绍前两种类型。

(1) 事物联系上的中介。人的各种认识形式之间以及同一认识过程的不同阶段之间的点,在本质上就是客观存在着的中介的反映。作为事物之间联系环节和事物转化、发展中间环节的中介,是普遍存在的。比如前面提到的成语“城门失火,殃及池鱼”,在“火”、“鱼”和“水”相互的关系中,“水”就起了中介的作用。

【案例 10-1】 “猫”的中介性

在二战时,苏联红军与德军对垒,有一天在两军阵地交界处不远的地方,一位正在值勤的苏联红军战士突然发现德军阵地的帐篷中有一只猫出没,于是他猜想到:能够养猫的必定是德军的高级军官,那个地方很有可能是德军指挥部所在地。他把这个情况向上级作了汇报,又继续观察了两天,发现猫还是经常出现。后来苏联红军调用炮兵集中轰击了那个地方。战役结束后得到情报说,那个被彻底摧毁的地方果然是德军的一个司令部。

【点评】

这是个“一只猫导致一场胜利”的故事。在故事中,“猫”是中介,通过猫这个中介将其与高级军官联系起来,由此推断出指挥部的所在地。这种由中介而发生的关系性推断,在侦察工作中是常用的方法之一。

(2) 空间位置上的中介。在空间上,客观世界中每一物质客体都占有一定的位置,与它周围的物质客体发生直接的接触,并通过作为中介的它们与其他物质客体发生联系,见图 10-2。

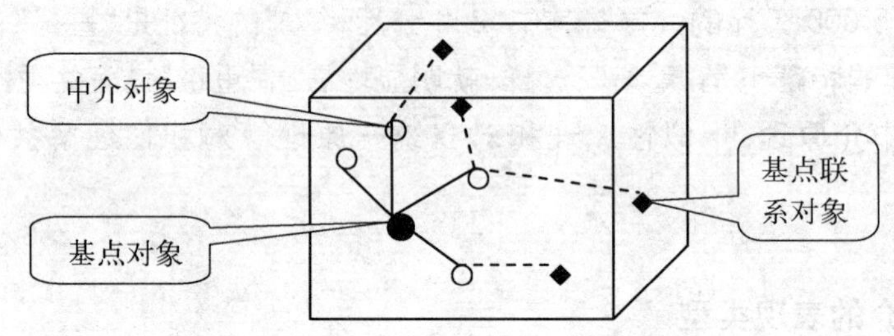

图 10-2 空间位置上的中介示意图

【案例 10-2】 海王星是通过天王星这个中介才被发现的

自从赫歇尔发现天王星以后,天文学家对天王星不按正常轨道运行的"越轨"行为大惑不解。1840 年,德国天文学家贝塞耳提出一种看法,他认为:在天王星轨道外面,一定有一颗尚未被人们发现的行星,在它的引力影响下,"扰乱"了天王星的正常运行轨道。数学家勒威耶也认可这种说法,并通过计算推算出新行星的位置。1846 年 9 月 23 日晚上,加勒和他的两个助手一起,把望远镜对准了勒威耶所说的那片天空,他们搜索了 7 个小时,终于发现了影响天王星运行轨道的新行星,也就是太阳系的第八颗行星——海王星。

【点评】

显然,海王星是通过天王星这个中介对象才被发现的,或者说海王星是通过天王星的"越轨"现象才被发现的。当然,撇开中介对象天王星,直接发现海王星不是没有可能,但在当时的条件下还是比较困难的。

三、 驱动中介捕获方式

1. 注意的两种方式

通过前面的讨论,我们已经知道:在一个空间中,客观存在着众多的信息源，但是，也许你只关注到其中的几项。所关注到的信息是由于主体与信息源之间通过“注意”这个术语词的行为建立了某种联系。注意有主动注意（即目的指向选择）和被动注意（即刺激驱动捕获）两种方式。

2. 刺激的逻辑模式

通过前面的讨论，我们也知道：刺激能引起你的注意，额外的刺激就是“注意”的增加，而注意的介入，带来的是信息的介入和增加；无论信息的形式是物体、图像、声音还是文字等。比如，某一盛夏之夜，你独自走在回家的马路上，突然一声宠物狗的叫声（该叫声即为刺激，这个刺激完全不在你的预期中，是额外的）引起你的关注（使你的注意增加），你知道在前面不远的地方有一只狗（信息的介入和增加）。因此，在机理上形成了“额外刺激→引起注意→信息拓展”的逻辑模式（日常心理活动中用“意外”较常见，而在创新思维中，也许用“额外”更恰当些）。

3. 所谓的额外

额外表示了非预期性，非预期具有意外的、非计划性的意思。但是，在创新思维中，就是要通过驱动来“制造”这种“额外”，并且这种额外刺激是可以设置的。

【要点提示 10-7】　不同观念引导或通过多形式、多方式和多方法的额外刺激意在驱动注意，以期拓展空间和生产信息

基于“额外刺激→引起注意→信息拓展”的结构形式。创新思维的根本一点就是要通过使用不同的观念引导或通过多形式、多方式和多方法的驱动来实施“额外刺激”，通过“额外刺激”来调动或引导我们的注意，以达到拓展空间和生产或拓展信息的目的。所以，在创新思维中，使用不同的观念引导或各种思维形式、方式和方法的使用及其创新，本意之一是“制造”刺激，以期通过这种驱动注意来达到拓展空间和生产信息的目的。

四、　中介捕获创新技法

在创新思维中，按照中介捕获观念，常见的技法有：启发移植中介捕获技法、歪打正着中介捕获技法、质疑问题中介捕获技法和任意设置中介捕获技法等，本章简要介绍“歪打正着中介捕获技法”和“任意设置中介捕获技法”。

1. 歪打正着中介捕获技法

【歪打正着中介捕获技法】

1. 基本描述

1.1 原理点

见“中介捕获观念”和“进化观念”章节中的相关内容。

1.2 理解点

(1) 在这里,“歪”是指不正,“着”表示有结果。歪打正着表示方法或行为本不恰当,却侥幸地得到另外非预期的结果——中介捕获。

(2) “正着”与“失败”的相同之处在于:都是某种活动的结果,并且其结果都与预期或目标不相符合;不同的是:“正着”的结果是有意义的,而“失败”的结果是无意义的。

2. 作用对象

在技术创新、管理创新及其他创新思维活动中都可采用。

3. 基本步骤

基本步骤见图 10-3。

图 10-3 歪打正着中介捕获技法基本步骤

4. 操作实例

【案例 10-3】 小猫的歪打正着

1811 年,法国药剂师库尔特瓦经常把海藻采回去,晒干后烧成灰,再把灰泡在水里,经过过滤以后得到一种溶液,库尔特瓦把它称为“海藻盐汁”,因为从这种溶液里面可以提取出氯化钠、氯化钾、硫酸盐等盐类物质。

一天,库尔特瓦正在实验室里做实验。突然,一只小猫不知从什么地方跑了出来,跳到实验桌上,刹那间,桌子上的一瓶浓硫酸被打翻了。只听见“啪”的一声,冒着烟的浓硫酸沿着桌子流到了盛有“海藻盐汁”的盆里。库尔特瓦眼看着自己辛辛苦苦得到的“海藻盐汁”被淘气的小猫“破坏”了,心里又气又急。他正想去抓住那只闯祸的小猫，却发现了一件奇怪的事："海藻盐汁"遇到浓硫酸以后，发生了一种从来没有见过的反应——一缕缕紫色的蒸汽像烟雾般冉冉升起，不一会儿就弥漫到整个实验室，还散发出一种难闻的气味。当紫色的蒸汽慢慢散去时，库尔特瓦又看到了一个奇特的现象：它们并没有凝结成水珠状的液体，而是变成了一种像盐一样的晶体，闪着紫黑色的光彩……库尔特瓦虽然整天和化学药品打交道，却从来没有见过这种紫色的气体和它形成的结晶。这些晶体不像盐粒那样晶莹，会不会是什么新物质呢？

于是，库尔特瓦开始对这种晶体进行化验、分析，并用它做了一系列实验。为了确认自己的新发现，他又请另外两位法国化学家进行研究，并最终证明：这种晶体确实是一种以前没有发现的新元素。因为它是一种紫色结晶，所以就被命名为"碘"，在希腊文中，碘就是"紫色"的意思。

【点评】

小猫打翻浓硫酸瓶，并流到了盛有"海藻盐汁"的盆里完全是一种"歪打"，但是库尔特瓦却发现了新的元素——碘。如果没有小猫的"歪打"，也许根本不会有库尔特瓦对新元素碘的"正着"。小猫的行为是一次中介，因为以后从"海藻盐汁"中获得"碘"只需要加入"浓硫酸"就可以了，并不需要小猫再次打翻浓硫酸瓶。

2. 任意设置中介捕获技法

前面讨论的"歪打正着捕获中介技法"属于将"正着结果"作为中介的方法。中介观念在创新思维中占有重要的地位。有时，会出现没有"自然而然"的中介对象的情况，这就需要我们任意地设置并与之产生强制性的关联；任意设置中介捕获技法就适合在这种情况下使用。任意表示没有拘束，不加限制，爱怎么样就怎么样。

【任意设置中介捕获技法】

1. 基本描述

1.1 原理点

见"中介捕获观念"章节中的相关内容，也来自达·芬奇任意中介行为的思维方式。

1.2 理解点

(1) 自然界的一些物体和某些词语所表达的现象看上去似乎与我们所要解决的问题风马牛不相及,但将它们联系起来,往往可以激发出许多耐人寻味、不同寻常的见解,有助于我们从困境中解脱出来。人们不单从随处可见的各式各样的事物那儿获得启发,甚至看上去与问题完全无关的事物也能够为解决问题提供刺激。一个审慎而又富于创造力的问题解决者需要对互不相关的对象做出想象等,从而导致问题的创造性解决。

(2) 强制性的关联基于"驱动中介捕获方式"的原理,把任何毫无关系的事物强拉在一起。这似乎有点荒唐,但也许打开了事物联系的结点之门,有助于打破原有的固定联系,建立新的空间。

(3) 运用强制关联法必须开阔思路,善于把握事物彼此之间的各种关系,善于调动你记忆中的资源储备。另外,还要善于从毫不相干的事物之间透过现象分析,找到其中隐蔽的相似之处,展开关联和想象。

(4) 我们在平时要多看、多想,多在脑中放一些供联想的事物。有时也许只是一句话、一个故事、一次游戏,就会激发我们发明的想象或灵感。

1.3 中介结果的使用类型

当任意中介产生后,就关联性而言,具体的使用方法主要有两种:

(1) "一对一型",即将某一中介通过"上推",使"下切"的结果强制性地关联主题对象。比如中介发散或"下切"的结果是"红的",主题对象是"沙",强制关联后就成为"红的沙"。该方法与"简单型特征强制搭配技法"具有一定的相似性,但是归集的角度和过程有所不同。

(2) "一对多型",即将某些排列的中介对象与主题对象逐一强制性地关联。

(3) 本技法将简要介绍"一对多型"。

2. 目的对象

一般在"无可奈何"的情况下才使用"任意设置中介捕获技法"。在技术创新、管理创新及其他创新思维活动中都可采用。

3. "一对多型"技法简介

3.1 基本步骤

基本步骤见图10-4。

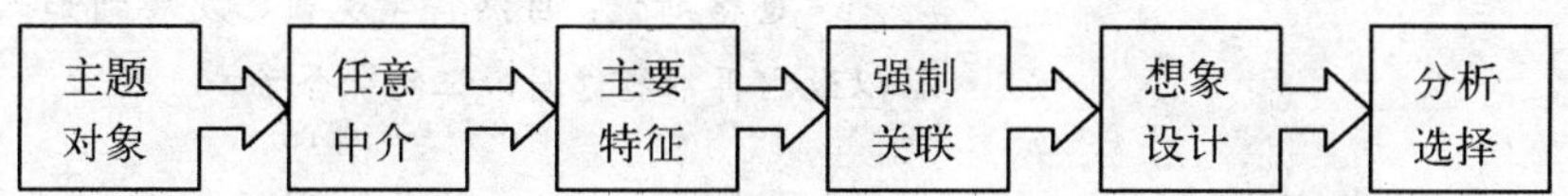

图10－4　任意设置中介捕获技法“一对多型”的基本步骤

3.2　操作实例

主题对象是“发动机”，任意中介对象是：长椅、信封、拖把、收音机、监狱和轴。

1主题对象	2任意中介	3主要特征	4强制关联	5想象设计
发动机	长　椅	长的、可坐、可躺	长的、可坐、可躺的发动机	
	信　封	可打开和关闭或者加密	可打开和关闭或者加密的发动机	
	拖　把	可清洁和任意移动	可清洁和任意移动的发动机	
	收音机	可发出声音和音乐的	带有收音功能的发动机或者当某部位发生问题能发出相对应的声音或音乐的发动机	
	监　狱	封闭的、有警卫的、不能随意接触的	全封闭的、别人不能维修的发动机	
	轴	能围绕某点旋转和滚动的	能围绕某点转动而架空的或装有轴轮能平行移动的发动机	
6分析选择				

恩格斯说：自然科学现在已发展到如此程度，以致它再不能逃避辩证的综合了

第11章 辩证观念

一、辩证法与辩证思维

辩证法是关于对立统一、斗争和运动、普遍联系和变化发展的哲学学说。它包括三个基本规律(对立统一规律、质量互变规律和否定之否定规律)以及现象与本质、原因与结果、必然与偶然、可能与现实、形式与内容等一系列基本范畴，而以对立统一规律为核心。它是宇宙观，又是认识论和方法论。

1. 辩证思维

谈到辩证法，一定会想起辩证思维。其实，人类早在知道辩证思维的理论之前，就已经在进行辩证思维了。但是，人类在实际中进行的辩证思维是一回事，把辩证思维本身作为研究的对象，并在理论上摹写它的运行机制，进而建构这样或那样的理论模型，则是另一回事了。辩证思维是以相互联系、相互制约的观点，从矛盾的运动、变化和发展去观察问题，把客观事物及其在人脑中反映的概念都看成是相互联系、相互制约着的，是运动、变化和发展着的。对于人类的认识来说，问题不在于有没有矛盾，而在于人的大脑如何以概念、范畴的形式把握客观事物的矛盾运动，从而形成辩证思维。

2. 对立的统一性

对于对立统一性的认识，在这里仅简单讲一下“非此即彼与亦此亦彼”和“对立与统一”这两个方面。

(1) 恩格斯在《反杜林论》中说,“在绝对不相容的对立中思维”,这是形而上学者所持有的思维方式,“是就是,不是就不是;除此以外,都是鬼话”。这可以看作是对形而上学思维模型的生动表述,即“非此即彼”。恩格斯指出,形而上学的思维模型只有在非常狭隘的日常活动范围内才有它的一定的合理性。辩证思维模型突破了它狭隘的眼界,恩格斯在《自然辩证法》中说,辩证思维模型“除了‘非此即彼’,又在适当的地方承认‘亦此亦彼’,并且使对立互为中介”。

【案例 11 - 1】　既罢工又不罢工

据说,澳大利亚墨尔本市的公共汽车司机因不满公司的待遇,与资方谈判不成功要举行罢工,但又担心因影响民众的正常出行而引起民愤,如此不但争取不到利益,还极有可能弄得里外不是人。工会的领导者们想出了一个既罢工又不罢工的办法,从而取得了胜利。原来工会发明了一种与通常相反的“积极罢工”方式,他们照常出车,而且对乘客热情服务,笑脸相迎,笑脸相送,但就是坚决不收乘客的车费,乘客们高兴地奔走相告。司机们既在罢工,又在工作岗位上。但是资方的运营成本一分不少,车钱却一分也收不上来,不得不退让求和。

【点评】

运用辩证思维方法来解决问题,有时会产生意想不到的结果。在这里,“非此即彼”就是上班与不上班的选择,“亦此亦彼”就是既罢工又不罢工,即:上班,但是不完成全部的工作——去掉收车费的这一部分。

(2) 在创新思维中,任何不同的事物在更高的层次中总是可以统一的。

【要点提示 11 - 1】　在创新思维中,任何不同的事物在更高的层次中总是可以统一的

(1) 对立与统一,这是最基本的辩证综合的模式。在辩证思维的过程中,要把对立的规定综合起来,其关键就在于揭示对立双方的统一性,从而也就能在思想上实现对立规定的辩证综合。

(2) 我们以运动中的简单形式——吸引和排斥为例来加以说明。吸引和排斥是两个互相对立的规定。所谓吸引,是指事物相互接近而聚集在一起的运动趋势和倾向;所谓排斥,是指事物彼此分开和离散的运动趋势和倾向。这是两种对立的运动趋势和倾向。如果我们在思想上只是认识吸引和排斥的对立性,那还无法实现吸引和排斥这两个对立的辩证综合。要实现辩证的综合,还必须进一步揭示对立双方的统一性。恩格斯曾指出:"凡是有吸引的地方,它都必定被排斥所补充。"因为只有吸引和排斥的相互作用才能产生运动,否则就会导致运动的停止。比如,行星围绕太阳沿椭圆轨道运动,就是吸引和排斥共同作用的结果。如果没有吸引,行星就会远离太阳而去;如果没有排斥,行星就会落到太阳上去。所以只有吸引和排斥之间保持相对的平衡状态,才能保持太阳系现有的运动。这就是说:吸引和排斥,二者之间是互相制约、互相依存、互相补充的。人们一旦在思想上理解了吸引和排斥的辩证关系,也就把这两个对立的规定在思想上综合起来了。

(3) 在创新思维中,当我们把对立作为词语而不是概念来认识的时候,一般可以这样认为:任何不同的事物在更高的层次中总是可以统一的。在这里,所谓的"统一"也可以是以"组合"的形式出现;比如,"红色旅游",读者可以借助前面讲到的"简单上推下切技法",使"红色"与"旅游"处在同一个概念层次中。当然,你首先要弄清"红色"的基本含义是什么。

3. 一切以条件、地点和时间为转移

【要点提示 11-2】 一切以条件、地点和时间为转移

无论自然现象还是社会现象,都是互相联系、互相制约着的有机整体,这是事物内在逻辑的表现,是第一性的。人们的主观逻辑是事物客观逻辑的反映。人们在分析某种现象,把握某一事物的运动时,必须从产生事物运动的条件和与这种运动相联系的条件出发,就是说一切以条件、地点和时间为转移。坚持一切以条件、地点和时间为转移是哲学中的一条重要原则。

金顺福在《辩证思维论》一书中,就这一方面列举了科学家们对钱塘江潮成因的科学解释。

【案例11-2】 钱塘江大潮

钱塘江潮是一个比较独特的潮汐现象，它也是引力效应的一种表现。但是，引力定律和潮汐理论作为普遍性的东西并不能完全解释钱塘江涌潮的原因。要解释钱江潮，除了从引力定律和潮汐理论出发，还要具体考察钱塘江的特殊地理条件。研究表明，钱塘江特殊的地理条件有三点：第一，钱塘江口是一个典型的喇叭状展宽河口。目前口外杭州湾的口宽达100公里，至澉浦束窄为20公里，澉浦以上继续收缩，至杭州只有1公里宽。第二，河床底部"沙坎"的存在。自杭州湾口至乍浦，河床底部十分平坦，而自乍浦以上，河床底向上抬升，在仓前、七堡一带达最高，然后向上游又降低。这样一个隆起的堆积体，便称为"沙坎"，其长为130公里。以上两个方面，造成口外潮水传入钱塘江口，便开始上涌，在沙坎顶部上涌最明显。第三，潮流强，潮差大。杭州湾的向上收缩，使潮差自口外向口内递增，澉浦的潮差比口外大一倍左右，平均潮差达5.45米，最大潮差达8.93米，潮波经澉浦继续向上传播，由于河道的进一步束窄与沙坎的存在使河床部进一步抬高，水深渐小，最后终于在尖山附近潮破碎。

【点评】

每年农历8月18日，在浙江海宁的盐官一带就形成了气势磅礴的"潮汐景观"。从引力定律和潮汐理论出发，结合钱塘江特殊的时空条件，做出钱塘江潮汐景观的解释，这一过程也就是将普遍性的理论与特殊性的时空条件进行辩证综合的过程。通过这样辩证的综合，就给普遍性的理论增添了丰富的特殊性的内容，从而也就使普遍性从抽象的普遍性上升为具体的普遍性。如果普遍性所综合的特殊性越多样，那么，普遍性的内容也就越具体、越丰富。

关于辩证思维的进展过程，黑格尔这样写道："它从单纯的规定性开始，而后继的总是愈加丰富和具体。因为结果包含它的开端，而开端的过程以新的规定性丰富了结果。普遍的东西构成基础……普遍的东西在以后规定的每一阶段，都提高了它以前的全部内容，它不仅没有因它的辩证的前进而丧失什么，丢下什么，而且还带着一切收获和自己一起，使自身更丰富、更密实。"

二、创新思维中需要特别关注的辩证特征

1. 主题确定性与思维形式不确定性的对立统一

(1) 主题确定性。主题确定性主要包括两个方面的特征:

首先是主题确定,也就是说,具体思维过程的主题必须具有确定性、单一定向的特征,或者说,在从事某一事项的研究中,必须有一个明确的目的作为研究的轴心。在没有获得突破或做出最后的结论以前,一切辅助的思维活动,都要围绕着这个轴心进行,而不得随意改变,否则,不但问题的思考难以深入,而且会白白地浪费大量的人力、物力和财力。

其次是目的坚持。法国昆虫学家法布尔,在谈到如何进行有效思维时指出:必须把你的精力或注意力,集中到你所思考或你要解决的问题上来,不到问题彻底解决之时,不要随便转移你的思考中心,就像用凸透镜聚光,不到干柴烧起来就不要停止聚光一样。历史上,门捷列夫经过苦苦思索和多次失败之后,终于发现了化学元素周期表。而同时代的英国化学家纽兰兹,本来也已了解到化学元素是按原子量的递增而呈现出周期性的变化的,但是由于他在遭到嘲笑、指责之后中断了研究,结果使唾手可得的科学瑰宝从手中滑落。

【要点提示 11-3】 坚持与固执

坚持的基本含义是坚决保持、维护或进行,而固执的基本含义是古板执著、不肯变通。二者的区别可以这样理解:① 坚持是坚持主体目标和预期方向,固执是执著于习惯、偏好和具体方法;② 坚持的是未来,固执的是过去;③ 也许,你一直认为在"坚持"做的方法却是固执的;④ 我们要坚持目标,但可以改变实现目标的形式或方法;⑤ 在创新思维中,正确区分坚持与固执是很重要的,我们不应该坚持的不坚持,不该固执的却抱着不放。

【案例 11-3】 "606"与"914"

埃尔利希受到他的老师科赫用染料给细菌染色的启发,他想:染料既然能渗入细菌内部,那么能不能用它来杀死病菌呢?埃尔利希和他的助手——

一位名叫秦佐八郎的日本青年一起开始了这方面的实验。他们先给小白鼠注射带锥体虫的血液，使它染上锥虫病，然后再给它注射染料。可是，试验进行了好几年，试遍了100多种染料，没有一种染料能杀死病菌。在1903年3月15日的一次试验中，埃尔利希在染料中加进了一些硫化物。结果，这种染料竟意想不到地杀死了锥体虫，不过小白鼠也跟着毒死了。后来，埃尔利希听说有一种含砷的名叫阿托克西尔的毒药，能杀死人体内的锥体虫，但因为它含毒，服这种药的人会造成双目失明的后遗症。埃尔利希认为这跟含硫的染料毒死小白鼠的道理相同，关键在于含毒量太高。于是，他希望通过研究改变阿托克西尔的化学成分，让它既能杀菌又不至于危害人体。终于经过606次试验，把这种药物制造出来了，这种专治非洲昏睡病的药物取名为“606”。以后，埃尔利希又发现“606”能够杀死小白鼠体内的一种小螺菌，而这种小螺菌很像梅毒螺旋体。埃尔利希想，“606”能不能进入梅毒螺旋体内，如果能的话，不就为治疗梅毒找到了一种新药吗？经过试验，结果证实了埃尔利希的设想是对的。不过，“606”的副作用很大。埃尔利希经过914次失败的考验，终于制成一种安全、有效的新药“914”。

【点评】

以上案例中，“把这种药物制造出来”是目标，而“606次试验”和“914次试验”是具体方法的改变。本案例对理解“坚持与固执”是很有说服力的。

(2) 思维形式不确定性。思维形式的不确定性是指思维过程的灵活性和多变性，也就是说，实现某个主题目标的具体形式应当是不确定的，这也意味着必须围绕某个中心进行多路思考。所谓多路思考，一方面是指多观念，另一方面指具体的多方向、多方式、多方法上全方位的思考。

【要点提示11-4】 重视创新思维中“目标主题”和“路径方法”之间确定性与灵活性的辩证关系

实现主体某个目标的具体形式可以是不确定的，这也意味着必须围绕某个中心进行多路思考。有时我们也可把“确定”看作是参照。在“目标主题”与

“路径方法”这一对关系中，意味着当一方确定后可以灵活另一方。通常，我们总是在“目标主题”确定的前提下灵活“路径方法”。但是，应该引起我们关注的是：一方面，有时我们自认为的“目标主题”在初始时是可以通过“灵活性”来进一步认识的，这在“主题确定分析方法”章节中会有比较充分的讨论；另一方面，在“路径方法”确定的前提下也可以灵活“目标主题”，这在“进化观念”章节中已经有过讨论。

“目标主题”与“路径方法”是创新思维中的两种基本特性，它们既是对立的，又是统一的，但是，它们之间在相互的参照关系上不是绝对的，有时是可以转换的。

2. 创新思维中逻辑思维与非逻辑思维的交互性

很多学者在当前创新思维热潮的情况下，按照“二分法”的原理，提出了思维方法以“逻辑思维”和“非逻辑思维”来加以区别的说法。何名申在《创新思维与创新能力》一书中说：无论给逻辑思维方法和非逻辑思维方法这两个概念作出较准确的定义存在什么样的困难，多么容易顾此失彼、流于偏颇，对其采取回避、绕行的态度，毕竟不利于深入研究。哪怕只是作出不确切的、大有推敲、置疑余地的初步界定，有了它便可作为进一步研讨的基础，总比老是停留于“清晰其名而模糊其实”的状况要好得多。本书不讨论这二者的概念和它们的对立统一性等，仅局限于创新思维中二者交互性的话题上。

(1) 逻辑思维推导性。按照逻辑思维，思考问题的最终结果是从前提到结论一步一步“顺理成章”地推出来的。其基本原理是：前提与结论是环环相扣的一条“逻辑直线”，而过程中的“一步一步”是“点与点之间的关系”。其具体理解见图 11－1。

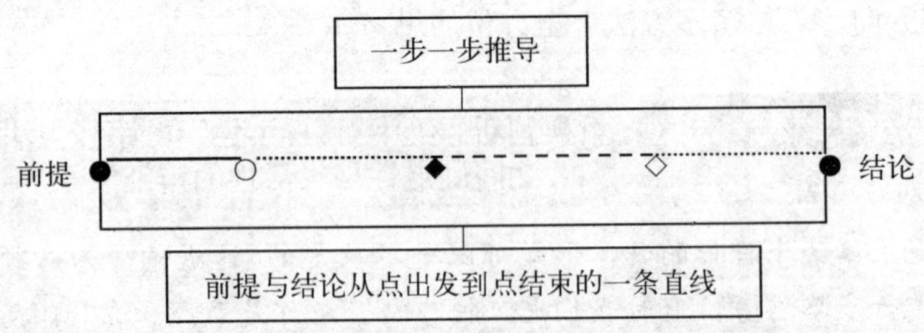

图 11－1　逻辑从前提到结论“一条直线”似的“顺理成章”地推出

(2) 二者交互性的理解，假设根据逻辑的推断，从A点出发，可以推导出B点。但是，现在A点不能推导出B点，见图11-2。

图11-2 从A点出发不能推导出B点的示意图

当我们假定A点和B点都是明确存在的时候，需要着重考虑的是A点到达B点的方向或方法问题了；其中的方向或方法也可以看作是“线”，即这条线如何连接的问题。

【要点提示11-5】 多湖辉发散法

日本学者多湖辉假设了一个最简单的问题：请将A、B两点连接起来。最直接的办法就是将A、B两点用一条直线连接起来。但是，思维发散的结果是，一些新的连接方法出现了，如图11-3。

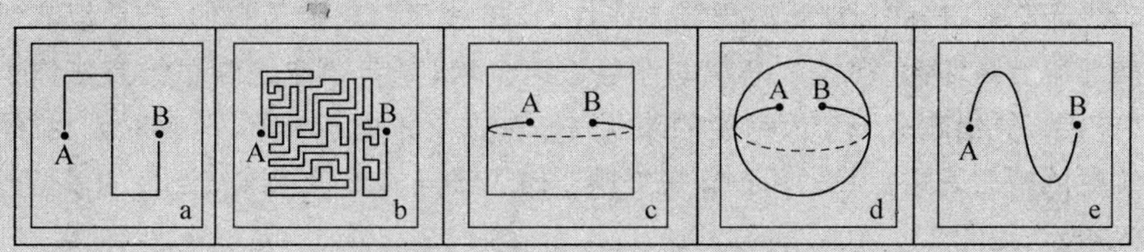

图11-3 A、B两点的连接

从A到B之间的平面直线连接是我们最常用的。其实，A到B的连接方法并不局限于一个面或一种方向或一种方式，当常用方法失效或者不能获得预期的效果时，应该还存在用非逻辑思考的其他一些连接方法。多湖辉线的发散示意图告诉我们：当A点到B点用逻辑线不能连接时，可以采用非逻辑线的方法。

多湖辉线的发散模式解决了A点到B的路径(“桥”)问题，它的假定是知道B点，如果我们不知道B点是什么或者在什么地方，显然即使有“桥”也是无济于事的。在这种情况下，我们可以将B点看作是“方向区域”，并假定B点是存在于这个方向区域中的；此时，就需要我们以非逻辑的方法在“方向区域”的空间中寻找预期的 B 点了。这样，我们的问题就抽象为：①“对象→空间”，即如何用非逻辑的方法拓展“方向区域”；②“空间→对象”，即如何用逻辑或非逻辑的方法在“方向区域”中寻找出一个或多个预期的“B 点”。

如上的描述不仅表达了“对象→空间”与“空间→对象”的交互性，同样，也讨论了在创新思维过程中逻辑思维与非逻辑思维的交互性——是一个交替推进的过程。

【要点提示 11-6】 在创新思维过程中逻辑思维与非逻辑思维是交互进行的

李红革在《现代思维模式研究》一书中的观点是“接线工”的概念，爱因斯坦认为“要通向这些定律，并没有逻辑道路”。但是，切不可误会为创造发明不需要运用逻辑推理，更不可像有些人所宣扬的那样，认为逻辑推理不利于创新思维。建议的理解是：创新思维仅仅运用逻辑思维方法，那是不够的。因为：创新思维不存在可以一走到底宽阔而平坦的逻辑大道，它的途中时而荆棘丛生、无路可走，时而坡陡路险、陷阱密布……在四顾茫茫、战战兢兢、面临深渊、走投无路时，需要以非逻辑思维方法作为“接线工”，来接通它们；需要以非逻辑思维方法作为“拐杖”，来帮助你迈过这个坎；需要以非逻辑思维方法作为“撑竿”，凭借它来一个大跨度的跳跃——去探寻那曲折蜿蜒、时有时无、锦绣灿烂的智慧之路。我们用创新思维中逻辑思维与非逻辑思维交互性的模型图来表示，见图 11-4。

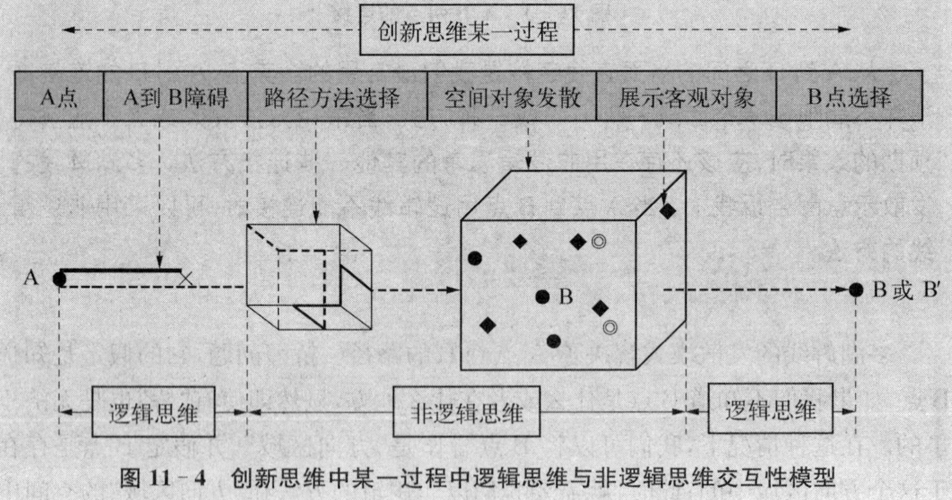

图 11-4 创新思维中某一过程中逻辑思维与非逻辑思维交互性模型

3. 相似性与相异性的对立统一

无论是相似性还是相异性，都是在比较中产生的。

（1）比较法。比较是将不同的事物加以对比，而后确定异同的思维过程。自然界的每一具体事物，都有多种特征。这些特征中，既有与其他事物相同的特征，也有与其他事物相异的特征。事物之间的这种差异性和同一性，是比较方法的客观基础。

【要点提示11－7】 比较中要注意的三点

在比较中我们需要注意如下三点：

(1) 在同一关系下用同一标准，即：一方面，任何比较都应在同一关系下进行，不同关系是不能进行比较的，如长度和硬度或者重量和颜色等；另一方面，需要确定比较的方法和标准，才能进行比较，否则比较还是无法进行。

(2) 不可忽视的两个方面：① 如果在比较过程中只是比较某些非本质的属性便贸然得出结论，那么，这种结论是不可靠的；② 客观事物间同样也存在大量的、容易被人忽视的非本质方面的差异和同一，在创新思维中我们更应该关注这一方面。

(3) 在创新思维中应超越“常规的比较”，注意事物之间的相同或相似的性质，对相同特征和相似特征进行比较，这是进行联想和类比等的切入点。

（2）类比与比较。类比是根据两个或两类事物在一些属性上的相同，推测出它们在其他一些属性上也相同的推理形式。比较是通过对比来确定两个或两类事物的共同点或不同点，通过比较能更好地认识事物的性质。类比与比较二者虽有区别，但也有联系；类比是在比较中进行的，只不过它着重于两事物之间的相同点，而不关注不同点。

（3）相似性与相异性。就相似性而言，客观世界中的各种事物，不管相去多远，都可以在不同的发展水平或层次上找到它们的相似之处。因此，事物、现象之间的相似性是普遍存在的，它是类比方法的基本原理之一；利用它，可以启发、引导我们去创造和发现。比如，人们曾经因为土星运行轨道的摄动而发现了天王星，后来又发现天王星的运行轨道也有明显摄动，于是人们进行了类比联想：是不是也像土星那样，另有一颗没有被发现的行星的引力所致？相似性是使大千世界联系、统一起来的纽带，是各事物共同本质的反映。与此同时，相异性也相伴而生。相异性包含两个方面的意思：① 不同的事物之间存在差异性；② 即使相似的事物也同时存在着差异。比如，同一棵松树的叶子，远看时似乎没有差别，但实际上，有的肉厚，有的肉薄；有的短钝，有的尖细；有的蓬勃嫩绿，有的衰萎枯黄。

(4) 创新思维中的"同中求异"和"异中求同"。黑格尔说："假如一个人能看出当前即显而易见的差别，譬如，能区别一支笔与一头骆驼，我们不会说这人有了不起的聪明。同样，另一方面，一个人能比较两个近似的东西，如橡树与槐树，或寺院与教堂，而知其相似，我们也不能说他有很高的比较能力。我们所要求的，是要能看出异中之同和同中之异。"也就是说，在越不相同的对象间探求相同点，或在越相同的对象间探求相异点，它对科学认识的意义就越大。比如，苹果与月亮相差很大，但是，牛顿发现，熟透的苹果"不会飞出去"，绕地球运动的月亮也"不会飞出去"，这两个现象有相同之处，他对此进行了细致认真的研究，终于发现了"万有引力"，这便是一种"异中求同"的思维。

【案例 11-4】　同一地方的花开和花谢之异

沈括是北宋的一位多才多艺的科学家，他的这些知识虽然很多来自于博览群书，也与他平时注意观察、勤于思考是分不开的。

有一年四月，沈括独自去深山里游玩。当他来到一个山洼里时，发现那里的桃花开得红红火火的，脑海里顿时冒出唐朝大诗人白居易的两句诗"人间四月芳菲尽，山寺桃花始盛开"。是啊，同在一个地方，而且同是桃花，为什么山下的桃花早已凋谢，而这里的桃花却正在盛开呢？经询问当地的老人并仔细观察了四周的山势，这才明白：是由于地势的原因造成的。原来山里的地势高，空气中的温度就比较低，地面散发出来的热量就不像平原上那么多，山里的气温低，桃花自然就开得晚一些。

【点评】

这个家喻户晓的故事说明了比较法中的"同中之异"。所谓"同"，这里是指：同在一个区域，同一时间，同是桃花。所谓"异"是指：山下的桃花早已凋谢，而山里的桃花却正在盛开。同中之异的原因是：山里的气温低，桃花就开得晚一些。

【以事物相似为中介的任意想象技法】

1. 基本描述

1.1 原理点

(1) 把不相关的两个或以上的事物联系起来，在创新思维的方法中，其一可以是把目标对象与不相关的事物联系起来，其二也可以是任意的两个或以上不相关事物的联系。

(2)“不相关事物之间的联系”并不是盲目的，最简单的合理性是通过“相似性”来实现的。相似性也是一种“中介”，而且，“相似中介”是在两个不相关事物之间建立联系的重要规律之一。

1.2 理解点

(1) 把不相关的两个或以上的事物联系起来，其关键在于相似的方面。因此，提取不同事物之间的相似方面，在创新思维中是一个很重要的方法。

(2) 两个事物之间可以存在一个以上的共性部分，常见的有：① 两个矛盾问题之间的共性部分；② 两个不同实体对象之间的共性部分；③ 一个团队或一群对象之间的共性部分；④ 两个不同行业之间的共性部分；⑤ 两个产品之间的共性部分；⑥ 两个不同学科或专业之间的共性部分等。

(3) 所谓相似想象，就是将目标对象与另一不相关事物以某一相似方面作为中介来发挥想象并进行关联的方法。

(4) 按照相似中介的特性，主要有：活动相似想象、特征相似想象、情景相似想象、图形相似想象、载体相似想象、功能相似想象和结构相似想象等，见图11-5。本书只介绍其中的“活动相似想象”。

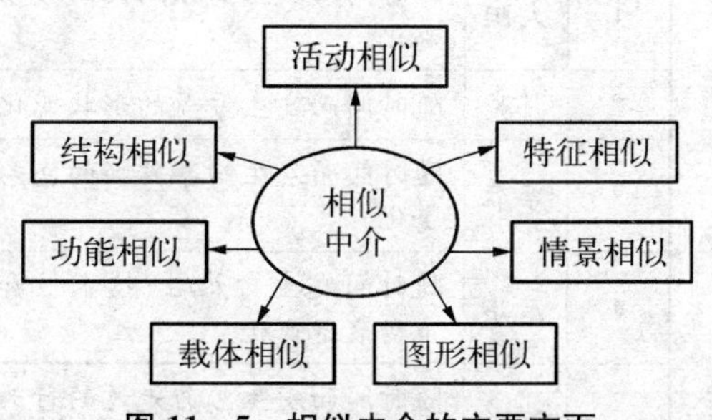

图11-5 相似中介的主要方面

2. 目的作用

本方法使主题与不相关的事物按照某一相似方面的想象发生联系，以改变我们对主题的看法或发现对事物的认识，可广泛地运用于各种创新问题的解决。

3. 活动相似想象型

3.1 基本步骤

基本步骤见图11-6。

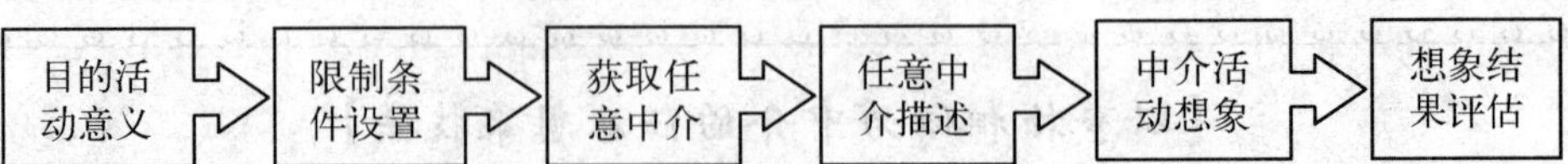

图 11－6　以事物相似为中介的想象技法活动相似想象型基本步骤

3.2　操作实例

【案例 11－5】　食品保质期标签的新方法

大多的食品保质期标签都是静止的，只有静态的说明作用而无动态的提醒功能。为了在这方面有所突破，我们应该考虑：食品保质期标签能够随时间的延伸而发生某种变化，即：保质时间的趋近而不断地通过变化来提醒用户。主题是“食品保质期活动标签的新方法”。

【点评】

关于操作实例，简单介绍如下。目的活动意义是“随时间而发生变化”，限制条件设置是“不能对食品产生任何的污染和影响”，获取任意中介见图 11－7，任意中介描述和中介活动想象见下表。

序号	中介	任意中介(活动)描述	中介活动想象
1	太阳	随时间而发生从东到西的移动变化	可用图形来表达，以光线方式表达
2	月亮	随时间而发生亏盈的形状变化	可用图形来表达，以亏盈方式表达
3	季节	随时间而发生四季转换的色彩变化	可用图形来表达，以色彩方式表达
4	产品	随时间发生自然性、技术性和市场衰退变化	可用图形来表达，分曲线的四期
5	流水	随时间而发生匆匆走过的行为变化	可用图形来表达，以点状方式表达
6	白云	随时间而发生图案的变化	可用图形来表达，以云的数量表达
7	植物	随时间而发生成长性变化	可用图形来表达，分形状的四期
8	蔬菜	随时间而发生从小到大的变化	可用图形来表达，分大小的四期

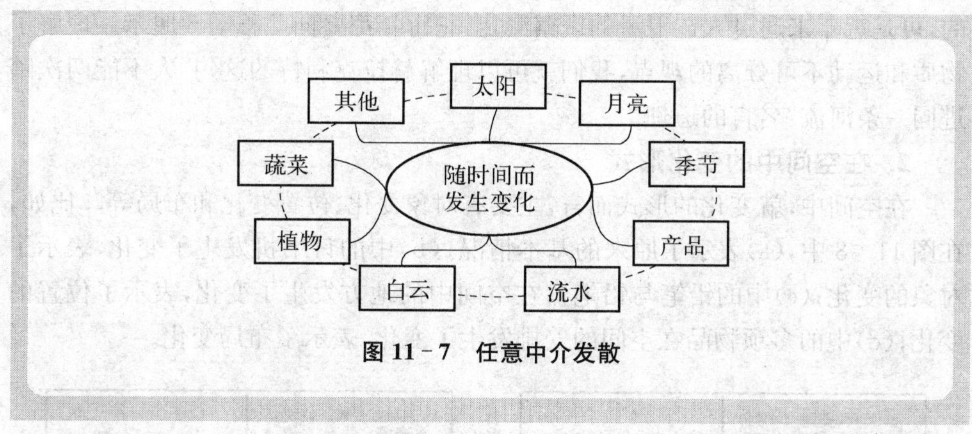

图 11-7 任意中介发散

三、 变化

在前面的辩证思维中，我们已经知道：辩证法是关于对立统一、斗争和运动、普遍联系和变化发展的哲学学说。变化在这里是一个中性词，变化具有相当复杂的含义，唯物辩证法是关于变化最完备的学说。

1. 运动与变化

变化也意味着运动，运动是变化的基本形式。亚里士多德认为，物体永远在运动变化，运动变化与物体是不可分割的。运动(主要指机械运动)和时空也是不可分的。空间不是虚空，而是物体之间的界限，是有限的。时间作为唯一的度量，则是无始无终的，是无限的。

古希腊著名的哲学家赫拉克利特有句名言："人不能两次踏进同一条河流。"因为，河里的水是流动的，这次你踏进河，水流走了，而下次你再进时，又流来了新的水，已不是上次踏进去的河水了。赫拉克利特这句名言，说明了客观事物是永恒地运动着、变化着的，世界上的万事万物无不处在永恒的运动、变化和发展之中。绝对静止没有运动的物质是根本不存在的。

我们在日常学习、生活中都能感受到物质的运动、变化。比如：人由婴儿、幼儿、少年到青年、中年和老年，春、夏、秋、冬四季的变化，河水由高向低地流动，汽车的行驶、马的奔跑等等。即使我们用肉眼看不见运动的一些事物，实际也在运动、变化着。比如：人们通常以为那高耸入云的喜马拉雅山似乎是不动不变的，可是近年来通过人造卫星的观察测定，它每年都要向北移动 6 厘米。理解了物质和运动不可分离的观点，我们就可以理解赫拉克利特的这句“人不能两次踏进同一条河流”名言的道理。

2. 在空间中的变化形式

在空间中，就变化的形式而言，主要有对象变化、位置变化和布局等。比如，在图 11－8 中，(a)表示了原来的基本情况；(b)中的订书机发生了变化，表示了对象的变化；(c)中的铅笔与铅笔盒在空间中的地方发生了变化，表示了位置的变化；(d)中的多项物品在空间的安排发生了变化，表示了布局变化。

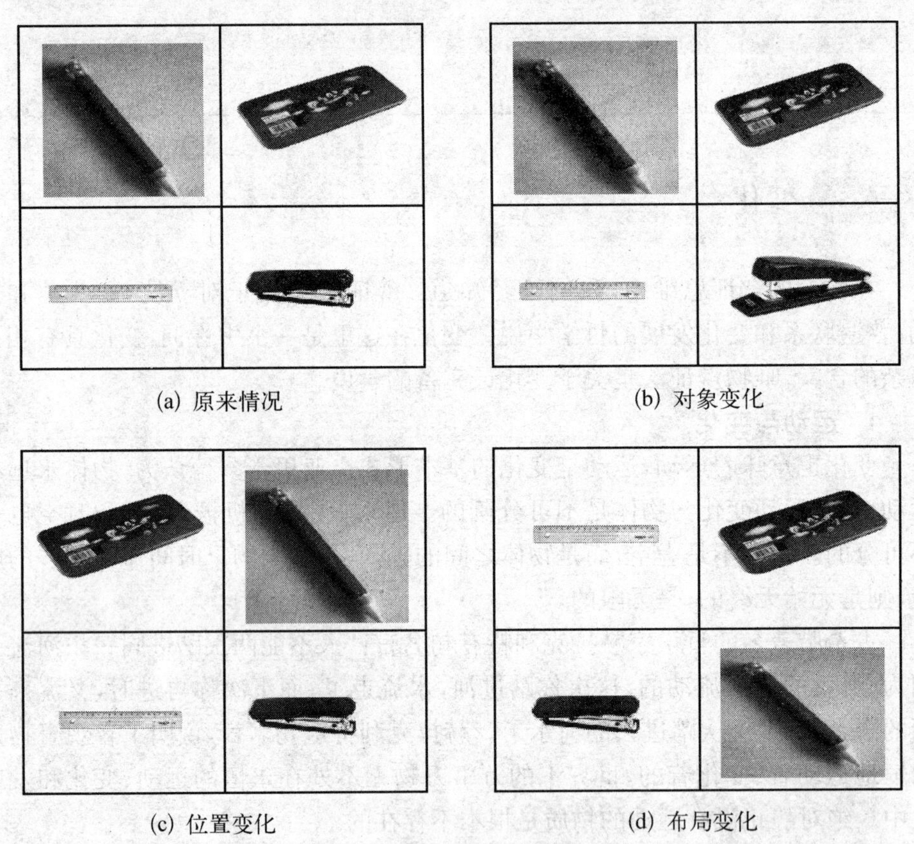
(a) 原来情况　(b) 对象变化　(c) 位置变化　(d) 布局变化

图 11－8　空间中的变化形式

西方文明中得到最高发展的技巧之一就是分解-组合

第12章 组分观念

一、分解观念

1. 基本含义

通俗地说,分解是将一个整体分成它的各个组成部分,比如物理学上力的分解,数学上因式的分解等;或者一种物质经过化学反应而生成两种或两种以上其他物质,如碳酸钙加热分解成氧化钙和二氧化碳。

创新思维中,分解所指的含义之一是:将一个整体事物进行分解后,经过改进完善,成为一个单独的整体,形成或组合成一个新产品或新事物。比如,普通的螺丝刀,刀把、刀头是固定的,遇到不同规格的螺钉就要准备几把不同的螺丝刀。在分解观念的引导下,把刀把、刀头分开,经过适当的改造后产生了以一个刀把适用多刀头的多用活动螺丝刀。

不过,在创新思维的分解观念中,还要注意区分分解、划分、分割等概念。

【要点提示12-1】 分解观念中的分解、划分与分割

(1) 分解和划分。分解是把一个具体事物分成许多部分,划分是把一个属概念分为几个种概念;因此,分解与划分不同。划分后的任何一个种都具有属的特有属性,而分解出来的各个部分却不必具有整体事物的特有属性。对于一个正确的划分，可以断定它的子项具有母项的内涵，并且得到一个真的判断。而对于任何一个分解，却不可以这样断定。比如，把生物划分为植物和动物，就可以断定“植物是生物”或“动物是生物”。但是，把桌子分解为桌腿、桌面等，就不可以断定“桌腿是桌子”或“桌面是桌子”。

(2) 分解和分割。分割是把整体或有联系的东西分开。分解和分割的基本行为是相同的，即“分”。但除了“分”的要求外，分解的“分”似乎更多的是针对系统的整体，具有客观存在或主体设定的一定要求；而分割的“分”对于具体的要求则相对要弱些，更多针对的是一般整体或有联系的东西，其动作结果主要表现为空间上的分开或距离的出现。由此看来，分解是有条件的；相对于分解来说，分割是无条件的。

2. 两种方法

在分解观念引导下，对母体进行的某些分解活动，从是否组成新体来看，可以分成两类：

(1) 分解而不分立，即分解而不组合成新的东西。它表示对原来的整体进行某种分解后，基本仍为原来意义或形态上的整体，但改变了某些特征或新增了新的功能。比如，将原来的伞杆分解后，经过完善改进，成为可缩折的伞；又比如，将一圆桌面分成一块正方形和四块相同的圆弧形，再铰链成一块桌面，除了当圆桌，还能当成方桌。

(2) 分解而又分立，即分解并组合成新的东西。它表示将原来的整体分解成若干部分后，将其中的某个或几个组成部分抽出，由此构成新的整体。比如，将原自行车分解后，经过完善改进，成为杂技演出中的独轮车；又比如，从收音机中把扬声器分解出来与其他的一起组成音箱。

3. 分解的三要素

【要点提示 12-2】　分解的三要素

分解方法是相对于综合方法而言的，用于破坏性的创造活动比较多，因此不太为人们所注意或喜欢。但不可否认的是，分解观念是一个非常重要的观念，在日常分析问题和解决问题时，人们为了寻求思路突破，会把大问题分解成小问题，把复杂问题分解成简单问题，在物体的创新研究中更是如此。

在分解观念的引导下，无论是分解、划分、分割还是分离的思维或行为，都具有三要素，即：整体对象、离散对象和分解性质，整体对象是指我们对什么进行分解、划分、分割或分离；分解性质是指按什么性质要求在思维或行为上对整体进行分解、划分、分割或分离等；离散对象是指一个整体被分解、划分、分割或分离等后所获得的子项或部分，见图12-1。

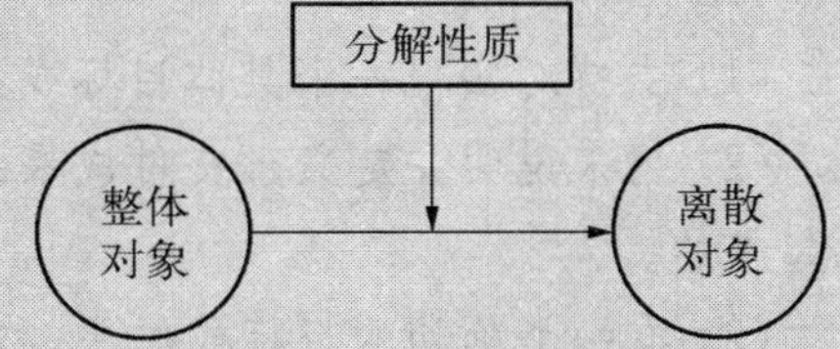

图12-1　整体对象、离散对象和分解性质之间的关系

当整体被分解、划分、分割或分离后，会形成并存在众多的离散对象，选择或选准离散对象及其连接口将是下一步思维或行为的关键。有时候我们因视野所限不能超脱常规性来分析问题，有时候因习惯或定势往往会理所当然，这样，就有可能因忽视某些离散对象而很难拓宽思路。

4. 分解的百分之百规则

下面，我们通过"分解的百分之百技法"来讨论"分解的百分之百规则"。

【分解的百分之百技法】

1. 基本描述

1.1　由来

百分之百规则是项目管理中工作分解结构（WBS，Work Breakdown Structure）的一项重要规则，是WBS的核心特点。此处，我们所讨论的百分之百技法来自《项目管理知识体系指南》。

1.2　术语

(1) WBS。在《工作分解结构(WBS)实施标准》中，将WBS定义为：以可交付成果为导向，对项目团队为了实现项目目标并完成规定的可交付成果而执行的工作所进行的层次分解。它归纳并定义项目的整个工作范围。每向下分解一个层次就代表对项目工作的进一步详细定义……

(2) 工作。一般是指通过不断的体力或脑力的努力、付出，或运用技术来克服困难并实现目标。在"分解的百分之百技法"中，工作指工作产品或可交付成果，即付出努力的结果，而并非努力本身。

(3) 分解：分成不同部分或类别，分开成更简单的事物。

(4) 结构：用确定的组织方式来安排事物。

1.3 WBS 的特点

(1) 支持对实现一个具体目标或结果所需要的所有工作的定义。

(2) 用来说明并定义可交付成果的层次。此层次是以“母子”关系的形式建立起来的。

(3) 有一个确切的目标或结果，称之为“可交付成果”。某种意义上，可以把工作分解结构看成是一个“可交付的”分解结构。

1.4 基本理解

(1) 分解的百分之百规则要求不应包括项目或事项界域或范围以外的任何工作，即不能超出100%的工作界域或范围，它的前提是界域已被确定。对于日常事项，可以将相关的具体要求或能够满足的顾客需求作为界域或范围；对于物体对象，可以将该物体的整体作为界域或范围；对于创新思维，可以通过目的拓展、空间拓展或对象拓展的方法来设定界域或范围；它的特殊性在于同一主题通常要比日常事项的界域宽泛，在此基础上不同主体的认为是不一样的。

(2) 就企业产品创新而言，这个界域的确定至少是建立在“能够满足顾客当前和潜在需求＋企业战略方向＋竞争企业方向＋技术进化趋势＋企业资源能力”等基础上的，见图12-2。如果脱离“客观欲望”，仅凭“主观愿望”或用主观愿望代替客观欲望的话，这种范围就仅有数字符号而没有理想的产出价值。

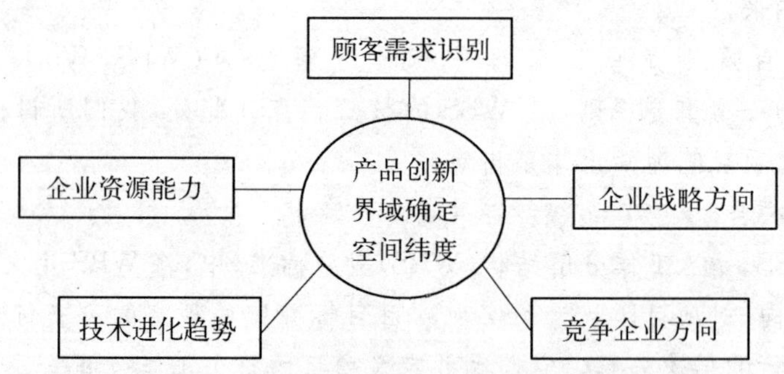

图12-2 产品创新界域确定空间纬度示意图

(3) 从分解的性质来看，在二维图中常见的大致有如下几种：① 纵向分解，即在纵向上按照层次的性质进行分解。② 横向分解，即在横向上按照同一层次的广度性质进行分解，比如揭示外延对象或按照同一层次的时间性质进行分解。

③ 体系分解,即按照某一事先确定的体系结构纬度进行分解,比如:多屏幕空间模型的"三系统三时态"、物元的"OTVC"、麦肯锡的"7S"、管理上的"计划、组织、领导和控制"、质量管理上的"PDCA"、产品整体中的"核心、形式和附加层次"以及系统论中的"要素、结构、环境和功能"等。当然,你也可以根据自己对专业的认识,设置自己的认识体系。④ 物体分解,即将某物体作为整体,按照需要有计划地进行分解。

(4) 百分之百分解的基本含义是指"子"层次上的对象总和应100%地完全等于"母"层次上的对象。有这样一个经常使用的比喻,这是一个古老的问题,问:"你怎样吃掉一头大象?"回答当然是:"一次吃一口。"所以,我们工作第一步是对"每一口"进行定义和分类,见图12-3。

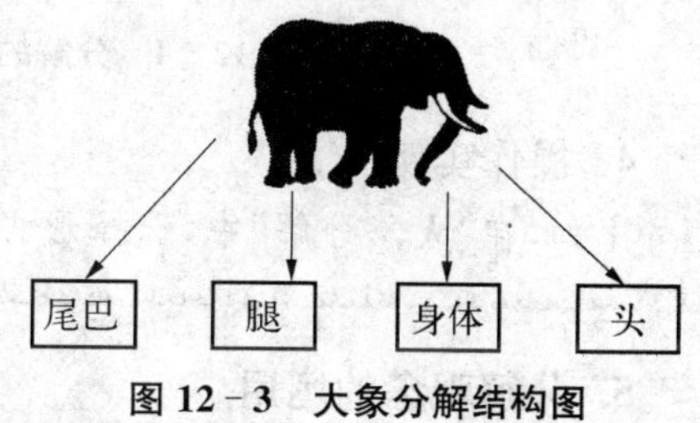

图12-3 大象分解结构图

(5) 百分之百的还原。仍以大象为例,大象被分解成"尾巴"、"腿"、"身体"和"头",我们将其还原后仍然是一头大象。如果经过还原不是一头大象,那说明我们的分解没有达到百分之百规则的要求;比如,缺少了"腿",那是不能还原成"大象"的。

(6) 分解是手段,目的是为下一步的工作或程序提供思考的前提基础。

2. 作用对象

分解的百分之百技法既可用于日常工作中,也可用于创新工作中(其实,具体的创新活动本身就可以将其看为一个项目)。它的对象是一个范围很广的"事物"。就事物而言,可分为"事"与"物"。分解的百分之百技法既可对事,也可对物。

在其他某些具体的应用领域,除了产品结构分解外,常见的其他分解结构主要包括:

(1) 项目分解结构(PBS):它基本上与工作分解结构(WBS)的概念相同。

(2) 组织分解结构(OBS):它用于显示各个工作元素被分配到哪个组织单元。

(3) 资源分解结构(RBS):它是组织分解结构的一种变异,通常在将工作元素分配到个人时使用。

(4) 料清单(BOM):表述了制造一个产品所需的实际部件、组件和构件的分级层次。

(5) 任务分解结构(ABS):它是将一个整体性的目标任务按照一定的层级

标准分配到指定的对象。

3. 基本步骤

基本步骤见图 12-4。

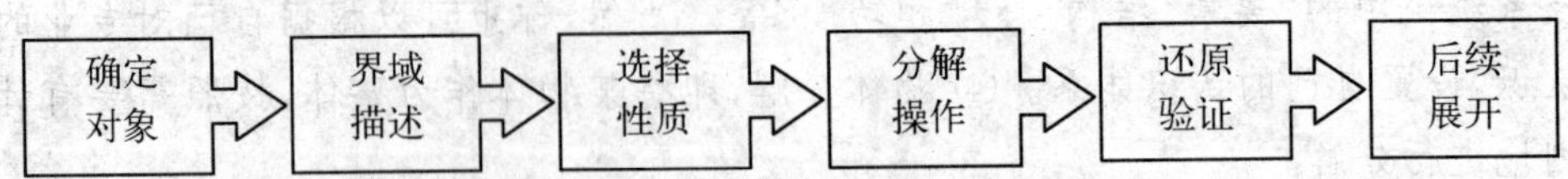

图 12-4 分解的百分之百技法基本步骤

4. 操作实例

比如,在“大象分解”中,选择形式是“物体分解”,分解情况见图 12-3。

5. 分解观念的运用

分解观念在产品创新方面得到大量应用,比如,把上衣的袖子与身子分离,发明了马甲和袖套;把领子从上衣中分离出去,发明了无领衣或节约领;把眼镜的镜架和镜片分离开来,发明了隐形眼镜;把帽子的帽檐和帽顶分离开来,发明了“无顶帽”;把鞋子的“前后帮”分离开来,发明了“拖鞋”;把红书包中的红色分离出来,改成黄书包;把连续性作业改为集约性作业……

在军事、政治、经济等领域,分解观念也创造了不少智慧亮点,下面就让我们欣赏几则精彩的案例,领悟其中的运用奥妙。

【案例 12-1】　斯巴达克斯的分解击破

长篇历史小说《斯巴达克斯》中,有一段描写杰出的奴隶起义领袖斯巴达克斯沦为角斗士时的精彩情节。在一场惊险的团体角斗中,斯巴达克斯的同伴一个个倒下去了,只剩下他一个人要对付三个强敌,就格斗技巧而言,斯巴达克斯胜过对方的任何一个。可是三个强手对他展开联合攻击,他就寡不敌众,难以招架。

此时,斯巴达克斯突然转身逃跑,三个对手在后面穷追不舍。由于这三个对手追赶的速度有快有慢,很快便拉开了彼此之间的距离。这时斯巴达克斯迅速返身战斗,打倒了第一个追上来的对手,接着打倒第二个,过了片刻第三个追到面前,他又打倒第三个。看台上的贵族们原来看见他逃跑,纷纷发出轻蔑的笑声,此时见他用化整为零、各个击破的计谋,转败为胜,又一致为他鼓掌喝彩。

【案例12-2】 分解后只赚其中一个或几个环节的钱

我国古代，有一位北方的茶叶商到南方去采购茶叶。当他到达目的地时，发现所有茶叶都有了买主，他十分后悔来晚了一步。后来，他漫步街头，忽然发现有一个茶农在挑着箩筐卖茶叶。这一下触动了他，他马上派人把当地所有的箩筐全都买下来。过了几天，茶叶商们打算把买到的茶叶运回去，却发现街上已没有箩筐出售，只好纷纷前来向他购买。这位茶叶商没做成茶叶生意，却因为改做箩筐生意而发了一笔大财。

二、组合观念

1. 含义描述

组合一般是指由几个部分或个体结合成整体；或者说，从m个不同的元素里，每次取出n个元素，不管以怎样的顺序并成一组，均称为组合。在创造性思维中，组合是指将已知的若干事物合并成一个新的事物，使其在形状、特征和功能或用途等方面发生变化，以产生出新的价值。人类最初的活动都是从简单开始向组合发展的，比如从个体捕捉到集体狩猎，从一块石头的切割到石头与木柄的组合。社会发展到今天，绝大多数的高科技产品，比如电脑、电视机、洗衣机、汽车、飞机、火箭等，无一不是组合的产物。可以说，组合产生、丰富和创造了世界的万事万物，任何事物既是组合的结果，又是被组合的对象。

冯立冬在《身边的哲学组合论》一书中认为："组合规律在几乎所有的科学理论中都得到充分体现。化学是明显不过的、彻头彻尾的关于组合以及它的逆过程分解的理论。数学每一条法则、定理，每一个公式、每一个运算都以现实世界的数量组合关系为对象。达尔文进化论处处提示了生物与环境以及生物种群内部组合关系。任何事物都是组合形成的，任何一个事物都含有两个以上相互联系、相互作用的组合因素；事物的变化发展，不过是种种因素变化发展、重新组合的结果，一切事物的历程都是某种组合的不断改组的运动过程；整个世界就是一个充满组合，具有无限层次，犬牙交错，经历着无穷无尽变化的活动着的组合体。"

阿·托夫勒在为普里戈金等人的《从混沌到有序》一书的前言中写道："在当代西方文明中得到最高发展的技巧之一就是拆零，即把问题分解成尽可能小的一部分”，而普里戈金则“把这些细部重新装到一起”，就是“把生物学和物理学重新装到一起，把必然性和偶然性重新装到一起，把自然科学和人文科学重新装到一起”。

法国科学家帕斯卡尔说：“重新排列的词句有了不同的意思，重新摆弄的思想产生新的印象。”比如“我、等、你、吃、饭”五个字，可排列出多种不同的意思，其中在时空的意义上又可以分为“过去时态”、“现在时态”和“将来时态”三种情况，读者不妨试一试。

2. 天才们的组合观念

在《科学天才》这本书中，加利福尼亚大学的心理学家迪恩·凯斯·希蒙顿说，天才们之所以是天才，是因为他们比那些仅仅有天赋的人构成了更多的新奇组合。米哈尔科在《创新精神》一书中说：“让我们来看一看爱因斯坦的等式：$E=mc^2$。他并没有发现能量、质量和光速的原理，换句话说，他只是以一种新奇和有用的方式把这些概念组合到一起。通过这种方式，他观察别人同样看到的信息，却发现了不同的东西。”爱因斯坦模糊地把这种思考方式称作“拼凑剧”，以应对由法国著名数学家雅克·阿达玛在1945年所进行的调查访问。对爱因斯坦来讲，这种“拼凑剧”在他的创造性思维中是非常经典的。

天才满脑子里就像儿童垒高拼装的积木，他们不断地把一些想法、形象、视角以及观念进行组合和再组合。让我们来看一看氢和氧，把它们以正确的组合放在一起，可以得到不同于氢或氧的东西。简单的概念就像这些简单的气体，作为单独的一种事物，它们都有一些明显的特征，把它们组合到一起，也许就会发生神奇的变化。约翰尼斯·古登堡把榨制葡萄酒的机械和冲压硬币的机械组合在一起，生产出可移动的活字印刷；格雷戈尔·孟德尔把数学和生物学结合到一起，创立了现代遗传学；托马斯·爱迪生在灯泡中以并联电路连接高电阻灯丝，发明了照明系统……日本创造学家高桥浩认为，发明创造的根本原则归根到底不过是一条，那就是将信息进行分解和重新组合。爱因斯坦认为，组合作用似乎是创造性思维的本质特征，由此可见组合法的重要性。

组合观念不仅带来实用技术的发明，而且帮助人类丰富和完善了自身的知识体系。有学者认为，近现代科学的三次大创造是由三次大组合所带来的。第一次是牛顿组合了开普勒天体运行三定律和伽利略的物体垂直运动与水平运动规律，从而创造了经典力学，引起了以蒸汽机为标志的技术革命。第二次是麦克斯韦组合了法拉第的电磁感应理论和拉格朗日、哈密顿的数学方法，创造了更加完备的电磁理论，因此引发了以发电机、电动机为标志的技术革命。第三次是狄拉克组合了爱因斯坦的相对论和薛定谔方程，创造了相对量子力学，引起了以原子能技术和电子计算机技术为标志的新技术革命。

3. 对应组合

【要点提示 12-3】 对应组合

(1) 对应描述。对应是指一个系统中的某一项在性质、作用、位置或数量等方面，与另一系统中的某一项相当。比如，哲学上的分析与综合、归纳与演绎、抽象化和具体化等，科学上的微分与积分、加与减、开方与乘方、凝固和熔化、吸引与排斥、氧化和还原，天体上的爆炸与收缩，生物上的遗传与变异，技术上的焊接与切割、除锈与涂膜、加热与冷却、启动与停止、开与关、升与降等。

(2) 对应关系。在创新思维中，我们可以把这种具有对应性质或相似对应的对象或词语看成是“对应关系”，并将对应也看成是一种组合，以此来启发、拓展我们的信息，拓宽我们的思维空间。在创新思维中常见的具有对应关系或相似对应关系的词语有：抽象-具体、内部-外部、对象-空间、存在-关联、弄清-联系、内涵-外延、上推-下切、输入-输出、显现-隐性、有形-无形、正向-反向、直向-侧向、纵向-横向、分解-组合、原因-结果、一维-多维等。当我们获得一个词语时，不妨也可以从对应组合来进行思考。读者应该关注这一概念在本书不同章节中非直接性的体现。

三、 组合中常见矛盾冲突模型

在我们的各种组合中会引发各种类型的矛盾。在 TRIZ 中，阿奇舒勒总结出一些典型的矛盾冲突模型。虽然这些矛盾冲突模型是出自于技术方面的，但是在其他方面仍具有重要的借鉴意义，比如在管理中。在创新思维中，从系统的观念出发，组合的含义是广义的，其中还含有介入、结合、作用于、影响于等意思，比如某一新制度或新信息的介入、A 对象作用于或与 B 对象的结合等。建议读者对这里“组合”的理解要突破习惯性，不能“就事论事”。

1. 反作用

A对B产生有利作用,B对A反向产生有害作用,见图12-5。解决方法:消除有害作用,保留有利作用。

图12-5 组合中的"反作用"矛盾冲突模型

图12-6 组合中的"共轭作用1"矛盾冲突模型

2. 共轭作用

具体可分为如下四种情况:

(1) A对B同时产生有利作用和有害作用,见图12-6。解决方法:消除有害作用,保留有利作用。

(2) A对B1产生有利作用,同时对B2产生有害作用,见图12-7。解决方法:消除对B2的有害作用,保留对B1的有利作用。

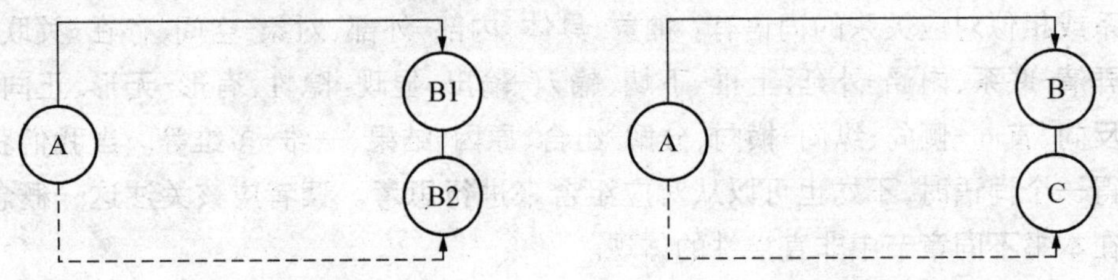

图12-7 组合中的"共轭作用2"矛盾冲突模型

图12-8 组合中的"共轭作用3"矛盾冲突模型

(3) 在A、B、C组成的系统中,A对B产生有利作用,对C产生有害作用,见图12-8。解决方法:在不破坏系统条件下,消除有害作用,保留有利作用。

(4) A对B产生有利作用,同时对自己产生有害作用,见图12-9。解决方法:消除有害作用,保留有利作用。

3. 互斥作用

A对B产生有利作用,C与B互相排斥(如加工和测量之间的互斥),见图12-10。解决方法:不改变有利作用,消除C对B的作用。

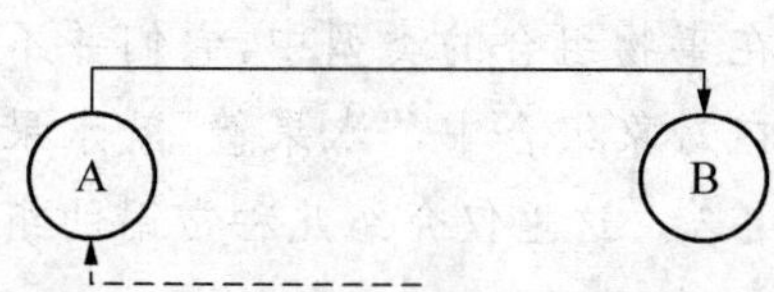

图12-9 组合中的“共轭作用4”矛盾冲突模型

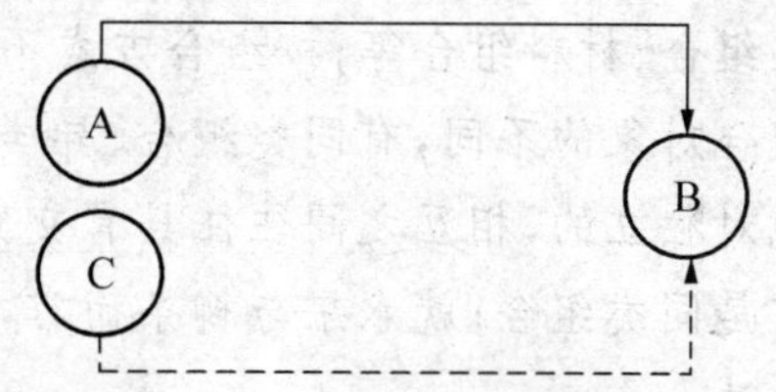

图12-10 组合中的“互斥作用”矛盾冲突模型

如果你是一个管理者,可以将上述“组合中常见矛盾冲突模型”结合平时的工作,一定会找到相对应的案例或情况,不妨试试看。

四、组合技法

1. 常用产品组合创新技法

【常用产品组合创新技法】

1. 原理点

见以上“分解观念”和“组合观念”中的相关内容。

2. 理解点

2.1 客观存在对象和OTVC

(1) 客观存在对象是指主体观察、思考界域所形成的空间中作为内容的人或事物,即特定空间中的一切客体——客观存在对象;关于客观存在对象更多的了解可阅读“对象观念”章节。

(2) OTVC。关于OTVC相关词语和理解,见“换元观念”章节。在创新思维的组合行为中,一般都可以用OTVC来表达或分析组合结构,比如“喜蛋”的组合结构可参考下表:

O(原对象)	T(特征)	V(量值)	C(载体)	O′(新对象)
鸡蛋	颜色	红的	蛋壳	喜蛋

2.2 常见组合的类型

事物组合有多种类型。按组合性质的不同,有技术手段组合、原理组合、现象组合、材料组合等；按组合方式不同，有成对组合、内插式组合、系统组合等；按组合对象的不同，有同类组合、异类组合等。在事物组合的类型中，它们并不是绝对独立的，相互之间往往具有交叉性，比如在对象组合中，"水果篮"就水果而言是同类组合；就水果与柳条而言，却是异类组合。这里仅介绍几种常用的组合方法。

(1) 同类组合——物以类聚。同类组合是指两种或两种以上相同或相近事物的组合，其特点是参与组合的对象与组合前相比，其基本性质和结构没有根本变化，只是通过数量的变化来弥补功能上的不足或得到新的功能、新的价值。在运用同类组合时，主要追求的是由量变引起的质变。关键是两点：其一是希望创造什么价值，其二是选择哪些对象进行组合。

同类组合的例子如：① 对笔、对表、子母电话机、鸳鸯宝剑、双插座、双排订书机、商店出售的组合鲜花等，这是最简单的同类组合。② 二合一的筷子(见图 12－11)，它的一端是勺子，另外一端被做成镊子的形状，通过这样简单的组合，解决了西方人食用中餐时不会使用筷子的难题，因而在欧美国家颇受欢迎。③ 香港某商家把中国大米、泰国大米和澳洲大米混合在一起成为"三合米"，集中国大米之香、泰国大米之嫩、澳洲大米之软的优点于一身，使销售量大增。

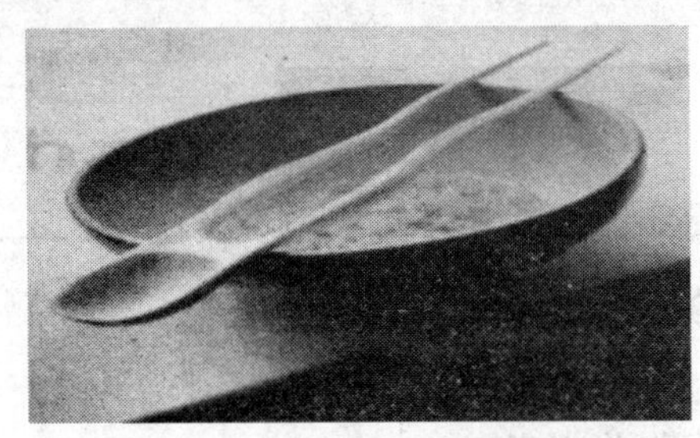

图 12－11　二合一组合筷子

图片来源：罗玲玲《创意思维训练》

(2) 异类组合——相反相成。异类组合是指两个或两个以上不同领域中的技术思想或两种以上不同功能的物质产品的组合，组合的结果带有不同的技术特点和技术风格。由于其组合元素来自不同领域，一般无主次之分，参与对象能从意义、原理、构造、成分、功能等任何一个方面或多个方面进行相互补充、相互渗透，表现为"1 ＋ 1 ＞ 2"，使整体发生深刻的变化，产生新的思想、新的产品和新的价值。

异类组合的例子如：① 收音机与录音机的组合成为"收录机"，电吹风与电熨斗组合成为"电吹风熨斗"。② 云南哀牢山彝族将火药、铅块、铁矿石渣、铁锅碎片等物放入一个掏尽籽的干葫芦里，在葫芦颈部塞入火草作为引火物，把葫芦装进网兜，形成一个异类组合，创造了"葫芦飞雷"。③ 日本电气工业株式会社把黑板和复印机组合在一起成为电子黑板，这种黑板上写的内容，只要按一下右方的电钮便全部复印出来，发给听讲者作为笔记，方便极了。

(3) 附加组合——锦上添花。通常称之为"主体附加组合"，由于附加的隐含意思是主体的存在，故我们简称为"附加组合"。附加组合是指以某一特定的对象为主体，增添新的附件性对象，从而使新的物品性能更好、功能更多的组合方法。它以一种"锦上添花"的方式，在原本已为人们所熟悉的事物上利用现有的其他产品或添加若干新的功能来改进原有产品，使产品更具生命力。在琳琅满目的市场上，我们可以发现大量的商品是采用这一技法创造的。

最简单的附加组合是：电扇加定时器，电冰箱加温度显示器，彩色电视机上附加一遥控器，带橡皮头的铅笔，在电饭煲上装上定时器就成为"自动定时电饭煲"，在电风扇中添加香水盒使电风扇运转时满屋飘香。

【案例12-3】 因需要不同引进的附加组合

江苏省常熟中学的庞颖超发明了一种能够让色盲识别的红绿灯，在现行的纯红绿颜色的灯中加入一些白色的有规则形状的图形。如红色圆形中间加入一条横着的白杠，绿色圆形中间加入一条竖着的白杠，以此来让色盲进行识别。庞颖超列举了一个数据：色盲患者占世界人口的5.6%，而我们现在的交通灯都是红绿色，色盲患者无法分辨出这两种颜色，这给他们的生活带来了极大的不便。

【点评】

这是一个因需要不同引进的附加组合，这种组合是在某一小的方面满足了不同人的需要。类似的例子在我们的生活中比比皆是，比如早餐的煎饼，通过调料的增加来满足不同口味的需要，比如加辣或不加辣。

(4) 重组组合——万象更新。任何事物都可以看作是由若干要素构成的整体，各组成要素之间的有序结合，是确保事物整体功能和性能实现的必要条件。如果有目的地改变事物内部结构或要素的次序，并按照新的方式进行重新组合，就能够促使事物的功能和性能发生变革。简单地说，重组组合就是在事物内按不同层次分解原来的组合，然后再按照新的目标选择性地重新安排。

例如，一套组合玩具，通过不同的组合方式就可以得到不同的模型；某家具公司开发设计的新型构件家具，由20多种基本板件组成。通过不同的组合，能拼装出数百种款式，不仅可以随意改变家具的式样，也可以在此基础上改变房间的格局或风格，充分体现主人的审美观念和个性。

(5) 任意组合——无中生有。任意组合可理解为一种没有约束的、随意的组合思考行为，其结果并非一定都有现实意义。信息交合法是任意组合中一种重要的技法。关于这方面的举例和具体操作可参见本书的相关章节。

2.3 关注组合中的两个层面

【要点提示12-4】 关注组合中技术和概念的两个层面

在组合中，创造性和综合性是两个非常重要的考察点。除了“附加组合”外(并不完全排除)，对于其余的“同类组合”、“异类组合”、“重组组合”和“任意组合”中所表达的创造性和综合性至少应该从两个层面来考虑：其一是技术层面(有形的)的创造性和综合性，其二是概念层面的(无形的)创造性和综合性。

就概念层面而言，一方面在创新中对组合后所产生的新事物，特别是新产品，应该有一个很好的名称和概念的策划，一个在技术上组合得很好的产品，由于没有一个恰如其分的名称和概念，将逊色很多，甚至会事倍功半。另一方面也可以将原对象进行概念的再组合，有时会起到事半功倍的作用。

3. 目的作用

(1) 在组合观念引导下，通过“常用产品组合创新技法”，可以有步骤地进行产品类组合，也可以举一反三，对其他的相关物体进行组合的创新。

(2) 对于复杂的组合分析，当完成“选择改变对象”步骤后，可转向使用专题组合技法，如“特征排列组合技法”、“功能组合技法”、“程序组合技法”和“正反组合技法”等。

4. 基本步骤

基本步骤见图12-12。

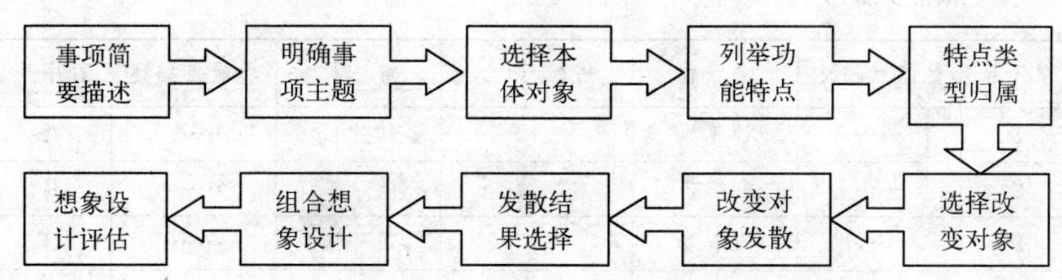

图 12-12 常用产品组合创新技法基本步骤

2. 功能组合技法

【任意功能组合技法】

1. 基本描述

1.1 原理点

功能,是指有特定结构的事物或系统在内部的联系和关系中表现出来的特性和能力,同时也指系统作为整体与外部环境的相互作用产生的特定作用、行为、能力和功效。

1.2 理解点

功能组合技法可以有"目的功能组合"和"任意功能组合",在这里介绍的是"任意功能组合",其核心是"还能做些什么"。

2. 目的对象

在创新思维组合观念的引导下,通过任意功能组合方法寻找或获得额外的产品创新启发,可用于对任一事物的创新思维中。

3. 基本步骤

基本步骤见图 12-13。

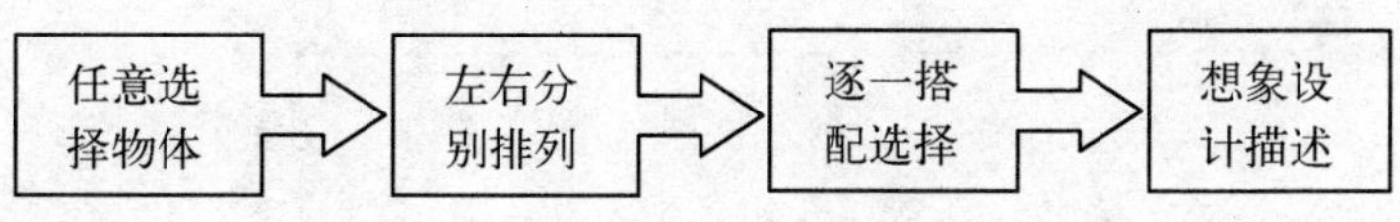

图 12-13 任意功能组合技法基本步骤

4. 操作实例

左序号	功能点描述	名称	搭配/组合	名称	功能点描述	右序号
1	……	计算机		切片机	……	A
2	……	咖啡机		雕塑	……	B
3	……	百吉卷		吊床	……	C
4	……	太阳镜		传呼机	……	C
5	……	擦鞋布		窗户	……	E
6	……	浴缸		吸尘器	……	F
7	……	手机		汽车	……	G
8	……	防晒液		车票	……	H
9	……	卧室		苏打饼干	……	I
10	……	电视		驱虫剂	……	J
想象设计描述	① 4－E：将“太阳镜”与“窗户”搭配；想象设计描述是：太阳镜和窗户结合在一起，使窗户玻璃像变色镜那样，随紫外线的照射改变颜色，使房间保持凉爽。 ② 8－J：将“防晒液”与“驱虫液”搭配；想象设计描述是：将防晒液和驱虫剂合制成一种新产品，既防晒又驱虫，可在热带丛林等场合使用，或成为夏季旅游的防护用品。					

一种具有推本溯源、顺藤摸瓜的关系和反向式、雅努斯式、黑格尔式的三种思维技法

第13章 因果与逆向观念

一、因果观念

1. 含义描述

原因与"结果"相对,组成辩证法的一对范畴;原因与结果,亦称"因果联系"或"因果性"。客观世界的各种现象,彼此之间都有一定的因果联系;因此,因果联系是客观事物普遍联系和相互作用的形式之一。在此过程中,产生另一现象的现象是原因,由原因引起的另一现象是结果。这种因果联系具有客观、普遍和辩证等的性质,也具有先后、复杂、多因和转换等的特点。

【案例13-1】 一只猫的因果现象

内容见"案例10-1:'猫'的中介性"。

【点评】

本案例也可从因果性来进行分析,即形成"猫"→"高级军官"→"指挥部"的因果链。

2. 一般性质

(1) 客观性。因果联系是客观事物本身固有的,是存在于人的意识之外,而

不依人的意志为转移的；列宁说："原因和结果只是各种事件的世界性的相互依存、(普遍)联系和相互联结的环节，只是物质发展这一链条上的一环。"

(2) 普遍性。自然界和社会中的任何一个或一些现象都会引起另一个或另一些现象的产生；反过来，任何现象的产生也都是由其他的现象所引起的。或者说，任何现象都有其产生的原因，任何原因都必然引起一定的结果。没有无原因的结果，也没有无结果的原因；也就是说不可能无中生有(有果无因)，或有归于无(有因无果)。

(3) 辩证性。辩证性是指原因和结果的关系是辩证统一的，它们互相依存，又互相转化；原因产生结果，结果在一定条件下又转化为原因；同一现象在一种关系上是原因，在另一种关系上又成为结果。

3. 一般特点

(1) 先后特点。即原因在先、结果在后，这是因果联系的特点之一，我们可把它称为"因前果后"。但是，我们不能仅仅因为一件事发生在另一件事之前，就想当然地认为前者是后者的原因，也就是说，前后相继的现象不一定都是因果关系，因为因果关系的"先后特点"是包括发生时间先后次序在内的由一种现象必然引起另一种现象的本质的内在的规律性的联系。我们在平时生活和学习中，一定要注意防止"后此谬误"的错误。

(2) 复杂特点。客观现象间的因果联系并不是简单时间上的连续，而是错综复杂的。首先，并不是一个原因只能产生一个结果，也并不是一个结果只能由一个原因所产生，即"一因一果"；可以是一个结果由多个原因所引起，即"多因一果"；一个原因也会产生多方面的结果，即"一因多果"。其次，相同的原因可以产生不同的结果，即"同因异果"，或者不同的原因却产生相同的结果，即"异因同果"，甚至是多种原因交合在一起，产生多种结果，即"多因多果"等。

(3) 原因特点。首先，从原因的性质来看，在多种原因中，有内部原因和外部原因、主要原因和次要原因、客观原因和主观原因等区别，但其中必有一种起决定作用的根本原因；其次，从原因的表现状态而言，有显现的原因，也有隐含的原因，这一点在创新思维中要特别注意。

【要点提示 13-1】 因果关系中的隐含性

因果关系中的隐含性表现在两个方面：① 表现在条件方面，即隐含条件，其参与过程如图 13-1 所示。比如，"把门关上"的隐含条件是"现在门开着”；② 表现在原因方面，即隐含原因，其参与过程如图 13－2 所示。比如，“天王星不按正常轨道运行”的隐含原因是“存在一颗尚未被人发现的行星——海王星”。

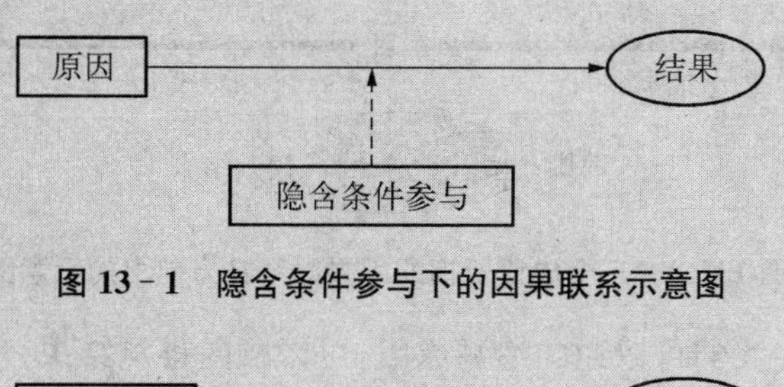

图 13－1　隐含条件参与下的因果联系示意图

隐含原因

结果

图 13－2　隐含原因参与下的因果联系示意图

在进行因果分析的时候，要注意隐含条件或原因在结果形成中所起的作用，如果发现某些现象之间难以用可见的因果关系来解释，就要注意分析是否有隐含条件或原因的存在。

(4) 转换特点。转换特点是指原因和结果互相联系、互相转化和交互作用。原因产生结果，结果在一定条件下又转化为原因；同一现象在一种关系上是原因，在另一种关系上又是结果。

【要点提示 13－2】　在空间观念下考察因果联系

(1) 比喻。我们用“推本溯源”、“顺藤摸瓜”和“光芒万丈”这三个成语来作一个总体上的概括。“推本溯源”意指推究根本，追溯来源，其中“溯”是指逆着水流的方向；“顺藤摸瓜”意指沿着发现的线索顺着方向深入下去；“光芒万丈”意指光辉灿烂、照耀四方，其中“光芒”是指向四周照射强烈的光线，即存在于立体空间中的光线，它启示我们：无论原因还是结果，都具有可发散性。

这三个成语所指的因果联系在方向上各表示“逆向”、“顺向”和“发散向”，见示意图 13－3。

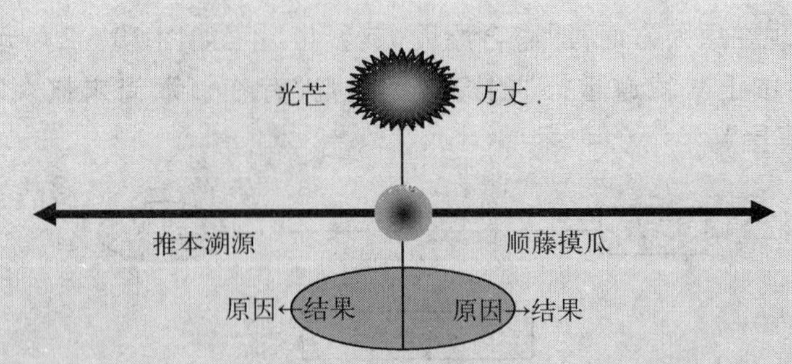

图 13-3　三个成语所指的因果联系在方向上的示意图

(2) 方向。我们可以逆向追溯原因,可以顺向推测结果,也可以在不同的方向上追溯和推测(发散)。通常,我们更习惯于横向性地从时间意义来思考因果联系,但是绝不能忽视纵向性地从层次或类型意义上对因果联系的思考。

(3) 类型。我们应该分析:① 是“一因一果”、“一因多果”还是“多因一果”? ② 是“同因异果”、“异因同果”还是“多因多果”?

(4) 原因。我们应该分析,在内部原因和外部原因、主要原因和次要原因、客观原因和主观原因中,起决定作用的根本原因是什么?

(5) 隐含。我们应该分析隐含原因或条件存在的可能,即在隐匿原因或条件因素间接参与和作用下所产生的因果关系等。

(6) 作用。在创新思维中,因果关系是这一点与那一点,或者说是从这一点拓展出其他点的联系性质之一。比如,头痛可以由感冒、高血压、神经性等引起,并且头痛又可以导致食欲差、睡眠差、精神差等现象;并且原因中的某一对象(比如感冒)又可以作为结果性的因素,继续追溯原因;同样,结果中的某一对象(比如睡眠差)又可以作为原因性的因素,继续推测导致的结果,见图 13-4。本图将指导并有利于我们开展拓展信息活动。对于某一基点对象,既

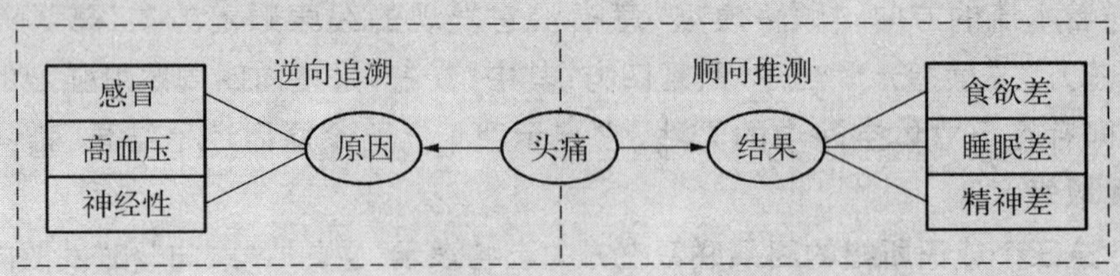

图 13-4　任一对象既有引起它的原因也存在由它所产生的结果

可以把原因作为联系性质，建立原因性质发散的思维图形（见图 13－4 左边部分）；也可以把结果作为联系性质，建立结果性质发散的思维图形（见图 13－4 右边部分）。

揭示事物之间的因果关系，找出事物存在和发展的根本或源头原因，发现事物发展的规律，预见事物发展、进化和理想化的趋势，用来指导我们的创新思维活动。

在空间观念下考察因果联系，在创新思维中具有相当重要的意义，也是思考方法的一种类型。

4. 形式类比

形式类比亦称"因果类比"，是定性类比的一种，指根据两个或两类对象的因果关系或规律性相似而进行的类比。形式类比是以相似的因果关系或规律性为依据的，因此就大大地提高了这种类比的可靠性。其中较为经典的是"穆勒五法"，亦称"判明现象因果联系的方法"。这五种方法是：求同法、求异法、求同求异并用法、共变法和剩余法，是 19 世纪英国逻辑学家穆勒将自培根以来已经提出的判明因果联系的方法作了系统的整理和说明，并在《逻辑体系》一书中提出的。该方法在很多书中都有详细描述，因此不再赘述。

二、　逆向观念

逆向观念不是反向或者逆向思维，但是包括了反向或者逆向思维。逆向观念是指主体以某一对象为基点从方向相反上、对应或矛盾、对立或反义等联系性质出发，与另一对象发生联系并为后续的或下一步的创新思维活动奠定某种基础。何名申的《创新思维修炼》和德姆・巴雷特《逆向思维：释放你潜在的创造力》一书中的许多观点、论述和案例是相当富有启发性的。

1. 四种主要形式

（1）反向式。也有人将其称为逆向思维，其基本意思是在思维的方向上与当前的思维对象或方向相反（可参考本书"创新的思维方向"中"向下型思维方向"）。

反向思维是一种过程，由佛蒙特州的投资顾问汉弗莱・尼尔发展起来的。

他把这种思维也称作“站在对立面进行思考”。1951年，尼尔出版的《反向思维的艺术》一书叙述了投资者如何通过采取与市场相反的做法而获得更好的回报。进一步的研究发现，各个领域都有人在有意识地进行反向思维，而且往往收到明显的、令人瞩目的效果。尼尔认为：所谓反向是指你与那些显而易见的东西相对立……反向思维的艺术包括训练你的大脑朝与一般的大众舆论相反的方向进行探索……运用“对立的方法”在于透彻地思考某一特定的难题，以便获得一种与众不同的解决难题的新途径。

(2) 雅努斯式。雅努斯神是古罗马的门神，他有两张不同方向的脸，一张脸朝内朝后看，另一张脸朝外朝前看。由于两张脸朝相反方向，雅努斯神只要站立在门口，就可以同时看到里面和外面。美国学者罗森伯格把这一过程描述为“同时积极地构想出两种或更多的反题”，并把这种方法称作雅努斯式思维。美国神经生理学家卢森堡借用这个隐喻来说明思维的一种特殊的创造性，提出了两面神思维的概念。

无论是被称为雅努斯式思维还是两面神思维，其基本意思是指就某一对象同时积极地构想出方向上相反的两个或更多同时并存的词语、概念、图形和思想等，并且将对立的思维对象独立地放在同一的空间中。所以，其关键的核心是把相互矛盾的事物放在一起同时去认识、思考和定格。

(3) 对立统一式。其基本意思是：采取一种观念并容纳它的反面，然后试着把两者融合成第三种观念，即变成一种独立的新观念。

在创新思维中，对立是指具体内容(或对象、要素)体现在状态、功能或特征等方面的对立，统一是指在特定空间中的统一。如果说相反所呈现的是第二种状态的话，那么统一或融合就是第三种状态；这也许是一种“不伦不类”、“非驴非马”的状态。为了区别和简易，我们暂且把这种思维简称为黑格尔式思维。

(4) 悖论式。悖论一般是指逻辑学中可以同时推导或证明两个互相矛盾的命题或理论体系。悖论一词来自两个希腊字，原意指与普遍接受的观念或期望相对立的东西。简单地说，就是自相矛盾的命题，有些悖论初看起来完全正常，但是稍加分析就能发现其中的矛盾，而且是自我纠缠在一起难以解决的矛盾。悖论乍看上去显得离奇荒诞，或是高深莫测，但仔细推敲，就会发现它变得有光彩、有道理、合乎逻辑，这正是悖论的魅力所在。悖论开启了新的可能性，冲破了思维的藩篱，并使我们从先前的观念中摆脱出来，其力量是神奇无比的。

【要点提示 13-3】　康德的二律背反

悖论虽然与常识和逻辑相矛盾，对所有的理性发出干扰，然而却奇妙地具有吸引力。有人把悖论看作是倒立的真理，因为，悖论中含有闪光的真理，合理且明智。

康德的四种悖论也就是我们常说的"二律背反"，是 18 世纪德国古典哲学家康德提出的哲学基本概念，指规律中的矛盾。他所举出的四组二律背反是：① 世界在时间上与空间上是有限的；世界在时间上与空间上是无限的。② 世界上一切都是单一构成的；世界上一切都是复杂的、可分割的。③ 世界上存在着自由；世界上不存在着自由，一切都是必然的。④ 世界有始因；世界无始因。

比如，服务与成本的矛盾就服从了二律背反的规律：一方面，用户总希望少付费用而满足自己所有的服务要求；另一方面，供应商希望在提供高质量服务时能够得到高的效益回报。

康德的二律背反的基本意思是指双方各自依据普遍承认的原则建立起来的、公认为正确的两个命题之间的矛盾冲突，也可以说是指两个互相排斥但同样是可论证的命题之间的矛盾。它不同于一般意义上的对立或反向。有的时候，站在"平行思维"的立场，这种矛盾在包容的观念下是可以得到解决的，甚至比站在"纵向思维"的立场、在对立性观念下的解决更为理想，因为后者在解决的同时引进了一些不足。

2. 逆向观念举例

(1) 玻璃窗：最早的窗户是凿在墙上，用一块移动的板将其关上或打开，它既挡住了光线的进入，又阻止了空气的进入。玻璃的发明将"阻-进"综合在一起，它既把空气"阻"在外面，又让光线射"进"来。

(2) 解决圆珠笔漏油的毛病。

【案例 13-2】　解决圆珠笔漏油的问题

1938 年，匈牙利人拉德依斯拉奥・J・拜罗发明了圆珠笔。由于有漏油的毛病，这种笔风行了几年便被抛弃了。1945 年，美国人米鲁多思・雷诺兹发明了一种新型圆珠笔，也因漏油的毛病而未获得广泛应用。为了解决圆珠笔的漏油问题，许多人都循着常规思路去思考，即从分析圆珠笔漏油的原因入手来寻找解决办法。漏油的原因很简单，笔珠由于写了两万多字后磨损而间隙增大，笔油也就随之漏出。因此，人们首先想到的就是增加笔珠的耐磨性。于是，许多国家的圆珠笔商投入大量经费进行研究，甚至试用耐磨性能极好的宝石来做笔珠。耐磨性能问题得到了解决，但又出现了新的问题，由于笔芯头部内侧与笔珠接触的部分被磨损，又产生了漏油的问题。

【点评】

正当人们对圆珠笔漏油的问题一筹莫展的时候，日本的发明家中田藤山郎非常巧妙地解决了圆珠笔的漏油问题。他将“有油漏”和“无油漏”组合在一起思考：既然圆珠笔是在写到两万字开始漏油，那么如果控制圆珠笔的油墨量，使所装的油墨量只能写到两万字以内，譬如说只能写到19 000字左右，不就能解决漏油的问题了吗？他经过多次试验，终于解决了圆珠笔的漏油问题。日本发明学会会长丰泽丰雄赞美说：“真是一个绝妙的逆向思维方法。”关于这个案例，我们在后面还会从思维结构上来进行分析。

(3) 其他例子。我们在前面所举的澳大利亚墨尔本公共汽车司机积极罢工也是一个很好的案例。类似的还有：我们来到一个健身俱乐部，看到一个人站在“跑步机”上奔跑，但却保持在原来位置上；在飞机场的移动走道上，乘客能够站在“原地”不动地到达另一处；我们常见的升降电梯也是如此，你站在“原地”，但是一会儿，你却已经到达了楼上等。

3. 逆向观念持有者的信念

【要点提示 13-4】 逆向观念持有者的八个基本信念

(1) 万物都有它的对立面。万物都有对立面，即“万事皆矛盾”；双方各有优劣，各有长处和短处；如果某件事情是真实的，那么它的对立面也可能是真实的。

(2) 事物的正反是相对的。事物关系之间的所谓“正”与“反”都是相对的。事物本来就是处在庞大的错综复杂的关系网之中，事物之间互为条件、互相依存。从一个角度去看，甲事物与乙事物可能是一种“正”的关系；从另一个角度看，它们之间又可能是一种“反”的关系。比如一些人按高矮顺序站成一排，从这一头看，是“正”的关系——由高到低，表现为一个比一个矮；但是，从另一头看，则又是“反”的关系——由低到高，表现为一个比一个高。

(3) 自然事物的自然相生。世界上的许多客观事物之间，甲能产生乙，乙也能产生甲。比如：电能生磁，磁也能生电；化学能可以转化为电能，电能也可以转化为化学能；声音的变化在一定条件下能使金属薄片产生相应的颤动，相反，金属薄片的颤动在一定条件下也能使声音发生相应的变化。

(4) 存在量变到质变转化。同样的原因在不同量的情况下，有时产生这样的目的结果，有时却产生相反的结果，我们也可以把这种情形称为“对立效果法则”。比如，水可使草长得郁郁葱葱，但是，太多的水会使草坪死亡；适量的药物可以治病，但过量的药物却会对人体造成伤害。

(5) 相反条件下相同结果。客观世界的许多事物，在相反的条件下会产生同样的结果。比如，睡眠过少，人的头脑会发昏，精神会不好；相反，睡眠过多，人的头脑也会发昏，精神也会不好。案例 13－3 也同样说明了这个问题，读者可进一步思考。

(6) 事物发展程序的反向。在有的事物之间，当事物发展到一定阶段，原有的相互关系会发生反转。比如，在以电子计算机为标志的科技革命发生以前，科学技术和生产的程序关系是“生产–技术–科学”。也就是说，先由生产实践提出课题，然后进行技术革新，最后再推动科学研究的发展。现在有些则反转为“科学–技术–生产”。也就是，往往先有了科学上的某种新的发现，或有了某一新的科学原理、定律，然后通过相关或相应的技术革新，最终推动生产向前发展。

(7) 相反相成可以相得益彰。相反相成是指两个看起来相反的事物，实际上是互相依赖、互相促进的，具有同一性。相得益彰指两个人或两件事物互相配合，双方的能力和作用更能显示出来。在中国古代哲学家老子看来，对立面相互联结、相互补充、保持适度、达到平衡，这才是最佳的状态。

(8) 逆向观念属非逻辑性的。德姆·巴雷特认为：逆向思维与其说是逻辑性的，还不如说是非逻辑性的。因为，在逆向观念的具体实施中还需要某些异想天开的想象力参与，这已被现有的大量事例所证实。

总之，具有逆向观念的思维者能够冷静而客观地看待事物对立、反向或对应的两个方面，并且合理地对待和想象各方。当然，这也同样需要向传统的金科玉律提出质疑的勇气和智力，需要具有构建新思想或新事物的原动力和智慧。

【案例 13-3】 "太黑"和"太亮"都会造成"什么也看不见"

第二次世界大战后期，在盟军攻打柏林的战役中，有一天晚上，苏军必须趁黑夜向德军发起进攻。夜晚本来是偷袭的好时机，可是那天夜里却是明月高照，大部队出击很难做到高度隐蔽而不被对方察觉。苏军元帅朱可夫对此思索了很久，后来他猛然想到一个主意，并立即发出指示：将全军所有的大探照灯都集中起来。在向德国发起进攻时，苏军的 140 台大探照灯同时射向德军阵地。极强的亮光把隐蔽在防御工事里的德军将士照得睁不开眼，什么也看不见，只有挨打而无法还击。苏军很快便突破了德军的防线。

【点评】

这是第二次世界大战中的一个著名战例。这次苏军袭击德军阵地获得成功，无疑与朱可夫的逆向观念分不开(相反条件下相同结果)。利用黑夜进攻，就是要让敌人什么也看不见。通常，"什么也看不见"的条件是"太黑"；但是，太黑的反向"太亮"也会造成"什么也看不见"。

4. 三种类型

一般来说，在具体的操作上，逆向观念主要包括反向式思维、雅努斯式思维和黑格尔式思维三种类型(见图 13-5)。需要再次说明的是：

(1) 反向思维的基本意思是在思维的方向上与所谓的正向思维方向相反，见图 13-5(a)。

(2) 雅努斯式思维的基本意思是指就某一对象同时积极地构想出方向上相反的两个或更多同时并存的词语、概念、思想和图形，不仅仅是从两个不同方向上来考虑问题，更重要的是将对立的思维对象放在同一的空间中，见图 13－5(b)。

(3) 黑格尔式思维的基本意思是采取一种观念并容纳它的反面，然后试着把两者融合成第三种观念，即变成一种独立的新观念，见图 13－5(c)。

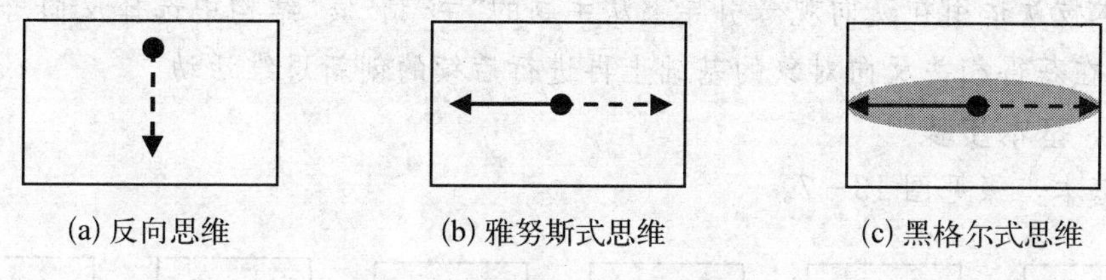

图 13－5　逆向观念的三种类型

【反向式思维主-谓-宾反向方法技法】

1. 基本描述

1.1　原理点

见以上的相关讨论内容；词语方面更多的了解可阅读“词语观念”章节。

1.2　理解点

(1) 反向式思维的目的仅在于从当前点出发，通过反向思维方法找到反向点或对象，作为下一步行为活动的出发点或基点。图 13－6 有助于理解反向式思维。

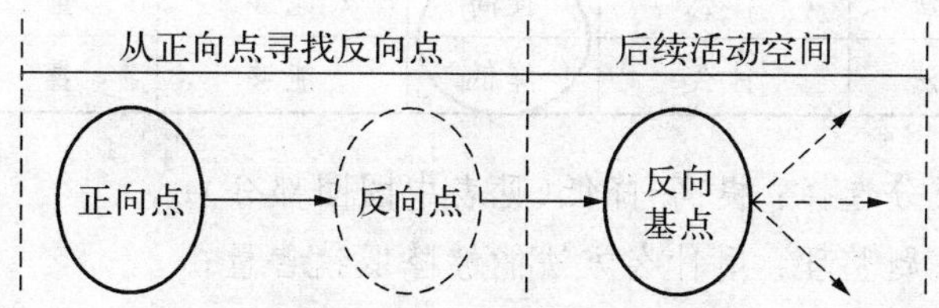

图 13－6　反向式思维过程示意图

(2) 你可以在以下两种情况下使用反向思维：① 你考虑要做某种相反的事情；② 你考虑用其对立面来取代某物，无论它是一种信念、一种价值、一种想法或是一个对象。

(3) 它是反向思维的表达,即当找到了反向点或对象后,其后的思维行为不受原来点的限制。它表示去做那些与通常做法相颠倒的事,比如:一般是"奉承听众",这里却是"羞辱听众";通常是"老师教导学生",这里却是"学生教导老师";一般婚纱是白色的,这里却创想"黑色的婚纱";通常是"高傲的独裁者",这里却是"谦卑的独裁者"等。

2. 目的作用

本技法适用在逆向观念引导下从主题的"主-谓-宾"结构中选择反向思维的成分,在获得相关反向对象的基础上再进行后续的创新思维活动。

3. 基本步骤

基本步骤见图 13-7。

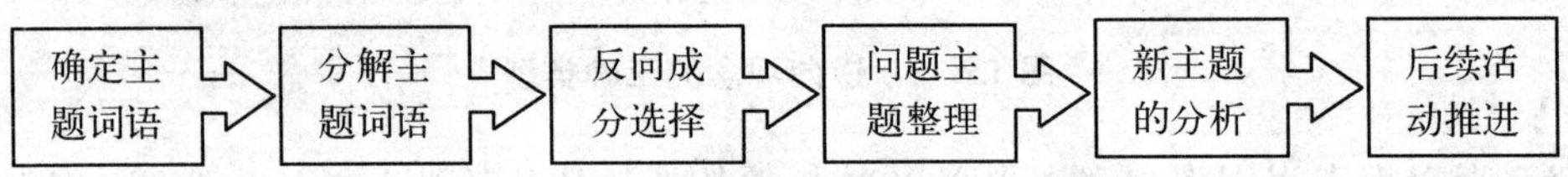

图 13-7 反向式思维技法基本步骤

4. 操作实例

事项描述:进入公司的销售岗位已经一年,但是销售的业绩并不十分令人满意,现在一直在思考用什么方法能够提高销售量。

(1) 确定主题词语:用什么方法能够提高销售量;

(2) 分解主题词语:见下表;

	主语	主语限定	谓语	谓语限定	宾语	宾语限定
正向	方法	什么	提高	能够	量	销售
反向	方法	什么	降低	能够	量	销售

(3) 反向成分选择:提高-降低(见表中圆圈部分);

(4) 问题主题整理:用什么方法能够降低销售量;

(5) 新主题的分析:降低销售量的方法有很多,在其中选择出最能够降低销售量的几种;

(6) 后续活动推进:将选择的几种再反向,就找到提高销售量的几种方法了。

【雅努斯式思维技法】

1. 基本描述

1.1　原理点

见以上的相关讨论内容。

1.2　理解点

(1) 雅努斯式思维主要是通过正向点找到反向点并使它们共存，也可以是在你的大脑里构想或引入一个反向点，并使它们同时并存于你的大脑中；其目的是以建立两个点同时并存的对象作为下一步活动的出发点。图13-8有助于理解雅努斯式思维。

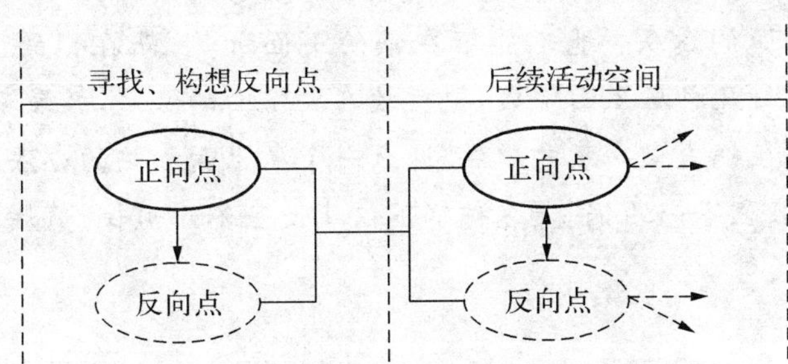

图13-8　雅努斯式思维过程示意图

(2) 雅努斯式思维是将两个点同时并存于你的大脑里，并考虑它们之间的相似和相异之处、相互作用等，然后创造出两点对立但却同时存在的新事物，以满足让对立面共存，并在它们之间取得或保持一种利益上或功能上的平衡需要。比如：国际象棋盘上的黑白格子，钢琴上的黑白琴键，黑鞋上的白鞋带，白鞋上的黑鞋带，黑色的纸和白色的墨水，白色纸和黑色墨水，一面薄的刀刃和一面厚的刀背，一面尖的刀尖和一面平的刀把等。

(3) 雅努斯式思维中充满对立统一的概念，但它是"有形式的对立统一"。

2. 目的作用

本技法适用在逆向观念引导下从主题的对象中获得对立性的对象或要素，并使它们在共同存在的基础上再进行后续的思维或创新思维活动。

3. 基本步骤

基本步骤见图13-9。

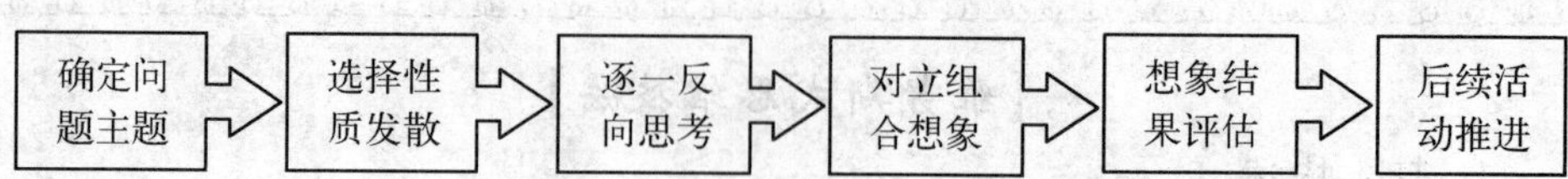

图 13-9　雅努斯式思维技法基本步骤

4. 操作实例

【案例 13-4】　煎鱼不糊的锅

日本有一位家庭主妇，煎鱼时对鱼老是会粘在锅上感到很恼火。煎好的鱼，常常东缺一块、西烂一片，令人见了大倒胃口。她经过仔细观察，发现这是由于锅底加热后，鱼油滴在热锅底上造成的。有一天，她在煎鱼时突然产生了一个“倒过来想”的念头：能不能不在锅的下面加热，而在锅的上面加热呢？她先后尝试了好几种从上面烧火，把鱼放在火下面的做法，效果都不理想。最后，她想到了“在锅盖里安装电炉丝”这么一个从上面加热的办法，终于制成了令人满意的“煎鱼不糊的锅”。这种锅不仅能使鱼不致煎糊、煎烂，而且还能既不冒烟又省油。

【点评】

本案例的操作是在“逆向观念”的引导下进行的。其实是锅底与锅上都有热，但却是锅底的热量小于锅上(与往常的相反)。本案例在“分解观念”的引导下，也同样可以得到解决。当前市场上既有“逆向观念”引导下的创新结果，也有“分解观念”引导下的创新结果，读者不妨想一想。

【黑格尔式思维技法】

1. 基本描述

1.1　原理点

见以上的相关讨论内容。

1.2　理解点

(1) 黑格尔式思维主要是通过正向点找到反向点，或者在你的大脑里构想或引入一个反向点，并使它们相互融合，其目的是以建立包容两个点的“第三方”综合体作为下一步思维活动的出发点。图 13－10 有助于理解黑格尔式思维。

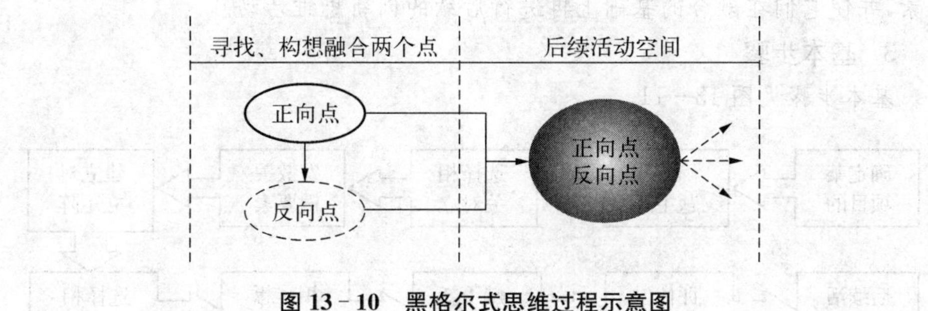

图 13－10　黑格尔式思维过程示意图

(2) 当你想象如何融合、结合、混合、兼容或综合两个对立面而使其产生出第三方时，你就是在进行黑格尔式思维。第三方可以是一个物体、一种产品、一项服务、一个想法、一个目标、一种思想、一种方法、一种策略、一种艺术形式等。

(3) 黑格尔式思维一般依次需经过三个阶段：论题、反题和合题。因此，用一句话讲，黑格尔式思维模式提供了一幅既是改善性变化又是创新性变化的情景或图画。

【要点提示 13－5】　关注在辩证观念引导下，黑格尔式思维的发展与创新

黑格尔式思维中充满对立统一的思想。在现时代的意义上，“黑格尔式思维”在辩证观念引导下，本身有了很大的发展或创新；它可以是“有形式的对立统一”、“无形式的对立统一”和“有形与无形结合式的对立统一”；其发展或创新的核心体现了更为广泛的“包容性”。这种包容性一方面将“对立”作为词语来看待，赋予新的认识；另一方面既表现在传统的纵向上，但更多地却表现在横向上，以致或成为一种新的趋势或潮流。当然，这是一个复杂而富有趣味并且值得思考的过程和命题。

(4) 一个新的实体有其自己的特征和属性，并区别于构成它的原来部分。当白色与黑色相混合时，它们不再是白色和黑色，而是成为一种新的、不同性质的颜色，一种明显的灰色。比如，水是由氧和氢构成的，但是水的属性不同于氧和氢的属性。

2. 目的作用

本技法适用在辩证和逆向观念引导下从主题的对象中获得对立性的对象或要素,并使它们在融合的基础上再进行后续的创新思维活动。

3. 基本步骤

基本步骤见图 13-11。

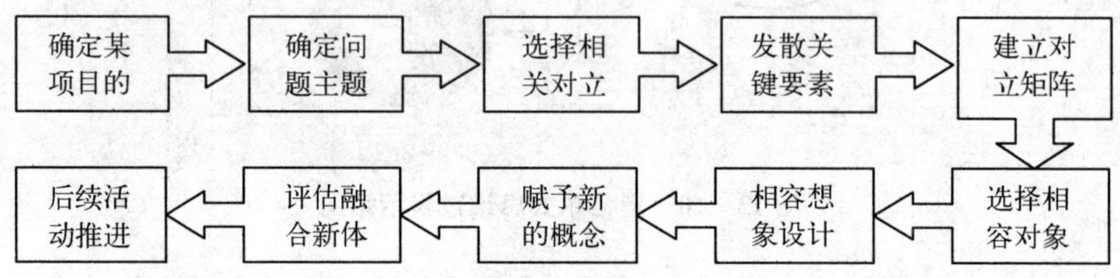

图 13-11　黑格尔式思维技法基本步骤

4. 操作实例

【案例 13-5】　美国西南航空公司蓝海战略中的黑格尔式思维

1987 年,西南航空公司在休斯敦-达拉斯航线上的单程票价为 57 美元,而其他航空公司的票价为 79 美元。20 世纪 80 年代是西南航空公司大发展时期,其客运量每年增长 300%,但它的每英里运营成本不足 10 美分,比美国航空业的平均水平低了近 5 美分。

【点评】

(1) 西南航空公司取得如此业绩的原因之一是打破了顾客在“空客”与“快客”之间的权衡取舍,从而开创了一片蓝海。它主要表现在:向顾客提供高速航运服务,在起飞班次上频繁而灵活,票价对买方大众具有相当的吸引力等。在“空客”与“快客”的相容中,通过对某些关键要素的剔除和加减等,创造出既不同于“空客”,也区别于“快客”的“第三方”新模式,向乘客提供了前所未见的功用,从而实现了价值的飞跃。

(2) 我们将图 13-10 作一替换并形成图 13-12;你也可以借此举一反三。

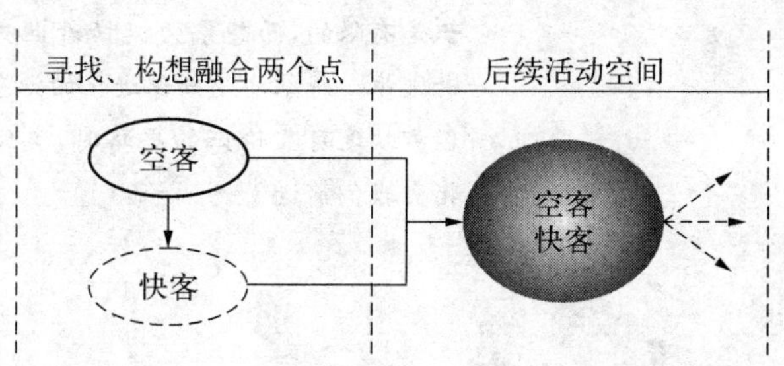

图 13－12　“空客”与“快客”的“第三方”空间示意图

(3) 就企业战略而言,什么是“蓝海”? 在这里就是“第三方”所形成的“无人竞争”的“空闲市场”;但是,这并不意味着所有“第三方”都是“蓝海”。

关于操作实例,简单介绍如下。

事项描述		见案例
序号	名称	内容
1	确定某项目的	打破了顾客在“空客”与“快客”之间的权衡取舍
2	确定问题主题	在“空客”与“快客”之间创造“第三方”
3	选择相关对立	“空客-飞机”与“快客-大巴”
4	发散关键要素	(1) 价格;(2) 餐饮;(3) 候车厅;(4) 座位选择;(5) 中转枢纽;(6) 服务;(7) 行程时间;(8) 购票过程;(9) 线路;(10) 安全;(11) 乘客须知;(12) 随身行李;(13) 速度;(14) 班次密度;(15) 定向航班等
5	建立对立矩阵	……
6	选择相容对象	(1) 价格;(2) 餐饮;(3) 候车厅;(6) 服务;(7) 行程时间;(8) 购票过程;(9) 线路;(14) 班次密度;(15) 定向航班等
7	相容想象设计	……
8	赋予新的概念	飞机的速度、服务,大巴的价格、方便
9	评估融合新体	……
10	后续活动推进	……

爱因斯坦说："想象力远比知识更重要，因为知识是有限的，而想象力概括着世界上的一切并推动着进步。想象才是知识进化的源泉。"康德说："每当理智缺乏可靠论证的思路时，类比这个方法往往能指引我们前进。"

第14章 想象与类比观念

一、想象观念

1. 想象描述

(1) 含义。想象是对头脑中已储存的表象进行加工改造，形成新形象的过程。想象与思维有着密切的联系，都属于高级的认知过程，它们都产生于问题的情景，由个体的需要所推动，并能预见未来；想象活动的基本特点是形象性和新颖性。形象性是想象过程中表达或体现的主要形式。新颖性的基本含义是创新，创新是一种进步，也是一种进化；凡是创新一般都离不开人的想象。所以，爱因斯坦说过："想象力远比知识更重要，因为知识是有限的，而想象力概括着世界上的一切并推动着进步。想象才是知识进化的源泉。"

想象既是逻辑的又是非逻辑的，关于这方面本书不作讨论。

【要点提示14-1】 面对问题情景时思考切入形式的选择

形象的反义词是抽象。当人们面对问题情景时，头脑中可能存在两种表达形式：一种是形象系统，一种是概念系统。这两种系统是密切配合、相互交替和协同活动的。在人的活动中，由于问题情景具有不同程度的确定性，两种系统所起的作用是不一样的。一般认为：

(1) 如果问题的原始材料是已知的，解决问题的方向是基本明确的，解决问题的进程将主要采用逻辑思维中的概念系统。

(2) 如果问题的情景具有很大的不确定性，情景提供的信息不充分，解决问题的进程将主要采用非逻辑思维中的形象系统。

(3) 这也提醒我们，面对问题情景的一般思考应该如何切入。即：当问题情景比较明确时，我们应该从概念切入；当问题情景比较模糊时，我们应该从形象切入；当问题情景介于二者之间时，我们一方面应该主动选择切入的方式，另一方面将问题情景尽可能地向所选择方式适合的形式转换。

顺应问题情景的信息状态，做出思考切入形式的选择对主体来说是有帮助的。

(2) 想象的主要作用。在创新思维中，想象的作用主要表现为"预见性"、"推动性"和"补充性"。预见性是指人们在面对问题情景或需要尚未得到满足时，常常在头脑中浮现出"需要得到满足"或"问题得到解决"的情景(愿景)，这种情景是对未来的一种预见，一方面是对现实的一种超前反映，另一方面指导了人们活动进行的方向。推动性是指当人们在头脑中产生了需要得到满足和问题得到解决的情景时，会将其转换为动力，推动这种预见情景的实现。补充性是指在现实的生活中，有许多事物是人们不可能直接感知的；比如宇宙间的星球活动和原始人类生活的情况等，因其空间遥远或时间久远而无法直接感知，但是人们可以通过想象补充这种知识或经验的不足。

2. 想象种类

从想象活动是否具有目的性来看，可分为无意想象和有意想象。无意想象是一种没有预定目的、不自觉地产生的想象；它是当人们的意识减弱时，在某种刺激的作用下，不由自主地想象某种事物的过程；比如，人们看见天上的浮云，想象出各种动物的形象等都是无意想象。有意想象是按一定目的自觉进行的想象；比如，科学家提出的各种想象模型，文学艺术家在头脑中构思的人物形象，都是有意想象的结果。在有意想象中，根据想象内容的新颖程度和形成方式的不同，可分为再造想象、创造想象和幻想想象。

(1) 再造想象，是根据言语的描述或图形的示意，在人脑中形成相应的新形象的过程。比如，建筑工人根据建筑蓝图想象出建筑物的形象；没有领略过北方冬日的人们，通过诵读毛泽东的诗词《沁园春·雪》，可在头脑中形成北国风光的情景。再造想象有一定程度的创造性，但其创造性的水平较低。

(2) 创造想象，是在创造活动中，根据一定的目的、任务，在人脑中独立地创造出新形象的过程。在新作品创作、新产品创造时，人脑中构成的新形象都属于创造想象。比如西游记中"孙悟空"的形象，就是一个具有创造性的新形象。创造想象具有首创性、独立性和新颖性等特点。比如，工程师发明的新机器，除了一般机器的普遍特点外，又具有前所未有的新性能、新造型，因此它比再造想象更复杂、更困难，它需要对已有的感性材料进行深入的分析、综合、加工、改造，在头脑中进行创造性的构思。

(3) 幻想想象，是创造型想象的一种极端形式。特点是以现实世界为出发点，但其范围不受拘束，其结果又往往超出现实太远，有的一时难以实现。

3. 想象中的黏合

想象是从旧的形象中分析和分离出必要的元素、特征和部分等，按照新的构思重新结合并创造出新的形象的过程，黏合是其中比较重要的手段。

【要点提示 14-2】 黏合原理

黏合的原意是指用黏性的东西使两个或几个物体粘在一起。在这里，黏合是指把客观事物中从未结合过的属性、特征、部分在头脑中结合在一起而形成新的东西。这种综合性的活动需要首先将客观事物的某些特征或功能通过分析后分离出来，然后按照主体的要求，将需要的离散对象重新配置、布局并组合起来，构成了人们所渴求的形象，以满足人们的某种需要。这里的客观事物是指两项或以上，为了说明，下表所展示的是两项客观事物的黏合。

A 客观事物	B 客观事物	离散对象的新组合	黏合事物名称概念
人	鱼	人身+鱼尾	美人鱼
人	猪	人身+猪头	猪八戒
人	猴	人身+猴头	孙悟空
马	鸟类翅膀	马身+翅膀	飞马
坦克	船	坦克+船的某些特征	水陆两用坦克

黏合过程中似乎存在“分解”和“组合”过程，但不是对“分解”和“组合”的照搬。其组合的对象既可以是特征类的要素，也可以是离散后的部分等。读者可以借用上表的格式，在“A 客观事物”和“B 客观事物”两栏中任意地填入客观事物，进行强制性想象性的“黏合”，看看是否有“新事物”产生？

二、　联想

1. 联想与联想思维

（1）联想，是指由一事物联想到另一种事物而产生认识的心理过程，即由所感知或所思考的事物、概念、词语或现象的刺激而想到其他的与之相关的事物、概念、词语或现象的思维过程。在联想过程中，除了人脑及其机能是联想的生理基础和物质条件外，对象与对象之间的关联性也是联想产生的客观因素。

联想是一种科学的、丰富的想象过程，是想象思维的初级阶段；联想是创新思维中一种重要的能力及表现形式。联想和类比有相似的地方，但它又高于类比，是类比的进一步扩展；联想具有从一知三的妙用，可以从一个对象联想到多个，甚至是无数个对象。亚里士多德说：“我们的思维是从与正在寻找的事物相类似的事物、相反的事物，或者与它相接近的事物开始进行的……由此产生联想。”

（2）联想思维。简单地说，联想思维就是通过思路的连接把看似“毫不相干”的事件或对象联系起来，从而产生新的成果的思维过程。比如，当你见到一个意志坚强的人会联想到钢铁，见到一个凶狠的人会联想到豺狼。

联想思维虽是一种心理活动，是能动的，但却是非纯主观的；它是自由的，但不是随意的。一方面，联想思维一般是以直接感知的、客观存在的事物为前提，也就是说一定要有客观存在的事物和亲身的感受（感觉过的、体验过的），受到某些客观因素的制约。另一方面，联想的广度、深度、速度和价值以及想象的丰富程度与主体的工作经验、生活经验和社会经验等实践经验和感知的丰富程度、深化程度密切相关，也与主体的阅历、经历、修养、知识的广博程度密切相关，受到某些主观因素的制约。

2. 联想类型

下面，我们通过“常用联想方法检核表技法”来讨论联想类型。

【常用联想方法检核表技法】

1. 基本描述

1.1 原理点

见上述的相关内容。

1.2 理解点

(1) 一般来说,联想的主要目的有两个:其一是通过联想这个方法找到另外的对象,其二是经由联想获得另外的对象并通过想象性的黏合产生新的设想。对于后一个目的,具有想象力的主体往往会一气呵成,但其程序可以分为两步走:通过联想方法,先找到另外的对象,即实现第一个目的;然后再实现第二个目的。

(2) 联想有多种类型的划分,我们在下面详细介绍几种最常见的类型。

2. 联想的类型

(1) 按照主体联想形式,可将联想的类型划分为配对联想、连锁联想和发散联想。

配对联想也称为"简单联想",就是只从一个对象联想到另外的一个对象,例如从江河想到湖海,即江河→湖海;从火柴想到打火机,即火柴→打火机。

连锁联想,是指在主体头脑中按照事物之间存在的这样或那样的复杂联系,一环紧扣一环地进行联想,使思维活动逐步向前推进,以获得对事物的某种新的认识,或引出某种新的设想。例如,从白纸想到白云,由白云又想到鸟,从鸟再想到飞机等,即:白纸→白云→鸟→飞机。

图 14-1 "速度"的发散联想

发散联想就是以一词语对象为基点,向四周发散性地联想。例如,从"速度"这一对象,可以联想到的事物有:奔驰的列车、呼啸而过的飞机、运动员的百米冲刺、自由落体的重物、飞奔的羚羊、一闪而过的流星等,见图 14-1。

(2) 按照主体联想方式,可将联想划分为自由联想和强制联想。一般的创造活动,都鼓励自由联想,这样可以引起联想的连锁反应,容易产生大量的创造性设想。但是，具体要解决某一个问题，有目的地去发展某种产品，也可采用强制联想，让人们集中全部精力，在一定的控制范围内去进行联想，也能有所发明和创造。

自由联想是以某一对象为基点，不受拘束地随意联想，其目的一方面在于获得另外的对象，另一方面在于产生创新的启发或结果。例如，一位诗人在某种情绪状态下，看到"修理钟表"几个字，便会联想到"修理时间"，进而想出这样的字句：请替我修理一下年代吧，它已不能按时间度过。

强制联想是以某一对象为基点，有意识地与事先列出的另外对象产生联想，其目的在于产生结果。很多时候把乍看起来无关联的事物强制地黏合在一起，反而能找到转换想法的机遇，获得意想不到的结果。例如，以某一家用电器为基点对象，与某辞典第 X 页的排列词语逐一进行强制性的联想。

(3) 按照对象的表达形式，可分为词语联想形式和图形联想形式两种。由于它们之间具有转换性，所以在基点对象和获得对象之间的形式可以是不同的。

词语联想是指对象的表达形式是以词语的形式出现的，这是最常用的形式。例如，在反向联想中，给出"高大"的词语，想到"矮小"的词语等。

图形联想是指当我们看到某一图形时我们联想到什么。这个"什么"是指获得对象，它可以是图形，也可以是词语；这里的图形具有广义性，它包括图片、实物和符号等。也就是说，在解决问题时，利用与所解决的问题有关或无关的图形，产生自由（强制）联想，从而启发思维。图形联想法的特点是：不用概念，而是用图形作为刺激物，通过视觉发挥想象力，在图形和需要解决的问题之间产生联想，以获得创造性的设想。其应用实例可参考本技法的"操作实例"。

(4) 按照主体联想性质，可分为相似联想、反向联想、接近联想、动作联想、关系联想等。

相似联想也称类似联想，是指在特征、形式、意义或结构上相似的事物之间所形成的联想。例如，看到鸟想到飞机，看到猫想到虎等，就是因为这些事物有相似之处。而在文学创作中，李商隐的"春蚕到死丝方尽，蜡炬成灰泪始干"、李白的"床前明月光，疑是地上霜"等诗句，都是相似联想的典范。

【案例 14－1】　擀面杖与等向性钢板横轧装置

日本的一位工程师在特种钢厂工作，尽管他夜以继日地工作，但总是轧制不出合格的钢板，钢板在轧制过程中总会开裂。有一次，他在厨房看见妻子正在用擀面杖擀面，动作十分灵活。就在这一瞬间，工程师突然联想出了轧制钢板的新技术——等向性钢板横轧装置。

【点评】

擀面杖擀面和等向性钢板横轧装置在形式上相似，这是一种相似联想。它的原理是把很多根类似擀面杖的工作轧辊安装在一个转动辊上，对金属进行轧制。轧辊上面有个相当于面杖的固定盘，金属原料在轧辊和固定盘之间缓慢向前移动，这不正像无数根擀面杖擀面一样吗？

反向联想也称对比联想，是指具有相反特征的事物或相互对立的事物之间所形成的联想。例如，看到胖子想到了瘦子，在黑暗中想到光明，从水想到火，从冷想到热，从大想到小，从左想到右，从上想到下等。一般人进行数学运算都是从右至左、从小到大进行运算，中国的数学家史丰收运用对比联想，反其道而行之，从左至右、从大到小来进行运算，使运算速度大大加快。

接近联想，是指在时间上和空间上相互接近的事物之间形成的联想；下面简单地介绍其中的两种类型：形状联想和顺序联想。形状联想是指在空间上形状相似上的联想，例如，看到西瓜想到皮球，看到绳想到蛇等。顺序联想是指在空间上前后位置排列上的联想。例如，提到甲就会想到乙，提到今天就会想到明天等。

动作联想是指无论是生命体的还是非生命体某动作所引起的相关联想。例如，瓦特在少年时，观察火炉上的茶壶，发现当火烧开时，壶盖会跳动这一动作，从中领悟到蒸汽中潜藏着的力量，受此启迪，经过辛勤的研究终于发明了蒸汽机。

关系联想的细分类型很多，这里仅简单地介绍常用的部分与整体之间的关系和因果之间的关系。

部分与整体之间的关系在这里简称为“整体关系”，整体关系联想即是指依据部分与整体之间的对应关系，既可从部分联想到整体，也可从整体联想到部分。比如，看到文具盒联想到铅笔、橡皮，看到树叶联想到树木等。

因果关系联想是指从一个现象联想到彼此存在因果关系的另一个现象。比如，看到闪电想到暴雨，看到有人流血想到受伤等。

3. 建立“常用联想方法检核表”

根据上述类型，建立适合你的“常用联想方法检核表”，如下表所示。对于某一问题，如果你想通过联想法得到解决的话，可以按照表中的组合方法编号选择性地或逐一地进行。

序号	名　　称	A配对方式	B发散方式	C自由方式	D强制方式
1	相似联想	1A	1B	1C	1D
2	反向联想	2A	2B	2C	2D
3	形状联想	3A	3B	3C	3D
4	顺序联想	4A	4B	4C	4D
5	动作联想	5A	5B	5C	5D
6	整体关系	6A	6B	6C	6D
7	因果关系	7A	7B	7C	7D
8	图形联想	8A	8B	8C	8D

4. 目的作用

本技法适用在想象观念的联想思维引导下通过联想的方法来获得对象或结果的创新思维活动。

5. 基本步骤

基本步骤见图14-2。

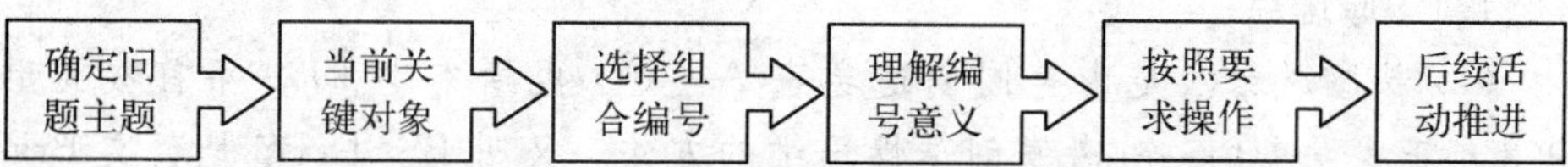

图14-2　常用联想方法检核表技法基本步骤

6. 操作实例

(1) 确定问题主题是“如何实施新建住宅小区集中供热系统工程”；

(2) 当前关键对象是“工程”；

(3) 选择组合编号是“8D”；

(4) 理解编号意义是“获得任意图形(见图14-3)→图形相关联想→关键对象与获得对象强制想象”；

图14-3　行驶中的火车

常用联想方法检核表技法

(5) 按照要求操作,详见下表。

序号	刺激图形联想	刺激图形联想结果与问题强制联系
	任意给出一幅图,如图 14-3	如何改善新建住宅小区的集中供热系统的安装,又不降低舒适度
1	为了安全,火车需要有运行的时间表	制定工程进度日程表
2	火车的发明应用了空气动力学原理	在房屋中,供暖设备的设计要应用热力学原理,以减少热损耗(如对流等)
3	火车的速度按照需要可快可慢	两套供热装置中,一套根据室外气温达到一定温度时提供基本热量;另一套则要求温度较高,如浴室的温度
4	驾驶火车需要训练有素的专业人员	供热设备设计、安装和监督必须具备相应的资质
5	特殊基础设施,如火车站、铁轨等	供热系统的设计要完整、规范和科学等

【个人简单二元坐标配对技法】

1. 基本描述

1.1 原理点

(1) 头脑风暴法是由美国创造学家A·F·奥斯本于1939年首次提出、1953年正式发表的一种激发创造性思维的方法。又叫BS法,BS是英文Brain Storming的缩写。

(2) 个人头脑风暴法又叫"个人BS法"、"个人智力激励法"。这是一种将头脑风暴法应用于个人领域,提高个人创新能力的方法。

1.2 理解点

(1) 个人头脑风暴的方法有多种,这里只简单介绍"个人简单二元坐标配对技法"。

(2) 本技法的使用将涉及到"中介"、"想象"、"联想"、"组合"和"强制"等主要概念,对这方面更多的了解可阅读"中介捕获观念"、"想象与类比观念"和"组分观念"等章节。

(3) 本方法有目的性,但没有明确的具体目标性;活动的结果是或然的,即:也许有启发或效果,也许没有启发或效果;其结果也可表现为是一种启发,即启发你做另一件事。

(4) 不必担心自己的想象无法实现，这是以后的事。在使用时，任何想象都是受欢迎的，即使自己认为是荒谬可笑的想象也请记录下来；也许，它可能使你成为一名伟大的创新者。

2. 作用对象

在一般性的技术创新、管理创新及其他创新思维活动中都可采用。

3. 基本步骤

基本步骤见图14-4。

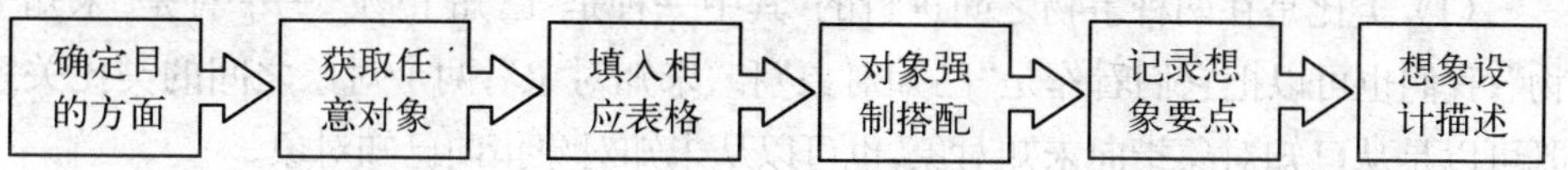

图14-4　个人简单二元坐标配对技法基本步骤

4. 操作实例

序号	名　称	内　容				
1	**确定目的方面**	还能做些什么?				
2	**获取任意对象**	桌子、椅子、电视机、电风扇、电冰箱、压力锅				
3 填入相应表格;4 对象强制搭配;5 记录想象要点						
	A桌子	B椅子	C电视机	D电风扇	E电冰箱	F压力锅
1桌子	×	……	……	……	……	……
2椅子	带椅子的桌子	×	装在椅子上的电视机	带电扇的椅子	带椅子的电冰箱	带压力锅的椅子
3电视机	……	……	×	……	……	……
4电风扇	……	……	……	×	……	……
5电冰箱	……	……	……	……	×	……
6压力锅	……	……	……	……	……	×
6想象设计描述	① 2A：比如梯形教室中的组合型桌椅；② 2C：比如汽车、飞机中装在椅子背后的电视屏幕；③ 2D：比如理发店带有吹发功能的椅子；④ 2E：比如做冰淇淋的冷柜带有工作椅子；⑤ 2F：比如通过气压控制高度的椅子					

三、类比观念

1. 观念描述

类是指许多相似或相同事物的综合，比是指比较；从字面来看，类比是指对相似或相同事物的比较。也就是说，类比的基础是比较，类比的核心是异中求同或同中见异。康德说："每当理智缺乏可靠论证的思路时，类比这个方法往往能指引我们前进。"

(1) 类比是在两种事物之间进行的，其中一种是"已知事物"，另一种是"未知事物"；我们也可以把它们看作是"已知对象"和"未知对象"；两个对象之间的类比关系既可以是从已知对象指向未知对象，也可以从未知对象指向已知对象。

(2) 类比方法。类比观念引导下的思维或创新思维方法在人们认识世界和改造世界的活动中起着重要的作用。历史上许多重大的科学发现、技术发明和文学艺术创作等，都是运用类比方法的结果。通过两种事物之间相似性的比较，一方面可以由已知对象的某些特征或属性推导出未知对象的某些特征或属性，另一方面也可以从已知对象的某些特征或属性中得到启发来对未知对象的某些特征或属性进行模拟。显然，前者是对事物推理性的认识，后者是对事物模拟性的仿造。这样，类比观念下的类比方法就分为类比推理和类比模拟两大类型。

(3) 方法选择。世界上许多事物都存在着相似之处，对这些相似现象进行深入的研究，了解它们之间的关系和规律，对人们认识世界和改造世界有重要指导意义。当我们遇到某个或某项问题需要采用类比方法解决，不妨参考图14－5。该图以问题为界，分成两部分：左边采用的是"类比推理"，右边采用的是"类比模拟"。你可以视问题的性质选择采用哪一种；对于有些问题，虽然你已经取得效果，不妨用另一种方式再试试，也许会收到更好的效果。

2. 类比推理

类比推理是通过对两个不同对象进行比较，找出它们的相似或相同属性，然后以此为根据，把其中某一对象的有关知识或结论推移到另一对象中去。因此，共同属性是类比的基础。比如，荷兰物理学家惠更斯曾将光和声这两类现象进行比较，发现它们具有一系列相同的性质，例如都有反射、折射和干扰等；又知声有波动性质，惠更斯由此推出结论：光也有波动性质。又比如，李四光发现中国松辽地区和中亚细亚的地质结构相类似，已知中亚细亚有丰富的石油，他经过类

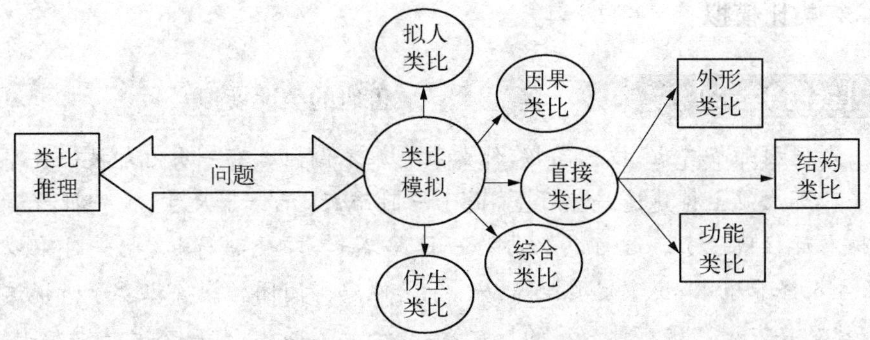

图 14－5　主要类比方法结构图

比推断，认为松辽平原也蕴藏着丰富的石油，后来，人们经过勘探，果然在松辽平原上发现了大庆油田。

【要点提示 14－3】　类比推理时请注意两点

在具体运用类比方法时，应该注意如下两个问题：

(1) 类比对象的同一关系。类比和比较类似，都必须注意同一关系的问题。类比是一种从个别到个别或从一般到一般的推理形式，如果用 A 个别对象与 B 一般对象进行类比的话，其结果是令人质疑的。

(2) 类比结论的或然性。类比方法是根据不同事物具有的一些相同属性，推断出另外的属性也相同，这样的推理根据显然是不充分的。比如，地球与火星在一系列属性上是相似的，但是地球上有生物，能不能说火星上也有生物呢？按照类比推理，这种可能性也是存在的。但是，近年来的航天科学考察表明，到目前为止并未发现火星上存在什么生物。

类比对象	类　比　项			
	太阳系的行星	存在一年四季	适于某些生命存在的温度	存在生物
地球	√	√	√	√
火星	√	√	√	?
类比结论	火星可能也存在生物			
结论证实	近年来的航天科学考察表明，火星上还没有发现生物			

3. 类比模拟

【案例 14 - 2】 鲁班的类比模拟

木匠祖师爷鲁班，技艺高超，什么事也难不倒他。有一次他却被一件事难住了。那次他主持建造一座厅堂，由于一时疏忽，记错了尺寸，把一批珍贵的香樟木厅柱截短了。这可怎么办？一是赔不起，即使赔得起，也一时难以购到，主人怪罪下来，说不定要坐班房。于是他急得团团转。鲁班妻子听说这件事，就对鲁班说："这有什么难的！你看，我个子不高，在靴底垫上一块木头，头上插着玉簪、珠花，不就显得高了吗？"鲁班受到启发，就在每个厅柱下，垫起圆形的白柱石，厅柱上端镶接着一个个雕了花篮、鸟首的柱头，终于解决了难题。

【点评】

这种受现实生活中某种事物的启发而进行思考的方法就是类比模拟。实际上，类比模拟是人类最早采用的创新思维方法之一。比如在古代，人们用石块模拟人的拳头，以木棍模拟人的手臂，以达到生存的目的，这是低级的类比模拟。而机器人则是模拟人体功能的一种高级的现代的模拟形式。在现代以及未来的科学技术发展中，类比模拟方法将越来越发挥它的积极作用，有着不可估量的前景。

(1) 特征描述。类比模拟与类比推理有很多相同的地方，具体而言，类比模拟具有如下主要特征：

首先，事物存在的相似性。世上万物千差万别，但并非杂乱无章。有些事物从具体的外表看存在着很大的差别，但是从抽象的本质看却存在着某种或某些共同点，存在某种程度的对应与类似。

其次，类比模拟的基础性。类比模拟就是根据世界上许多事物都存在着相似性的原理，把两个或多个同类、不同类、整体相似、部分相似乃至差别很大的事物进行对比，找出它们的类似之处，从而启发并模仿新事物产生的思维过程。

第三，类比模拟的模仿性。类比模拟和类比推理的共同点是：都采用类比的思维观念；其主要区别在于：① 类比推理属于逻辑思维方法，而类比模拟更多地属于非逻辑思维方法；② 类比推理的核心在于"推理"，而类比模拟的核心在于“模拟”；③ 类比推理的结果是期望“知道什么”，而类比模拟的结果是期望“得到什么”；④ 类比推理一般受到某些限制，而类比模拟的限制则比较少。

(2) 外形类比和结构类比。按照图 14－5 所示，类比模拟的类型有多种，这里简单介绍直接类比中的外形类比模拟和结构类比模拟。

直接类比就是从自然界或已有的熟悉事物中，寻找与创造对象相类似的事物，通过类比模拟，启发思路，创造新事物。直接类比的种类主要有：外形类比模拟、结构类比模拟和功能类比模拟。我们常见的外形类比模似是模拟犯罪人的外形画像来帮助破案，也许这又使你想起了鲁班通过白茅边缘“齿”的外形模拟出“锯”的故事。

【案例 14－3】　蜘蛛网外形对笛卡尔创立解析几何学的启发

也许，人们都讨厌到处结网的蜘蛛，因为它给人们行路带来诸多不便。但小小的蜘蛛竟给人以启迪，使得 17 世纪法国的著名数学家、哲学家笛卡尔创立了解析几何学。

有一次，笛卡尔生病躺在床上，无所事事，突然发现天花板上一只蜘蛛爬来爬去，这引起了他极大的兴趣，他仔细观察蜘蛛围绕着天花板、墙角在织网。看着悬在半空的蜘蛛，笛卡尔忽然叫起来：“有了！”突然的叫声，引来了家人，问他出了什么事？原来，这段时间笛卡尔正在研究用代数法解几何问题，寻找如何把几何中的点与代数中的数结合的途径，可是百思不得其解。但当他看到这只蜘蛛时，就想到能不能用两墙角边的交线与墙及天花板的交线，来确定悬在半空的蜘蛛位置呢？于是，他立即从床上爬起来，在纸上画了起来，他画了蜘蛛网拉出的几条线，又画出悬挂半空中蜘蛛的线，终于他寻找出一种用三条互相垂直的线组成的坐标，来测定蜘蛛的位置(点)，就这样笛卡尔终于解决了一个难题。从此以后，他又长期从各个角度来证明这一发现(后人称这种坐标为笛卡尔坐标)。终于，在数学王国的领域里创立了一门新的学说——解析几何学。

关于结构类比模拟，我们可以通过蜂窝及太空飞行器的结构比较来加以了解。众所周知，蜜蜂的窝都是由一些一个挨着一个排列得整整齐齐的六角形小蜂房组成的，如图 14－6 所示。18 世纪初，法国学者马拉尔琪测量到蜂窝的几个角都有一定的规律：钝角等于109°28′，锐角等于70°32′。后来，经过法国物理学家列奥缪拉、瑞士数学家克尼格等人先后多次的精确计算得出：消耗最少的材料制成最大的菱形容器，它的角度应该是109°28′和70°32′，和蜂房结构完全一致。

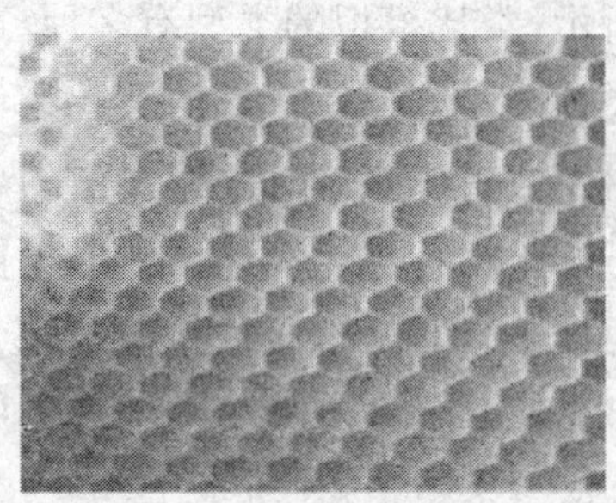

图14-6 六角形蜂窝结构

（图片资料来源：罗玲玲《创意思维训练》）

为了使太空飞行器达到第二速度，运载火箭就必须提供相当大的推力。因为运载火箭上带有推进剂、发动机等沉重的“包袱”，但如果飞行器自身重量轻，就可以大大减轻运载火箭身上的“包袱”，也就能使太空飞行器飞得更高、更远。但是，问题是一方面要减轻重量，另一方面还要考虑其容量与强度。科学家们尝试了许多办法都无济于事，最后，还是蜂窝的结构帮助解决了这个难题。

蜂窝的这种结构特点不正是太空飞行器结构所要求的吗？于是，在太空飞行器中采用了蜂窝结构，先用金属制造成蜂窝，然后再用两块金属板把它夹起来，就成了蜂窝结构。这种结构的飞行器容量大、强度高，且大大减轻了自重，也不易传导声音和热量。因此，今天的航天飞机、宇宙飞船、人造卫星都采用了这种蜂窝结构。

两种不同出发点的移植技法和从“捉”老虎到“捉”游客的转变

第15章 移植与转换观念

一、移植观念

1. 基本含义

移植源于植物学，在植物栽培过程中，人们为了某种需要，常把植物从一处移植到另一处，比如把播种在苗床或秧田里的幼苗拔起或连土撅起种在田地里。在医学上，移植是指人为地把机体的一部分切除再把它移植到同一个体或另一个体，即将机体的一部分组织或器官补在同一机体或另一机体的缺陷部分上，使它逐渐长好，如角膜移植、皮肤移植、血管移植和肝脏移植等。后来，移植一词有了更为广泛的含义。在创新活动中，我们可以将移植理解为是将某一学科、领域或事物中的原理、技术、方法等，直接应用或渗透到其他学科、领域或事物中，为解决某一新问题提供参照、帮助和启迪的思维观念和能力。

2. 主要作用

(1) 对科学发展的贡献。英国科学家贝弗里奇说：“移植思维是科学发展的一种重要方法。大多数的发现都可应用于所在领域以外的领域，而应用于新领域时往往又促成进一步的发现。”重大的科学成果有时来自移植。

(2) 移植也是一种能力。创造心理学家鲁克认为：“运用解决一个问题时获得的本领去解决另外一个问题的能力极为重要。”鲁克所推崇的这种能力就是移植能力。

(3) 移植观念拥有广阔的前景。现代科学技术的发展,使得学科与学科或领域与领域之间在概念、理论、方法等方面更加的相互渗透,这给移植观念和能力的应用带来了更为广阔的前景。移植在人类的创造活动中曾发挥着重大作用,在现代科学技术和创造发明中,将仍然承担或起着不可或缺的角色和作用。

【要点提示 15-1】 移植观念

移植是将已成熟的各种理论、技术和方法等以模型化、公式化或形式化等的形式在事物、学科和领域之间全部或部分地转移,以求解决新的问题;或者说是借助已有的成果对新目标进行再创造,使已有的成果在新的条件下得到进一步的应用和发展。人们的任何行为都是受到其观念支配的,因此,也可以说:引导人们进行移植实践的是思维的移植观念。一般情况下,移植的具体活动是通过联想等来牵线搭桥的,没有联想、类比方法等的中介和寻觅性的关联活动,就难有移植行为良好的结果。所以,移植既是一种观念,也是一种能力,而且这种能力是一种组合性的能力。

在以上的描述中,我们不仅要注意"模型化"、"公式化"或"形式化"等在表达方式上的区别,而且也需要对"转移"和"借助"这两个动词有弄清式的理解。如果此刻,你能够联想到"站在巨人的肩膀上"的话,那么,也许你已经具有了移植的观念。

TRIZ 的观点认为:一方面,只有 20% 左右的专利可以称得上真正的创新,许多被称为专利的技术其实早已在其他技术领域出现并应用过;另一方面,解决本领域技术问题的最有效的原理与方法,往往来自其他领域的科学知识,比如运用物理、化学、几何、植物和生物等效应,可以使解决方案更理想和简单地实现(关于这方面更多的了解可阅读"TRIZ 初步认识"章节)。

在创新活动中,移植是一个很重要的观念。如果主体具有了移植的观念,并且初步地掌握了一些移植的方法,那么将会得到事半功倍的效果。

3. 三种对象

移植行为中的对象有三种,即"供体"、"受体"和"移植体",其关系如图 15-1 所示。我们设定:凡接受某项输入的对象为"移植受体"(问题或问题对象),它表示了"接受的是什么";凡提供某项输出的对象为"移植供体"(成果或成果对象),它表示了"提供的是什么";凡是输入与输出之间、供体与受体之间、或者问题与成果之间发生转移的具体对象为“移植载体”，它表示了“具体的是什么”。

图 15-1　“移植受体”、“移植载体”和“移植供体”三者之间的关系

4. 两种方向

创新的移植关系，是供体与受体之间的关系。从主体问题解决或问题思考的角度看，供体和受体之间的关系还存在着方向性，它与主体移植的目的有关，见图 15-2。

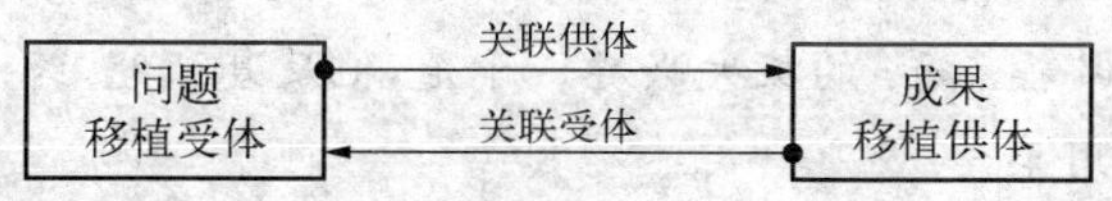

图 15-2　问题与成果关系中的方向

(1) 从问题出发，也称为解决问题型移植，是关联供体。就是从研究的问题出发，对创新过程中需要解决的问题(移植受体)，在移植观念的引导下思考能否运用其他领域的成果(移植供体)。

【案例 15-1】　火车制动器发明过程中的移植受体→移植供体

火车发明后，由于制动器的力量太小，在紧急的情况之下，常由于刹不住车而发生重大的交通事故。有一个叫做乔治的美国青年，他目睹了车祸的发生，于是就想发明一种力量更大的制动器。一天，乔治从当地的报纸上看到用压缩空气的巨大压力开凿隧道的报道，于是他想：压缩空气可以劈石钻洞，为什么不可以用它来制造火车制动器呢？就这样，经过反复试验后，22 岁的乔治终于发明了世界上第一台压缩空气制动器。

【点评】

在本案例中，“想发明一种力量更大的制动器”为问题的产生，是受体；“压缩空气可以劈石钻洞”为成果，是供体。其思维过程是：从问题出发寻找相关可以移植应用的成果，即：移植受体→移植供体。

(2) 从成果出发,也称为成果推广型移植,是关联受体。就是把现有科技成果向其他领域铺展延伸的移植,或当某一新技术产生后(移植供体),在移植观念的引导下思考是否能移植到其他的领域中去(移植受体)。

【案例 15-2】 "点子"盲文发明过程中的移植供体→移植受体

许多年前,法国海军巴比尔舰长带着通信兵来到一所盲童学校,向孩子们表演夜间通讯。漆黑的夜晚,眼睛是没有用的。因此,军事命令需要被传令兵译成电码,并用"戳点子"的办法,在一张硬纸上把电码记下来。而接受命令的士兵,就用"摸点子"的办法,再译出军事命令的内容。这一表演引起盲童布莱叶对"戳点子"和"摸点子"的极大兴趣。于是,他反复研究,终于发明了"点子"盲文,并一直沿用至今。

【点评】

本案例中,"用'戳点子'的办法传达命令"为成果,是供体;"发明了'点子'盲文"为问题,是受体。其思维过程是:从成果出发寻找相关可以移植解决的问题,即:移植供体→移植受体。

【要点提示 15-2】 移植中相似性与相异性的辩证关系

移植的供体和受体之间既存有相似性,也存有相异性,这里的相似性与相异性也包括专业、学科或领域的跨度大小。相似性决定了移植对象能够从供体转移到受体的可能性,一般来说,移植的供体和受体之间相似性越多,移植成功的可能性越大;但是,新颖性程度也越低。相异性决定了受体接受供体移植后成果的新颖性程度,一般来说,移植的供体和受体之间相异性越大,移植成功后的新颖性也越大,但是,移植成功的可能性也越小。

在实际应用中,有时会碰到多种供体的选择问题。此时,应该根据主体目的并结合移植中相似性与相异性的辩证关系来作出选择。

5. 移植时的注意事项

【要点提示 15－3】　既要注意移植中的三个基本特点，同时也要注意条件、地点和时间等约束因素

应用移植法时要注意对移植供体和受体对象有充分的了解，并准确把握移植的限度。

(1) 注意移植中的三个基本特点。移植方法的应用关键在于“移植”，但是移植的应用并非是随意的和张冠李戴的，必须充分认识到移植的目的性、价值性和可靠性的三个基本特点。① 所谓目的性可以理解为是指移植不是为了移植而移植，而应以创新性、有效性、适宜性和发展性为目的；② 所谓价值性可以理解为从整体或系统和进化或理想化的角度来看待移植活动中的价值，对于移植的可能性和新颖性有一个价值的平衡或参照点；③ 所谓可靠性是指移植活动必须具有一定的可靠性，避免产生“排异”现象或适得其反的“缺陷”。

(2) 注意条件、地点和时间等约束因素。产生“排异”或“缺陷”的主要因素是条件、地点和时间。关于这一方面，可阅读“辩证观念”章节之“要点提示 11－2 一切以条件、地点和时间为转移”。

6. 两种方向的技法

【从成果出发的移植技法】

1. 基本描述

1.1　原理点

(1) 见上述的相关内容。

(2) 当前，在创新成果中，各种原理、方法、结构和功能等的交融和渗透越来越强烈，这给移植方法的使用带来了新的机遇。

1.2　理解点

(1) 移植活动具有两种方向。其一是从成果出发，即从移植供体出发；其二是从问题出发，即从移植受体出发。

(2) 两句关键的设问。供体和受体之间的关系还存在着方向性，即：从问题出发和从成果出发。当从成果出发，应设问：这个成功事例可以用在其他什么地方？当从问题出发，应设问：这个问题的解决有什么成功事例可以比照？

(3) 本技法是从成果出发的移植技法；如是从问题出发，则应选择“从问题出发的移植技法”。

2. 目的对象

事物、现象之间的相似性是普遍存在的，利用过去和现在成功的供体事例，以达到启发、引导我们创造和发现的目的，起到事半功倍的作用。在技术创新、管理创新及其他创新思维活动中都可采用。

3. 基本步骤

基本步骤见图 15-3。

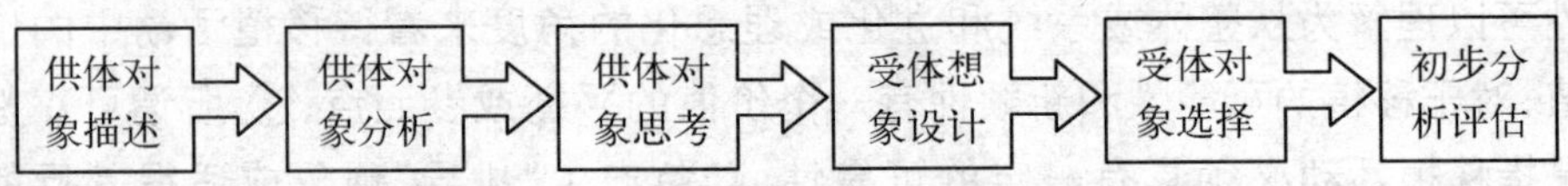

图 15-3　从成果出发的移植技法基本步骤

【要点提示 15-4】 创新技法中结果初步性选择的三项原则(初选三原则)

创新技法中结果初步性选择的三项原则不仅具有一般性，而且还具有通用性和实用性。每个创新技法运用后，都会产生许多想象性的设计方案，这就面临着一个取舍的问题，也就是选择。任何选择都应该有参照，在一般情况下，初步的选择我们可依据理论方面、需要方面和转换方面这三项要求作为参照标准来进行选择。其中转换主要是指将“想象方案”通过实际操作转变成现实的含义。

4. 操作实例

【案例 15-3】 从压“面饼”到压“鞋跟”

1975 年的一个星期天的早晨，鲍尔曼做饭时，突然发现用带有凹凸的小方块铁板上压出来的面饼，不但味道好，而且很有弹性。这个有趣的现象立刻引起他的联想：如果仿照做饼的方法，把烤过的橡胶放上去压一压，然后钉在鞋子下面，结果会怎么样呢？鞋子的弹性会不会特别好？鲍尔曼马上拿了一个烘蛋奶饼的铁模和一些橡胶就做起了实验。当他把压出来的橡胶钉在太太的鞋上后，结果太太走起路来感到非常舒服，这说明鲍尔曼的实验成功了。

【点评】

(1) 供体对象描述见“案例”；

(2) 供体对象分析是“物料加热，放在铁板上压出来带有凹凸的小方块具有弹性”，从“方法”上切入；

(3) 供体对象思考是：如果移植做饼的方法，把烤过的橡胶放上去压一压，结果会怎么样呢？鞋子的弹性会不会特别好？

(4) 受体想象设计是：将压过的、带有小方块的橡胶钉在鞋子下面，增加鞋跟的弹性；

(5) 受体对象选择是“鞋子”；

(6) 初步分析评估是“太太走起路来感到非常舒服”。

【从问题出发的移植技法】

1. 基本描述

原理点和理解点可参考“从成果出发的移植技法”。

2. 目的对象

事物、现象之间的相似性是普遍存在的。当我们碰到问题时，利用过去成功事例，以达到启发、引导我们解决问题的目的，起到事半功倍的作用。在技术创新、管理创新及其他创新思维活动中都可采用。

3. 基本步骤

基本步骤见图 15－4。

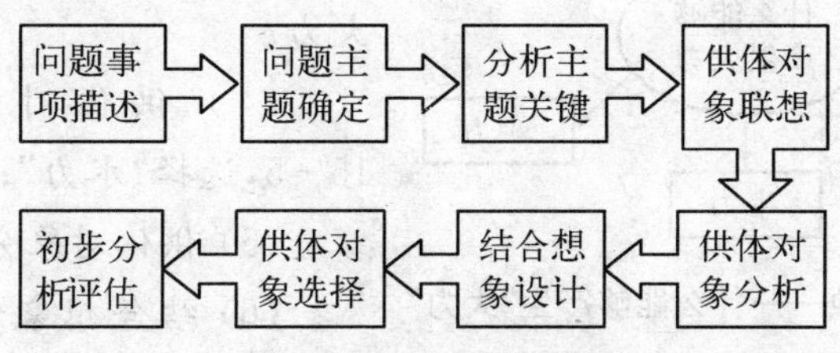

图 15－4　从问题出发的移植技法基本步骤

4. 操作实例

【案例 15-4】 水急流而下能够产生力量

早在公元前 6 世纪，中国就发明了生铁冶炼技术。到了汉代，炼铁技术虽然有了飞速发展，可是，炼铁时要用牛皮制作的皮囊来鼓风，比较耗费人力。有一年，南阳太守杜诗到民间微服私访，与一位铁匠成了朋友。杜诗发现铁匠师傅的炼铁炉特别大，边上还有十几个人在汗流浃背地推动着一架鼓风用的“人排”，便不解地询问起来。铁匠告诉他，没有这么大的“人排”，就没有足够大的风，也就炼不出好铁来。就是这么多人，稍不用力，也炼不出好铁。

回到官府后，杜诗就开始琢磨，这么多人推着“人排”，太累了。能不能找到另外的鼓风方法，既省力又高效？他左思右想，一直没找出好办法。一天傍晚，杜诗来到后花园散步，看到假山上一股瀑布急流而下，落到水池里水花四溅，不禁豁然开朗：瀑布能激起一朵朵水花，能不能用水力来代替人力呢？要是把鼓风机的传动杆变成大木轮，再加上连杆，放在河中，不就可以让河水冲击来带动木轮转动了吗？杜诗连忙叫人把木匠和铁匠请来，将自己的想法告诉大家，并要他们按照自己的想法制造出一个“水排”。很快，“水排”就做好了，杜诗又让人在河边建起了一座高大的炼铁炉，将“水排”连在鼓风的皮囊上，这样就可以不用人力来推动，而是依靠源源不断的水力来鼓风，风力大，炼铁既快又好。

【点评】

（1）问题事项描述“见案例”；

（2）问题主题确定是：如何能够很省力地使鼓风机产生足够大的风；

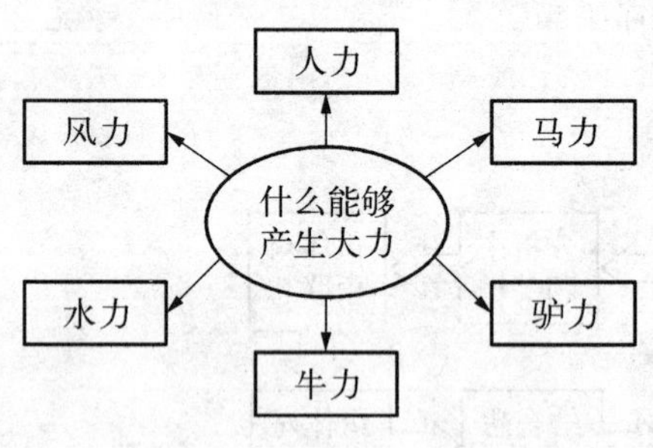

图 15-5 发散——什么能够产生“大力”

（3）分析主题关键是：鼓风机产生“大风”需要“大力”。这样，问题就转换为：什么能够产生大力；

（4）供体对象联想见图 15-5，选择“水力”；

（5）供体对象分析；

（6）结合想象设计：把人工

鼓风机的传动杆变成大木轮，再加上连杆，放在河中，让河水的冲击来带动木轮转动；

（7）供体对象选择是：有坡度的水流（河流或瀑布）；

（8）初步分析评估。

二、　转换观念

1. 理解转换

转换一词与转化一词是存在区别的。转换是由“转”和“换”两个字组成的。

（1）从顾建平的《汉字图解字典》看，“转”为会意字，见图 15－6(a)，从“車”（车），从“專”（像手持纺专），“專”兼表声，表示车轮转动；“轉”简化为“转”；本意说转动。“换”为形声字，“手”表意，篆书形体像手，表示用手交换东西，见图 15－6(b)；“奂”表声，表示通过交换可得到众多所需之意，本义是交换。

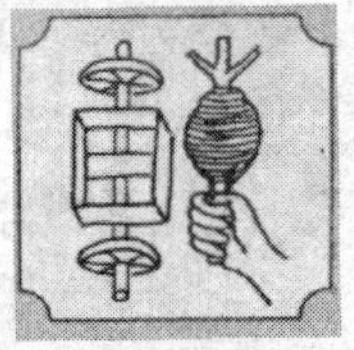

(a) 图解“转”字

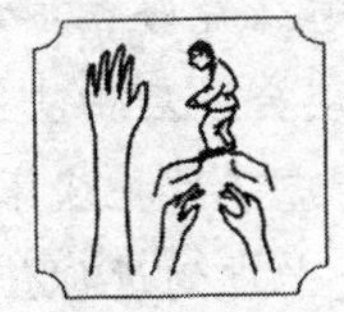

(b) 图解“换”字

图 15－6　图解汉字“转”与“换”

（2）从金文明的《中华古汉语字典》看，“转”可以表示回返、转变、旋转和转弯等意思，“换”可以表示交换、更换和改变等意思。

（3）在创新思维中，对转换的理解：① 从字面上理解，“转”和“换”都有改变的含义；但是，“转”侧重于方向上的改变，即“转向”；而“换”则侧重于对象上的改变，即“置换”。将两个字合起来，既存在方向上的改变，同时也存在对象上的改变。在空间的框架或背景中，方向可以用“线”的形式来表达，对象可以用“点”的形式来表达。② 转换是一个观念性的词语，它的基本含义是改变，它的两个基本点是转向和置换。

2. 转向

创新思维中，转向主要是指思维路径上的改变（包括方向）。就是说，从原来的思维路径去思考问题，由于遇到困难或者受到阻碍而使问题得不到解决时需要转换一下思维方向，以达到顺利解决问题的目的。“要点提示4-4：线中点的转折和驱动”将有助于我们认识思维方向上的转向。

3. 置换

置换也是蔡文“可拓学”中的一个重要观点。它告诉我们不仅对研究事物的条件是可以变换的，目的是可以变换的，而且研究对象本身也是可以变换的。置换中分置换受体与置换供体，见“特征和功能等值载体置换技法”中的解释。置换原意是一种单质替代化合物中一种原子或原子团生成另一种单质和另一种化合物。这里，主要是指用另外的因素替换原来事物中的因素。所以，置换可以是实体对象的置换，也可以是空间的置换，同样可以是思维观念的置换。

【案例15-5】 数学家们讨论“捉”老虎的方法

据说国外要修建一座动物园，决策人请来许多数学家，其主题是研究怎样才能捉到老虎。并约定：在畅谈会上，大家的思想要自由奔放，思想越新越好。不管意见怎么荒谬也不许反驳，还要求与会者要努力寻求联合和改进他人的意见。畅谈会最后由决策人整理并做出决策。

“不必捉老虎了！把我家的猫抱来就可以了。”一个计算数学家首先说，他的理由是“猫是老虎的近似值”。

“只要给猫照张照片就可以了！因为猫的照片是老虎的‘同态像’。”接着发言的是一位代数学家，他运用了代数中的“同态像”这个名词。

一位拓扑学家站起来，故作幽默地说：“不必再谈了，老虎已经捉到了！我用了一个拓扑变换：把笼子的内部变成外部，而把外部变为笼子的内部，不管哪里有老虎，都可以用这个方法捉到！”

对于拓扑学家的方法，似乎听起来有点荒谬，但是，事后决策人却受到了启发：建立了野生动物园，老虎和其他野兽在自然环境下生活，而参观者却关进活动的笼子——密封的汽车里游览，让游客体验到在一般动物园内体验不到的乐趣。

【点评】

这是一个置换的精彩事例。其核心是将“捉”的对象进行置换，即在“虎”与“游客”的对立性对象中，由原来的“捉虎”变成“捉游客”。

本故事的思维不仅需要思维观念中转换观念的置换原理，同样也需要逆反观念的参与，其结果是转换观念与逆反观念的组合应用。在很多创新思维案例中，绝非仅仅是一种思维观念的引导作用，更多的是两种甚至更多观念的组合引导，是两种以上技法的组合应用。

对于讨论，无论是采用“头脑风暴法”的方式，还是其他方式，我们不能完全寄希望于通过讨论就能够获得方案(当然，如果能够直接获得方案是最理想的)，重要的是通过“讨论”获得更多的信息，即拓展信息，以便对我们产生某种启发或供我们进行收敛性的选择。

关于置换的技法，你可以阅读“换元观念”章节中的“特征和功能等值载体置换技法”。其实“和田 12 动词检核表技法”中的某些方法也具有置换的意义，比如“缩一缩”，你可以将把长改成短看作是“缩一缩”，也可以将把长置换短看作是“缩一缩”等，见图 15 - 7。

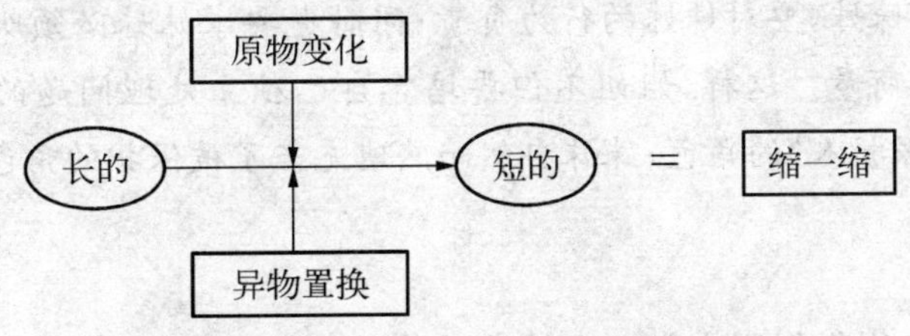

图 15 - 7　“缩一缩”的不同视角认识

4. 常见的转换类型

在创新思维中，当我们在思考或解决问题中碰到障碍时，应该注意常见的八种转换类型，以利及时的“调头”。这八种转换是：目的转换、主题转换、观念转换、视角转换、角色转换、条件转换、繁简转换和用途转换。下面，我们通过“职业角色转换技法”来介绍“角色转换”，通过“简单取消必要条件获得创新设想技法”来介绍“条件转换”，通过“案例 15 - 7” 来介绍“繁简转换”。

(1) 角色转换,详见“职业角色转换技法”。

【职业角色转换技法】

1. 基本描述

1.1 原理点

(1) 角色效应。现实生活中,人们以不同的社会角色参加活动,这种因角色不同而引起的心理或行为变化被称为角色效应。由于人生所扮演的角色不同,即使是同卵双生子,其个性行为也会发生明显的差异。

【案例 15-6】 是双胞胎却是不同角色

一位心理学家通过观察发现:两个同卵双生的女孩,她们的外貌非常相似,生长在同一个家庭中,从小学到中学,直到大学都是在同一个学校、同一个班内读书。但是她俩在性格上却大不一样:姐姐性格开朗,好交际,待人主动热情,处理问题果断,较早地具备了独立工作的能力。而妹妹遇事缺乏主见,在谈话和回答问题时常常依赖于别人,性格内向,不善交际。是什么原因造成姐妹俩在性格上这样大的差异呢?其中关键的原因就是她们两人所充当的“角色”不一样。先出生的为“姐姐”,后出生的为“妹妹”;她们的父母就不断地告诫:姐姐应该照顾妹妹,要对妹妹的行为负责;同时也要求妹妹必须听姐姐的话,遇事必须同姐姐商量。这样,姐姐不但要培养自己独立处理问题的能力,而且还扮演了妹妹“保护人”的角色;妹妹自然而然地充当了被保护的角色。

【点评】

充当何种角色是造成孪生姐妹性格异样的关键因素。其实,并非只是孪生子才有“角色效应”,正常的人都会受到角色的影响。充当“知识分子”这个角色,就会受到“文质彬彬”等一些角色要求的影响;充当“教师”这个角色,就会有“为人师表”的角色要求。角色要求就像“魔绳”一样,把你紧紧地捆束在这个角色之中。

(2) 角色转换。通常一个人会经常变换自己的角色,比如说下班回家,就要从职业角色变换为家庭成员角色，这种变换即为角色转换。在有些新旧角色的转换过程中，会伴随着不同角色的冲突。

(3) 旋转方法。就对事物的感受而言，如果要产生一个或一些不同的观点，你就会发现扮演不同的角色是很有帮助的。在思考中“扮演一个不同的角色”，19 世纪的丹麦哲学家瑟伦·克尔恺郭尔把这称为“旋转方法”。

1.2　理解点

(1) 角色是指与人们的某种社会地位、身份相一致的一整套权利、义务的规范与行为模式，而地位则是人们在社会关系中所处的位置。

(2) 如果你把你的问题放入另一个环境中或者转换一下角色并且身临其境地思考，也许它将会改变你对思考该问题的看法甚至方法。这是通用电气的一个著名发明家 T·A·里奇非常喜欢的一种技术，他经常通过这种转换而找到一个看问题的独特的观点。

(3) 在角色转换后，你必须身临其境和设身处地。所谓身临其境是指亲自到了那个境地；所谓设身处地就是设想自己处在别人的那种境地时会产生怎样的立场等，是指替别人的处境着想。

(4) 立场一般是指认识和处理问题时所处的地位和所抱的态度，当我们通过角色转换或通过其他方法得到不同角色的观点后，首先会发生立场的判断：是支持？还是反对？或者不明？通常支持获得的是“驱动力”，反对获得的是“约束力”。显然，这种立场判断是指角色的观点立场，并非一定会引起当事人的行为。进行观点立场判断，一方面它将是我们进行选择的主要依据，另一方面我们也可以得到直观的趋势情况，见图 15-8。

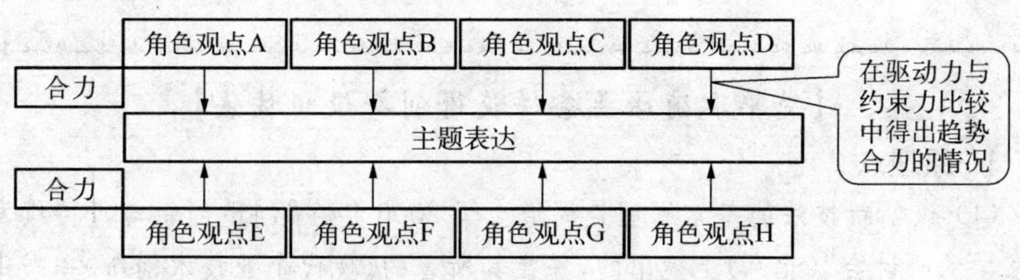

图 15-8　各观点立场分析图

(5) 角色转换最常见的可分为“职业角色型”、“不同人群型”和“利益相关型”等，本技法仅简单介绍“职业角色型”。

(6) 所谓职业角色型，就是在特定的空间中以“旋转方法”来扮演不同的职业角色,即在主题所构划的特定空间中,有哪些客观的职业对象,尝试通过逐一的角色转换,获得站在他们立场上的观点、立场、感受和影响等。

2. 目的对象

思维时往往会因自身的角色主导了自己的行为,导致了对问题看法的局限性。我们通过这种方法强制性地或引导性地使主体转换角色,改变看问题的角度,通过"将心比心"达到改变或拓宽视野的目的,以此带来新的认识和想法。

3. 基本步骤

基本步骤见图15-9。

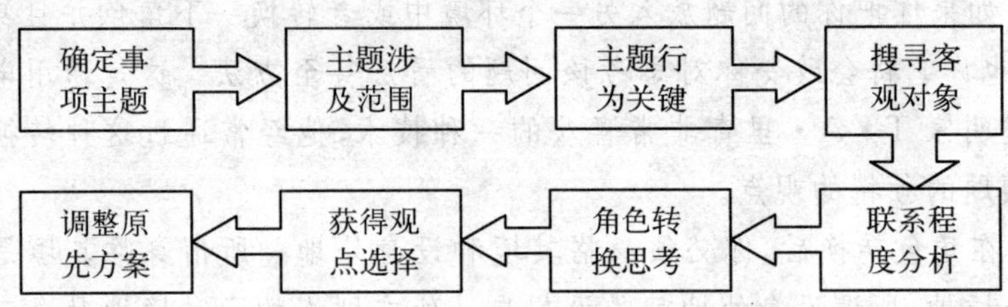

图15-9 职业角色转换技法基本步骤

4. 操作实例

读者可以将某单位发布的一项具有群体约束力的规定作为事项,按照本技法要求,模拟性地做一次分析。然后,将分析结果与原先的做个比较。想一想,从中你体会到了什么?

(2) 条件转换,详见"简单取消必要条件获得创新设想技法"。

【简单取消必要条件获得创新设想技法】

1. 原理点

(1) 该创新技法的基本原理是周道生于2006年在"创造创新与可持续发展国家学术研讨会"(北京)上提出的,并在其所著的《现代企业技术创新》一书中有较为详细的论述。

(2) 必要条件是指:有事物情况p与事物情况q,如果事物情况p不存在,事物情况q就不存在;如果p存在,则q不一定存在。在这种情况下,p就是q的必要条件。

(3) 任何产品或技术，都需要一定的条件，才能使用、生产和销售等，如果改变了条件，产品就无法使用、生产或销售。所谓的“取消必要条件”就是在假设性地取消事物的某些必要条件的情况下，为寻求实现完整功能而产生创意启发或设想的方法。

2. 理解点

2.1　举例

比如“普通洗衣机系统功能的发挥”。

(1) 必要的条件是：① 有水。② 有电。③ 有洗涤剂。④ 用手控制程序。⑤ 洗完后必须晒干。

(2) 有意逐一取消其中的一个条件，就可以得到如下的设想：

A1：假设取消“水”——不用水的洗衣机。

A2：假设取消“电”——不用电的洗衣机。

A3：假设取消“洗涤剂”——不用洗涤剂的洗衣机。

A4：假设取消“用手控制程序”——不用手动控制的洗衣机。

A5：假设取消“洗完后必须晒干”——自动烘干的洗衣机。

(3) 有意取消其中任意两个条件，那么会产生什么设想呢？

B1：假设不用水和电的洗衣机。

B2：假设不用水和洗涤剂的洗衣机。

B3：假设不用水也不用动手的洗衣机。

2.2　说明

(1) 取消是一种假设的行为；取消必要条件后，主体要在“必须恢复功能”的目的“压力”下，强制性地进行完善方案的创新思考。

(2) 主体可以在众多的“完善性方案”中选择最合适的方案或得到启发。

(3) 取消必要条件所产生的只是设想或想象性方案，不一定有开发价值，也是一种试错行为。但是，它至少满足了创新思维中拓展信息这一要求。

3. 作用对象

通过假设性地取消某一对象的必要条件，并在“必须恢复功能”的“压力”下，达到拓展信息、得到启发和从中获得适宜创新成果的目的。该技法还具有其他更为广泛的作用。

4. 基本步骤

基本步骤见图 15－10。

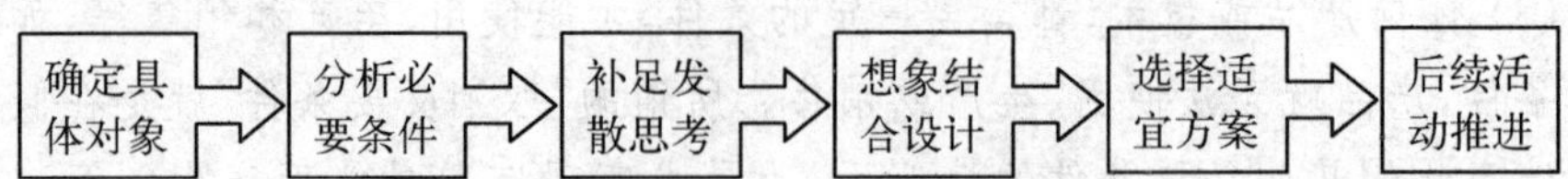

图 15-10 简单取消必要条件获得创新设想技法基本步骤

5. 操作实例

(1) 确定具体对象是“普通洗衣机”;

(2) 分析必要条件是“水、电、洗涤剂、手控制和晒干(从超系统看)”;

(3) 补足发散思考是“当取消用电”这一必要条件时,可将:太阳能、煤气、酒精、人工等作为动力。

---

(3) 繁简转换,详见案例 15-7。

【案例 15-7】 最聪明的办法,也许就是最简单的办法

建国初期,某研究单位需要弄清一台进口机器的内部结构,可是却没有任何的图纸资料可以查阅。这台机器里有一个由 100 根相互交叉的弯管组成的固定结构。要弄清其中每一根弯管各自的入口与出口,是一件相当麻烦的事。单位负责人召集有关人员攻关,并提出:完成这一重要任务,时间既不能拖得很久,花钱又不能太多。

参与此事的人纷纷开动脑筋,先后提出了往每一根弯管内灌水、用光照射等许多办法。虽然这些办法都是可行的,但却都很麻烦,要花的时间和付出的代价不少。路过此地的一位老花工看了看提出,只需要两支粉笔和几支香烟就行了。他的做法是:点燃香烟,大大吸上一口,然后对着管子往里吹;在管子的入口处写上“1”,这时让另一个人站在管子的另一头,见烟从哪一根管子冒出来,便立刻也写上“1”。其他管子也都照此办理。不到两小时,100 根弯管的出入口都弄清楚了。

【点评】

(1) 牛顿在其哲学推理法则中说:除那些真实而已足够说明其现象者外,不必再去寻求自然界事物的其他原因。因此哲学家说,自然界不做无用之事，只要少做一点就成了，多做了却是无用；因为自然界喜欢简单化，而不爱用什么多余的原因以夸耀自己。所以对于自然界中同一类结果，必须尽可能归之于同一种原因。我们既不应由于自己的空想和虚构而抛弃实验证明，也不应取消自然界的相似性，因为自然界习惯于简单化，而且总是与其自身和谐一致的。

(2) 爱因斯坦一个坚定不移的思想：科学逻辑上的简单性，是这种理论正确性的重要标志。

(3) 奥卡姆在《箴言书注》2 卷 15 题中说："切勿浪费较多东西去做用较少的东西同样可以做好的事情。"概括起来就是"如无必要，勿增实体"，即"思维经济原则"，人们把这句话称为"奥卡姆剃刀"。"思维经济性"是指用最经济的方式或方法来思考和表达客观世界，因果性只是思维的一种节约方式，物理学的公式也是这种经济性的具体实现……

(4) 繁简转换的两个方面。G·哈特费尔德在《笛卡尔与"第一哲学的沉思"》一书中说：笛卡尔在《谈谈方法》中概括并提炼成四条规则，其中第二条：把我审查的每一个难题，按照可能和必要的程度分成若干部分，以便一一妥为解决。第三条，按次序进行我的思考，从最简单、最容易认识的对象开始，一点一点逐步上升，直到认识最复杂的对象，就连那些本来没有先后关系的东西，也给它们设定一个秩序。

由此看来，繁简转换主要是指两个方面：化整为零和删繁就简。

学贵有疑；小疑则小进，大疑则大进。用假设揿开事物神秘的面纱

第16章 质疑与假设观念

一、质疑观念

1. 简要描述

古人云："学起于思，思起于疑。"很多人往往满足于"知其然"，而少追究"其所以然"。我国清代学者陈献说过："学贵有疑；小疑则小进，大疑则大进。疑者，觉悟之机也。"

在前面的章节中，我们提到G·哈特费尔德认为的笛卡尔四条规则，并介绍了其中第二、第三条和第四条规则。在这里介绍第一条规则，即：第一条：凡我没有明确认识到的，决不把它当成真理接受。也就是说，小心避免轻率的结论和先入之见。除了清楚分明地呈现在我心里、使我无法怀疑的东西以外，不放一点别的东西进入我的判断。这显然是笛卡尔质疑观念的总结。笛卡尔又说："很久以来，我就感觉到我自从幼年时期起就把一大堆错误的见解当作真实的接受了，因此，我建立的那些东西也是十分靠不住的。因此，我认为如果我想要在科学上建立起某种坚定可靠、经久不变的东西的话，我就非在我有生之日认真地把我历来信以为真的一切见解统统清除出去，再从根本上重新开始不可。"换句话说，人们一生中的许多观念都是在儿童时代接受下来的，而且在人们成年之后，并没有获得检验。所以，人们在认识事物、获取知识、建立自己的哲学体系过程中，首要的原则就是要确立"普遍怀疑"的精神。"要想追求真理，我们必须在一生中尽可

能地把所有事物来怀疑一次”。但是，笛卡尔强调，怀疑并不是要打倒一切，它只是一种手段，目的是为了更好地认识这个世界。

【案例 16－1】　为什么要去掉一块

女儿回到家里，听到妈妈在厨房间斩东西的声音，走近一看原来妈妈在斩火腿。末了，只见妈妈将火腿末端的一段斩下，随手就扔掉了。女儿心想：扔掉一块多可惜呀，但不知是为什么。妈妈平时省吃俭用，扔掉这一块总有她的道理吧。于是就好奇地问妈妈，为什么要去掉这一段呢？妈妈回答说：“我也不知道为什么，小时候看见外婆总是要去掉末端这一段的。”女儿实在忍不住了，便打了个电话问外婆。外婆说：“那时候锅小放不下，只能去掉这一段。”

【点评】

哦，原来如此！现在有大锅了，难道还要去掉这一段吗？

巴尔扎克曾说过：“打开一切科学的钥匙都毫无异议地是问号，我们大部分的伟大发现应该都归功于‘如何’，而生活的智慧大概就在于逢事都要问个为什么。”质疑观念是指创新主体在原有事物的基础上，通过以“为什么”或“是什么”为核心的质疑提出问题，运用多种思维方式和/或方法突破原有情况而对新事物诞生的追求。也就是说，质疑观念的核心特征是它的疑问性——“为什么”或“是什么”，这是求索问题的切入点，也表达了一种探索、求知、解疑的心理欲望，是一把发现问题和提出问题的钥匙。虽然质疑中多少都带有些好奇心，但是，质疑最简单的理解是提出疑点。问道在《思维风暴》一书中描述得颇形象：一切从怀疑开始，任何事情都不例外，质疑思维为我们推开了认识世界的另一扇门，从这扇门进入，经过不懈的努力，我们会将头脑中的问号一个个拉直，变成大大的惊叹号。

2. 提出问题

有质疑仅仅是一个开始，紧接着的应该是提出问题。没有问题的提出，这种质疑也许仅是瞬间的意识，甚至不知道该质疑什么。爱因斯坦说：“提出一个问题远比解决一个问题更重要。”善于提出问题是一个主体质疑观念的具体行为表现；敢于提出质疑是在强烈的好奇心驱使下创新意识的标志，是创新思维的起点，是创新的萌芽之一。

【要点提示 16-1】 **创新思维中问题产生的三大源头**

创新思维中问题产生的三大源头是一个重要的结构性认识模型。其实，人的思维是受问题驱使的，如果某件事不是一个问题，我们就不会考虑它。比如在早期，汽车转向是通过从车旁伸出的人造手臂来模仿司机的手臂动作，表明方向。虽然这不是一种非常有效的方法，但这种情况持续了约 40 年，始终没有人提出过质疑。后来，它被变为了转向灯，这个改变并不是依靠任何技术突破，而是有人愿意考虑这个问题。

创新问题的产生主要来自三个方面，见图 16-1 所示。

(1) 实际需要产生的，是一种被动的满足行为。所谓的"实际需要"既包括创新主体的要求或欲望，也包括市场客体的要求或欲望，是通过满足而产生的创新问题。

(2) 质疑观念产生的，是一种主动的质疑行为，是通过主体的疑问而产生的创新问题。

(3) 假设观念产生的，是一种既有主动又有被动的行为，是通过主体的假设观念而产生的创新问题。

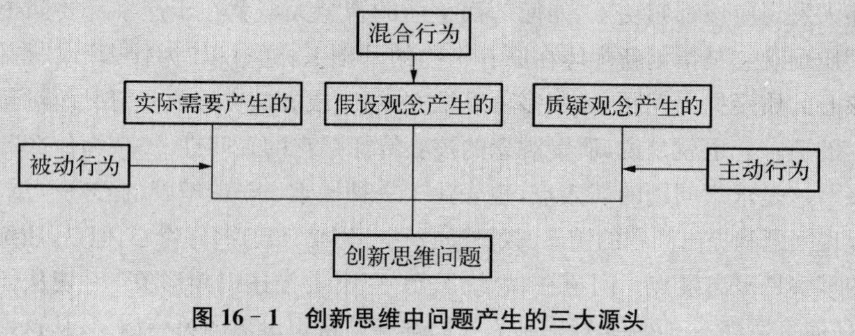

图 16-1 创新思维中问题产生的三大源头

3. 质疑是天才的共性

所有天才的一个关键的特征是他们有孩子般热切的好奇心和追根问底的习惯；或者说：天才们更多来自于提出大胆的问题，而不是来自于发现"正确"答案。没有问题的提出就没有问题的答案。因此，质疑是天才们的共性。

比如，千百年来，人们在洗澡时，也许都发现：人进入浴盆时，水会往上升，身子在水里要比在水外轻些，但是，这究竟是什么原因呢？没有人去研究它，或者研究不出名堂来。然而,阿基米德却发现了一个科学规律:重量相等的两种不同质量的物体,由于它们的质地不同(密度不同),它们的体积也是不相同的,它们排开水的体积也一定是不相同的。

比如,亚里士多德说,如果让两件东西同时从空中落下,必定是重的先落地,轻的后落地。对此,伽利略产生了质疑,认为物体落下来的速度跟它自身的重量是没有关系的。当伽利略提出自己的想法时,别人都把他当作是个不知天高地厚的疯子。但是,比萨斜塔的实验证明了“自由落体定律”。

比如,开普勒按照哥白尼“星球是作圆周运动”的认识,来计算火星运行的圆周轨道。可是他接连算了几个月,还是毫无结果。开普勒由此质疑火星的轨道不是圆的而是椭圆的,并提出了著名的开普勒第一定律:每个行星沿椭圆轨道绕太阳运动,太阳处在椭圆的一个焦点上。

比如,在 1928 年的一天,英国圣玛丽学院的细菌学讲师弗莱明,照例检查一夜间细菌的生长情况。他发现有一只培养皿里的葡萄球菌培养基发了霉,长出了一团青绿色的霉花,质疑使他的脑海中产生了“这是什么”的问题。他把碟子拿在手里仔细观察,只见在青绿色的霉花周围出现了一圈空白,那是杀死了它周围的葡萄球菌后留下的。这就是青霉素的最先发现。

4. 创新质疑类型简介

通过对天才们和一些创新案例的研究,可以归纳出常见的十几种创新质疑的类型,下面简单地列举几种。

(1) 存在型质疑。存在型质疑是指在一个特定的空间范围内,除了你的主观对象外,还存在着什么其他的客观对象。其问句为:还有什么东西?其要点是:主要以特定的空间为范围,努力思考、寻找可能存在的其他对象。

【案例 16-2】　雨水里还有什么东西呢?

1675 年的一天,天上下着细雨,荷兰生物学家列文虎克在显微镜下观察了很长一段时间,眼睛累得酸痛,便走到屋檐下休息。他看着那淅淅沥沥下个不停的雨,思考着刚才观察的结果,突然想到一个问题:在这清洁透明的雨水里,会不会有什么东西呢?于是,他拿起滴管取来一些水,放在显微镜下观察。没想到,竟有许许多多的“小动物”在显微镜下游动。他高兴极了,但他并不轻信刚才看到的结果。过几天后,他再接雨水观察,又发现了许多“小动物”,于是，他又更广泛地观察，“小动物”在地上有，空气里也有，到处都有，只是不同的地方“小动物”的形状不同，活动方式不同而已。

【点评】

列文虎克发现的这些“小动物”，就是微生物。这一发现，打开了自然界一扇神秘的窗户，揭开了生命的新篇章。列文虎克正是通过“存在型质疑”而获得这一发现的。

(2) 原因型质疑。原因型质疑是对现象、结果以及它们之间关系的原因、原理等进行探究。其问句为：为什么是这样？其要点是：主要以某现象、结果为基点的原因、原理和关系等的追溯和思考。

原因型质疑总体上可分为纵向式和横向式两种类型。

纵向式原因质疑型是指通过特定的现象，以主要原因的追溯为出发点，具有因果链式的纵向性，以获得最终一个合理的主要原因为目的。其问句为：什么是主要原因？其要点是：以所出现的或发生的目标现象、结果为基点，以此寻找产生它的主要原因。

【纵向式五个为什么技法】

1. 基本描述

1.1 原理点

(1) 中国有一句歇后语“打破砂锅纹到底(问到底)”。我们在平时工作或创新思维中也需要这种打破砂锅问到底的精神，同样的问题只要多问几个为什么，就会得到主要原因的所在。当明白、理解或寻找到了主要原因，似乎你离成功解决问题也就不远了。

(2) 这是一个非常有用的方法，是由日本丰田公司发明的。在一个简单的问题解决中，可以通过不断提问“为什么”，直到找出主要原因(或责任点)。

(3) 五个为什么中的“五个”是一个相对的数据，一般情况下连续问五次应该能获得解释问题起因的机会。当然，少于或多于五次，也都是正常的。

(4) 对于次数的多少是由你的满意情况来决定的。但是，次数的多少也意味着追寻原因达到的某一深度或程度。

(5) 五个为什么在追寻原因时属于纵向性的思维方式。

1.2　理解点

(1) 基本含义是希望得到:“什么是主要原因”的回答。

(2) 五个为什么法的主要作用在于: 用连续的“为什么”来追查原因,这也是我们一般或常见的理解。其结构提供了我们对原因纵向性追根溯源的方法。比如,他为什么迟到? 为什么会发生交通事故?

(3) 本技法有两种形式: ① 头尾式,就是在问与答之间存在“头尾相接”的关系,如同“接龙游戏”一样,即: 回答的结果将成为下一个为什么的问题;一般可用于对“问题的解决”。② 混合式,就是在问与答之间不仅存在“头尾相接”的关系,同时还存在逻辑的关系;有时,这种逻辑关系的后面还隐藏着答问者的主观认识性或意图性;一般可用于对“问题的了解”。

2. 作用对象

适用于任一需要追寻、了解主要原因或预期因果链式推测的问题。

3. 基本步骤

基本步骤见图 16－2。

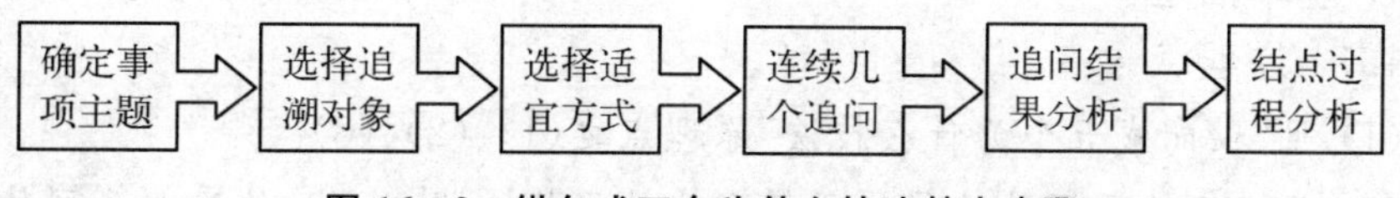

图 16－2　纵向式五个为什么技法基本步骤

4. 操作实例

事项描述		某人骑自行车在下坡的路上摔了一跤			
序号	名称	内容			
1	确定事项主题	骑自行车摔了一跤			
2	选择追溯对象	摔跤	转换主题	骑自行车摔跤	
3	选择适宜方式	“头尾式”(√);“混合式”( )			
4	连续几个追问	问题内容		回答内容	
4.1		为什么	骑自行车摔跤	因为	车速太快
4.2		为什么	车速太快	因为	下坡刹不住车

（续表）

4.3	连续几个追问	为什么	下坡刹不住车	因为	刹车失灵(空刹)
4.4		为什么	刹车失灵(空刹)	因为	闸皮架不动
4.5		为什么	闸皮架不动	因为	固定螺母掉了
5	追问结果分析	从以上五个为什么的一问一答中，我们找到了这个骑自行车者在路上摔跤的主要原因是掉了一个螺丝帽；当然，我们还可以继续地问下去			
6	结点过程分析	没有经常对自行车状况进行检查和维修			

横向式原因质疑是指通过特定的现象，以可能原因的拓展为出发点，具有发散的横向性，以获得更多的可能原因为目的。其问句为：有哪些可能原因？其要点是：以所出现的或发生的目标现象、结果为基点，以此寻找产生它更多的可能原因。

【横向式可能原因发散技法】

1. 基本描述

1.1　原理点

(1) 见“纵向式五个为什么技法”原理点之(1)、(2)、(3)。

(2) 更多可能原因的追寻属于横向式的思维方式；比如，他喜欢公司的原因有哪些？早期火车脱轨的原因有哪些？

1.2　理解点

(1) 基本含义是希望得到“有哪些可能原因”的回答，其中也包括隐含的原因。

(2) 一个现象的发生，在客观上可能存在许多原因，比如：为什么盘子是圆的？就可以有多种客观的原因存在，见图 16－3。

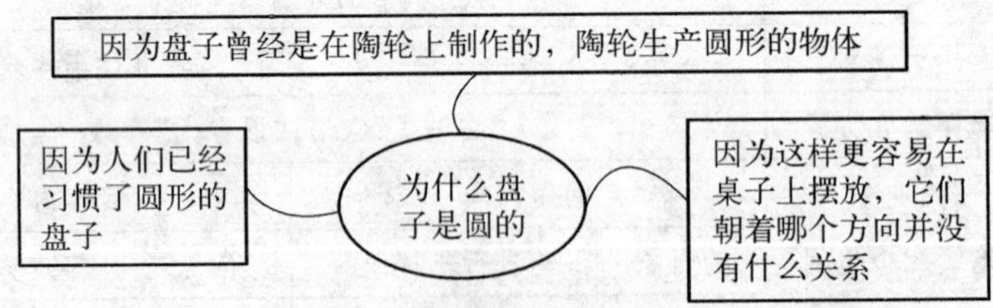

图 16－3　“为什么盘子是圆的?”横向式可能原因发散

(3) 有些借用“纵向式五个为什么技法”所建立的主题，略加修改也可以成为“横向式可能原因发散技法”的主题，比如：

序　号	纵向技法主题	横向技法主题
1	他为什么迟到？	他迟到的原因有哪些？
2	为什么会出现次品？	出现次品的原因有哪些？

(4) 本技法不仅可以独立使用，而且在本技法结果的基础上可以再叠加纵向技法，这将更有利于对问题全方位的分析、预测和控制。

2. 作用对象

适用于任一需要追寻、了解更多可能原因的问题。

3. 基本步骤

基本步骤见图 16－4。

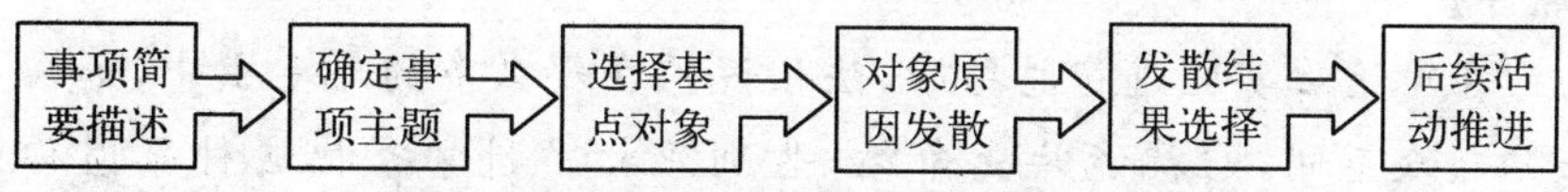

图 16－4　横向式可能原因发散技法基本步骤

4. 操作实例

可参考图 16－3 进行更多的发散式思考。

(3) 挑战型质疑。挑战型质疑是对公认的或权威的认识或自己过去的认识等结论持有挑战性的怀疑。其问句为：这样是对的吗？其要点是：以某一过去公认的或权威的认识，或自己认为的结论、方式和方法等为基点，以求证明或改变它。

【案例 16－3】　宁愿饿死也没有任何质疑的毛毛虫

在非洲和地中海一带，有一种被昆虫学家称为行列蛾类的毛毛虫。这些毛毛虫从卵里孵化出来之后，就成百只地集结在一起生活。在外出觅食时，通常是一只队长带头，其他的毛毛虫头顶着前一只伙伴的屁股，一只贴着一只排成一列前进。为了防止不小心走岔路跟丢了，它们还一边爬行一边吐丝。等到吃饱了肚子，它们又排好队，按原路返回。

法国有位科学家叫约翰·法伯的，曾做过一个著名的“毛毛虫实验”。他在一只花盆的边缘摆放了一些毛毛虫，让它们首尾相接，围成一个圈，与此同时，在离花盆周围6英寸的地方撒了一些它们最爱吃的松针。由于这种毛毛虫天生有一种“跟随者”的习性，因此它们一只跟着一只，盲目地跟随着前面的毛毛虫走，一圈圈地绕着花盆，一面吐丝一面爬行。令法伯感到惊讶的是，这群毛毛虫在花盆边缘一直走到精疲力竭才停下来，其间曾经稍作休息，但是没吃也没喝，它们连续走了十多个小时。

时间慢慢过去，守纪律的毛毛虫队列丝毫不乱，依然没头没脑地兜着圈子。连续7天7夜之后，它们饥饿难当、精疲力竭。一大堆食物就在离它们不到6英寸远的地方，结果它们却一个个饿死了。

【点评】

在对这次实验进行总结时，法伯说：“在那么多的毛毛虫中，如果有一只与众不同，它就能改变命运，告别死亡。”科学家把这种习惯称为“跟随者”的习惯。其实，人在有些时候又何尝不是如此呢？生活中太多的人习惯于走别人走过的路，人们偏执地认为走大多数人走过的路不会错。但是，你可能不会想到，当你这么想的时候，你就错过了见到新曙光的机会。

【要点提示16-2】 养成挑战型质疑的意识

我们这里的怀疑是指“挑战性怀疑”，以区别“打倒一切的怀疑”。挑战在这里可理解为对当前状态的冲击、突破和改变。表现为对原先存在的原理、规律、权威的论说或公论方面的方式、方法和认识等所产生的挑战性疑问。这种质疑需要我们用事实或依据来证明，这种证明的活动或过程是艰苦的，有时候的打击并非完全来自技术上，也可能来自于精神上。对于这种活动我们究竟是为了证明什么？也许一般的观念是证明过去的错误；其实还不如反过来看，那就从历史的角度证明现在是适宜的。

（4）替换型质疑。替换型质疑是指目的不变，对对象、对象特征载体和对象功能载体可替换性的预期。其问句为：什么东西能替代？其要点是：以对象、对象特征载体和对象功能载体等为基点，以此寻找更多的可替换者。

【案例 16-4】　目的不变下 7 000 次功能载体的替换

爱迪生认识到，要让千家万户都能用得上电灯，关键要研制出安全耐用的电灯泡，而其中最要紧的，就是能找到合适的灯丝材料。在一年多的时间里，爱迪生几乎每天都在寻找灯丝材料，几乎尝试了所有能用到的东西，一共试验了 6 000 多种材料，做了 7 000 多次试验。最后，爱迪生终于找到了合适的灯丝材料，经过改进的电灯泡竟然持续地亮了 45 个小时！虽然这样一个照明时间在今天看来似乎微不足道，但在一百多年前却是一个奇迹。为了纪念这项全世界都受益的伟大发明，人们便把爱迪生发明第一只实用电灯泡的这一天（1879 年 10 月 21 日）确定为电灯的发明日。

【点评】

在 7 000 多次的试验中，爱迪生对于“找到合适灯丝材料”的目的没有发生变化。下图为替换型质疑中发散方法的示意图，见图 16-5。

图 16-5　“灯丝材料功能载体”7 000 多次的替换示意图

【要点提示 16-3】　“质疑-主题-证明”循环体

“质疑-主题-证明”循环是创新思维质疑观念运作过程中的基本形式。纯理论上的质疑可能要比能够经实践证明的质疑更复杂。就生产实践中的一般性事例或者等级不高的创新活动来说，“质疑-主题-证明”是一个缺一不可的循环体,它将促进你的成功。也就是说,任一的质疑事项并不是一个疑问提出就完成了,在其过程中会存在许多的疑问,这需要你不断地使用“质疑-主题-证明”循环体。循环一次,试错一个……直至达到你预期的胜利彼岸。

二、 假设观念

1. 假设

假设,亦称“假说”,是在观察、实验的基础上建立的,通过科学研究的观察、实验等,发现了“新的事实”,从而提出对这种事实的假定。假设是以事实和科学知识为根据的,它是人类认识接近客观真理的方式和途径,也是人类洞察世界的能力和智慧的高度表现。假说或假设是一种命题或主题行为,具有问题的性质;比如,“关于天体演化的假说”、“关于火星上可能有生命的假说”、“关于大陆漂移的假说”等。假设提出、假设修正和假设验证,是假设活动的三大基本过程。

(1) 假设提出。假设是根据已知的科学原理和一定的事实材料对事物存在的原因、普遍规律或因果性等作出有根据的假定、说明和科学解释的方法。

(2) 假设修正。假设在其发展过程中,并不能简单地被抛弃或轻易地被证实;而是经过一系列的补充和修改,到最后才能够形成精确的科学理论或某种结果。

(3) 假说验证。假说验证就是对所提出的假设进行实践的检验。一般地说,关于自然科学的假设是否能够成立,要经过科学实验和生产实践的检验;关于社会科学的假设,要经过社会实践的检验。

2. 试错

试错是波普尔于1963年提出的科学研究方法。认为科学开始于问题;从灵感出发,提出各种大胆的猜测,形成科学理论,然后对各种理论进行检验,从观察和实验中达到逼真度较高的新理论。其过程是通过提出猜想,经过试验,证明其错误,又提出新的猜想,再经过试验而前进。

在上述的文句中,波普尔使用了“灵感”一词。灵感虽然是一个涩味的词,但是,我们至少知道它的产生既有理性的因素,也有感性的因素;既有客观性的基础存在，也有主观性的基础存在；既有心理因素的作用，也有非心理因素的作用等。所以，笔者认为，这里的灵感具有广义性和抽象性，是一种推理、假设、猜想、想象、直觉等多因素的混合和多因素共同作用的集合性符号。

3. 试错法

试错法是为了追求目标而通过不断地消除误差或试验证明，具有探索“黑箱性质”的方法。在试错法的运用过程中，主体通过间断地或连续地改变“黑箱”中的某一参量或因素，捕获所作出的“应答”，以寻求获得达到预期目标的不断改进。主体行为的成败是用它趋近预期目标的程度来评价的。对于“应答”的信息，如是属于趋近预期目标的，主体就会继续采取成功的行为方式；如是属于偏离预期目标的，主体就会避免采取失败的行为方式。通过这种不断的尝试和不断的评价，主体就能逐渐达到所要追求的目标。

王亮申在《TRIZ 创新理论与应用原理》一书中认为：试错法是指人们通过反复尝试运用各式各样的方法或理论，使错误（或不可行的方案）逐渐减少，最终获得能够正确解决问题的方法的一种创新方法。这是一种随机寻找解决方案的方法。千百年来，人们常用试错法来求解发明问题。当一个人尝试利用一种方法、物质、装置或工艺来求解某一问题时，如果找不到问题的解决方案，就进行第二次尝试，如果还没找到问题解决的方法，则进行第三次尝试，以此类推。这就是试错法解决问题的思路和过程。这要经过一个漫长的寻找过程，也可能碰巧走对路子并解决问题，但取得这种结果的概率是很小的。多数情况下，对所想到的可能方案均进行了尝试之后仍不能解决问题，需要考虑其他可能的解决方案。甚至因条件件限制，尝试无法继续进行，只能精疲力竭地宣告终止。

4. 创新中的假设与试错

（1）在创新思维中假设的行为，许多情况下并不像上面所说的那么严谨；所以，为了区别，我们可以用“假如”这个词语来替代。我们可以把思维或创新思维过程中的某些推理、猜想、想象和判断等行为都视为是一种“假如”，并且具体地体现在行为的主题上。它的表达，可以是显性的，一般可用“假如”、“如果”等词语来引导，比如“如果没有电，洗衣机如何工作”；也可以是隐性的，比如在“A 物体与 B 物体组合”的主题中，就存在着假如或假设“A 物体与 B 物体能够组合”的隐含性。

(2) 假如中的意味。我们通过要点提示 16－4 来详细说明。

【要点提示 16－4】　注意假如后面的意味性

任何创新问题的活动或解决过程都假如“这是可能的”。在假如的后面可以衍生或反映出与其紧密相连的意味性,这也是一种具有可拓性的认识。在目标不变的基础上,我们可以通过某些假设行为,产生或转换出创新的具体问题或主题,其基本结构是:“假如(假设)……,意味(需要)……”。通常,可以从如下几个方面进行考虑:

(1) 条件。比如“假如洗衣过程不用洗涤剂”,则意味着需要“创造不用洗涤剂的洗衣机”。

(2) 材料。比如“假如不用金属外罩的电风扇”,则意味着需要“创造非金属外罩的电风扇”。

(3) 情景。比如“假如已过银行大厅的工作时间,客户如何取到存款”,则意味着需要“创造 24 小时工作的自动取款机”。

(4) 功能。比如“假如上班前将衣物放入洗衣机,晚上回来就可以穿”,则意味着需要“创造衣物洗净后还有自动干燥功能的洗衣机”。

(5) 其他……

由此不难看出,钟情于“假如”,并且注意假如或假设后面的意味性,实际上是获得创新问题的来源之一,不管这种假如或假设的现实意义如何。

(3) 假设-试错,在创新思维中是一对不可缺少的两个方面。一方面,没有假设也就没有试错;另一方面,没有试错假设就难以验证。所以,假设是以问题或主题的形式来表达的,而试错则是以系列验证活动的结果来体现的。

【简单试错技法】

1. 基本描述

1.1　原理点

(1) 见上述相关内容。

(2) 试错法的应用,在许多情况下需要主体具备勇于试验、不畏失败的毅力或持续性。

1.2　理解点

(1) 试错技法是一种比较传统的创新方法,在解决问题的同时也浪费了大量人力、物力和财力。但是,当某一问题用其他方法实在得不到解并且在条件允许的情况下还是值得一用的。

(2) 试错技法的基本程序或步骤是建立在目的明确和主题确定基础上的,主要过程有:假设-尝试-调整。

【要点提示16-5】　试错技法中的STA循环体

(1) 试错技法中的"STA"是指:① 假设(suppose,S),是指主体对达到目标的行为首先要有一个判断性的假设方向,即:从什么方向或根据什么原理、方法来指导行为;比如,当在山林中迷路时,首先要判断从哪个方向走,从左边、右边、前方还是后方? ② 尝试(try,T),是指获得预期或理想目标的探索行为。由于是试错,所以,探索的对象在假设的空间中要尽可能地穷尽;比如,我们知道东西就放在这栋楼里,但不知道是哪一间,试错法要求不漏过任何一间地寻找。③ 调整(adjust,A),这里的调整意味着通过及时的总结,在方式、方法、程度和数量以及认识、观念、角度和时机等上的改变。

(2) 试错技法的核心程序或步骤是"假设(S)-尝试(T)-调整(A)"。针对某一问题事项,在使用试错技法时,STA的行为或程序总是在不断地、有序地循环发生的;所以,在试错技法中,STA可被视为一个循环体。

(3) 由于主体不知道预期的或满意"解"所在的位置,所以,在找到该"解"或较满意的"解"之前,往往会试错多次,扑空多次。试错的次数,在相同情况下取决于主体的知识、经验、创新思维能力、心理状态和及时的总结性。

2. 目的作用

在主体不断的努力中,通过这种"假设-尝试-调整"不断循环的方法,近似随机性地获得探索"黑箱"应答中预期或理想的结果;一般用以技术性的问题。

3. 基本步骤

从以上以及本书的前面内容中,我们不难理解,试错技法中的尝试类型主要有两种:其一是以方向为要点的"无形式试错",关于这方面更多的理解可阅读"转换观念"和"创新的思维方向"等章节;其二是以具体对象为要点的"有形式试错”,关于这方面更多的理解可阅读“对象观念”和“创新的思维方向”等章节。在此基础上,其基本的思维过程或结构可用图 16-6 来表示。

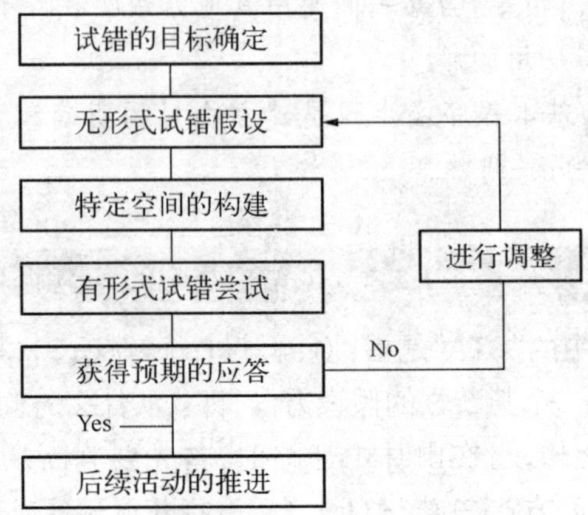

图 16-6 简单试错技法的基本思维结构

基本步骤见图 16-7。

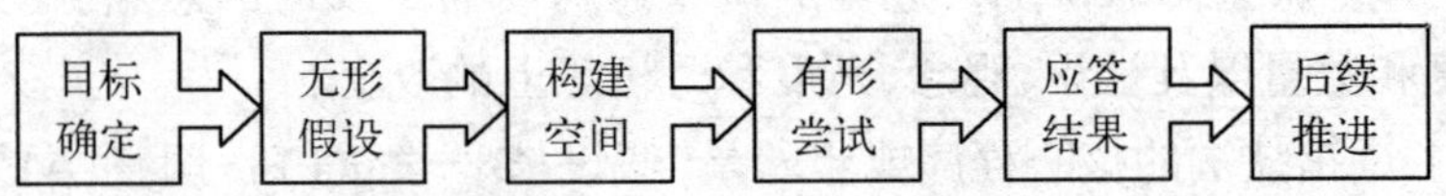

图 16-7 简单试错技法基本步骤

4. 操作实例

【案例 16-5】 莫瓦桑的假设-尝试-调整

金刚石被称为“硬度之王”,它的硬度被定为 10,其他所有矿物均低于这个值。自然界存在的金刚石非常稀少,所以显得特别珍贵。近代的许多化学家都希望通过人工方法制造出金刚石,这个愿望在 1893 年变成了现实。法国化学家莫瓦桑认为:天然金刚石是一种纯净的碳,它的形成是亿万年地壳运动过程的结果,虽然这个过程无法重复,但或许可以加以模仿。碳是一种很稳定的物质,要使它的结构发生改变,必须有一个巨大的外部作用力,就像剧烈的地壳运动那样,才有可能形成金刚石的结构。

莫瓦桑首先想到的就是用高温来改变碳(假设),但没有成功(尝试);他又想到用性质活泼的氟和碳发生反应(调整-假设),然后再把氟去掉,但这个想法也没有取得进展(尝试)。

莫瓦桑一次在法国科学院听了一个有关陨石的讲座,了解到陨石的主要成分是铁,但其中却有不少金刚石晶体。他觉得,陨石中的金刚石看来和铁有关系,如果能从陨石结构中发现线索,或许可以找到制造金刚石的办法。顺着这个思路,莫瓦桑先将铁放在高温电炉里熔化成铁水,再在铁水里加入碳。然后,他将炽热熔融的铁水一下子倒入冷水中,使它们在极短的时间里急剧冷却,变为固体铁。莫瓦桑是想利用"热胀冷缩"的原理,通过铁的骤然变化"带动"碳发生改变。当他用酸把在冷水中凝固后的铁又重新溶解掉以后,眼前出现了奇迹:残留的溶液中,闪烁着一些细小的晶体。经过检测,它们正是金刚石!

【点评】

(1)本案例对"假设-尝试-调整"是一个很好的说明。在莫瓦桑的思维结构中有不断的假设产生,并通过试验来不断地尝试,而当失败后又及时地进行调整。在获得另一个更可能的方向时,虽然还没有穷尽当前假设空间中的所有对象,但是,却毅然地进行转换,及时调整试错的方向并获得了成功。

(2) 其实,从案例分析的角度出发,莫瓦桑的成功不仅仅是"假设-尝试-调整"的说明,其中还有思维观念中类比观念、转换观念等的参与。你可以结合本书前面的知识,对本案例进行仔细研读,也许会有意想不到的体会,不妨试一试。

第17章 创新的思维方向

一、 如何去思考

对于创新案例来说，通过研究和重复实验等方法去了解的不仅是结构中形成的因果关系，更重要的是结构本身的知识。达·芬奇认为要获得问题构成的有关知识是重要的，你得学习如何用不同的方法重新分析问题结构。也许，创造性天才之所以是天才，是因为他们知道“如何”去思考(方向问题)，而不是去思考“什么”(对象问题)；显然，这种思考是创造性的。通过多观念、多视角、多方向地看问题，获得的往往不仅仅是对当前问题的认识，而且会认识到更多新的东西，即在认识到新东西的基础上解决问题。因此看来，创新思维中一条很重要的、被实践证明的原则就是如何去思考。

创新思维的方向，就主体而言，表示了思考者在思维观念等引导下的思路指向，在我们列举的20个思维观念介绍中有着充分的体现。创新的思维方向，就事项主题而言，不仅是系统的主题，更多的是过程的主题；我们虽然相对集中在“主题分析确认方法”章节中，但在其他的章节中也有不少的讨论。创新的思维方向，就信息而言，既表示了弄清信息的方向，也表示了联系信息的方向，更表示了拓展信息的方向等。

【要点提示17-1】 信息的三角形

弄清信息、联系信息和拓展信息都是本书的基本点，它们之间相辅相成、互为因果，形成了一个信息的三角形，见图 17-1。其中：① 以弄清信息为切入点，在此过程中必然要联系信息，而间接的结果也拓展了信息；② 以联系信息为切入点，在此过程前必然要弄清信息，而间接的结果也拓展了信息；③ 以拓展信息为切入点，在此过程前必然要弄清信息，而间接的结果也联系了信息。

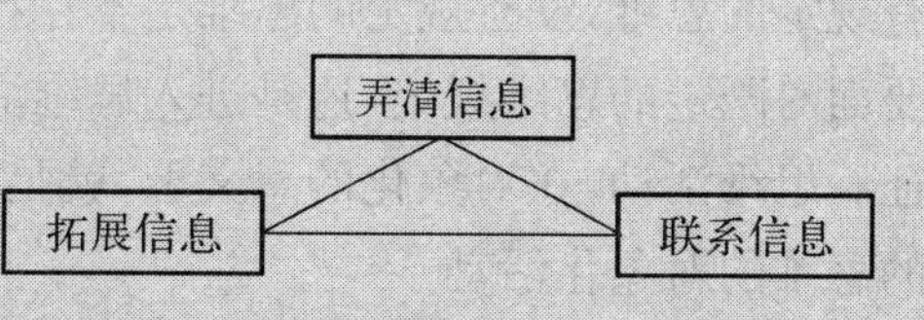

图 17-1　信息对象的三角形

在创新思维中，对于一个信息对象的处理，我们起码应该考虑到这三个方面。

拓展信息的目的在于扩大信息的数量，在创新思维的过程中必然有一个生产信息的过程，而生产信息的主要特征是信息从一到多。显然，从前面列举的 20 个常见观念的讨论中不难看出，它们几乎都具有直接或间接生产信息的功能。

作为方向，在空间中总是可以用几何图形来表达的。正如在“点线观念”章节中讨论的那样，无论多么复杂的思维结构，就方向的表达来说，它总是由最基本的“点-线”组成，即可以用空间的几何图形“点”与“线”来表达。下面我们通过“点-线”的基本模型，来介绍常见的几种创新思维方向。

二、　向上型思维方向

1. 图形

向上型思维方向的图形见图 17-2。

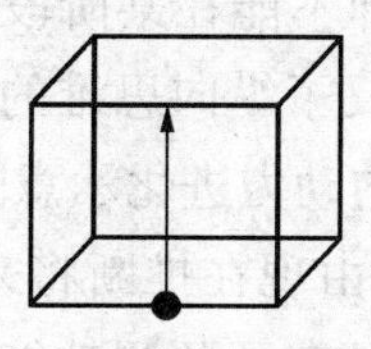

图 17-2　向上思维模型

2. 意义

向上型，表示从基点出发，思维在方向上是向上的，如图 17-2 所示。我们将常规的或日常的无时间纬度的思维归类在这个方向上，其他方向的思维以此为参照。在向上思维模型中，表示习俗规定的有日常思维、正向思维或常规思维，表示预测推理的有纵向思维等。

(1) 日常思维。王国有在《日常思维与非日常思维》一书中认为：思维都是有规定的思维，没有规定的思维是不存在的。从对象活动角度看，思维活动总是要面对既定的思维规定，这是进入思维活动的前提条件，也是思维活动的重要特征。思维活动，在对象化的意义上，就是作为思维主体的思维面对作为思维规定的思维的对象化活动。

日常思维与人的自在性存在方式密切相关，是在日常生活中占主要地位的思维方式。所谓日常思维，就是指停留于既定思维规定的给定性思维；其思维的引导主要来自日常经验、传统习惯和常识等。

(2) 正向思维。在方向上与反向思维相对。任何事物都有产生、发展和消亡的过程，都是从过去走到现在，由现在进入未来的。所谓正向思维，起源或顺应于事物发展的方向性，就是人们在思维活动中，沿着某些常规既定的思维规定或基于事物发展进程的规律，从已知到未知。

(3) 纵向思维。在方向上与正向思维相同，在意义上与横向思维相对。纵向思维与横向思维都属于比较思维；但是，由于比较的性质不同，就形成了纵向和横向两种不同的思维方向。纵向思维是侧重于从时间和历史的性质来比较的思维，它是从事物自身的过去、现在和将来的分析对比中，发现事物在不同时期的特点及前后联系，从而把握事物及其本质的思维过程。

事物发展的过程性是纵向思维得以形成的客观基础，任何事物都不会从无中产生，它本身就有一个如同生命周期那样的逐步成长过程，并且在这个过程中映隐着事物本身的规律性。从这个意义上说，纵向思维就是对事物发展过程的揭示和反映；因此，纵向思维是我们在日常生活、工作和学习中经常使用的。

纵向思维具有历时性、同一性、预测性三个特征。

所谓历时性，就是指按时间的先后顺序来考察事物，即时间的箭头是由过去到现在，由现在到将来。历时性揭示了事物发展的过程性，在考察事物的起源和发展中，具有重要作用。对那些周期性重复的事物，历时性的考察尤为重要。

同一性是指历时性所考察的事物对象必须是同一的，即不能在某阶段考察的对象是A，而在另一阶段所考察的对象却是B，这样就违反了纵向思维的同一性。也许你一定还记得“要点提示3-1”中的“图3-2：船的动力进化示意图”。

预测性的含义是指，既然纵向思维是由过去到现在，再由现在推断将来，并把对将来的推断作为指导现在行为的重要因素，那么它就具有了预测功能。这种预测具有或然性，即：可能发生，也可能不发生；可能按照预测的趋势发展，也可能脱离预测的趋势，另辟蹊径。

【案例 17－1】　车轮作为纵向思维的目标同一性

在很久以前，劳动人民也许从圆体容易滚动受到启发，发明了车轮，减轻了劳动强度。车轮是木制的，容易损坏，于是在一些需要坚固车轮的工具上(如炮车)，人们又以铁制车轮代替木轮。铁制车轮虽然坚固，但震动太大，人们又发明了轮胎，实现了车轮转动的平稳性。进而，人们又想，能不能不用车轮，而使车子沿地面保持高速运动呢？于是，研制出了磁性悬浮列车；未来又将会怎样发展呢？

【点评】

在上面的这个案例中，它的大致过程是：发明车轮→木制车轮→铁制车轮→轮胎车轮→没有车轮→……所讲述对象的发展过程都围绕着"车轮"。这是一个纵向思维的典型例子。它是将思考对象(这里是指车轮)从纵向的发展方向上，依照其各个发展阶段进行思考，从而在实践中创造、设想或者推断出下一步的发展趋向，确定研究内容的思维。

三、　向下型思维方向

1. 图形

向下型思维方向的图形见图 17－3。

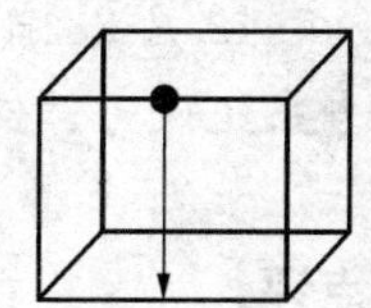

图 17－3　向下思维模型

2. 意义

向下型，表示从基点出发，思维在方向上是向下的。在向下思维模型中，表示思维方向相反和规定性或习惯俗成事物相反的有反向思维等，表示非规定性或非习惯俗成事物相反的有颠倒思维。

(1) 反向思维。在方向上与正向思维相对，也称逆向思维。人们在解决问题时，习惯于按照熟悉的常规思维方向去思考，有时能够顺利地解决问题；但是，对那些无法或难以解决的事项，一旦运用反向思维，常常会取得意想不到的效果，对于规定性或习惯俗成的事物也是如此。规定性或习惯俗成主要表示了遵循事物的某种客观规则、顺序或某种大家都认同的常理、常情、常规或参照等。

所谓的反向思维就是从与常规思维相反的方向或从规定性或习惯俗成事物的相反出发，提出或研究解决问题的方法，也表现出对根深蒂固传统思维框框的冲破和背叛。也可以说，这里的“相反”起码具有两层含义：其一是指思维方向上的相反（思维方向相反）；其二是指规定性或习惯俗成事物的相反（共识参照相反）。并以此引导我们关注在思维方向和规定性或习惯俗成事物的另一方向、另一点、另一端、另一面等。对反向思维更多的了解可阅读“因果与逆向观念”章节。

【案例 17-2】　倒　航

《新民晚报》1999 年 3 月 1 日登出一则标题为“灵机一动，省下亿元——超大型船将倒航进出宝山港池”的消息。消息中说，近年来，随着上海港集装箱运输的迅猛发展，进行集装箱装卸的主要港区张华浜码头和军工路码头能力已经饱和。而宝山港池却因掉头区和部分航道太“窄”的限制，重载超大型船舶卡在港池外面，面临“吃不饱”的窘境，集装箱吞吐量日益萎缩。为此，上海召开了多次专家会议，大都认为要想解决这一问题难度极高、花费巨大。当时以特邀身份参加会议的上海港引航站站长、高级引航员杨锡坤用反向思维的方法大胆提出与众不同的新设想：用“倒航”的办法将超大型集装箱船引入宝山港池，这就解决了超大型船体掉头难的问题，这一方案不仅可以免去原扩建港口工程上亿元的费用，而且能大大缩短船公司的运期。上海集装箱码头有限公司闻此“金点子”欣喜万分，当即委托设计单位按倒航方案重新规划。1998 年 12 月 28 日，在宝山港区超大型船舶进出港池可行性研究项目论证会上，专家组认为，“倒航”设想大胆新颖，具有创新性。

【点评】

本案例的基本意思是大型船只在小港池内无法掉头；按照常规，船只无法掉头也就意味着无法出港。这个案例起码涉及到两种反向。

(1) 参照对象反向，在案例中表明准备使用上亿元的费用来扩建港口工程；这意味着将船作为参照对象（不变对象），使港口满足大型船只的要求，这也是一种常规的、惯例性的想法。而创新方案却是相反，将港口作为参照对象，要求船只改变（变换对象）。

(2) 对象特征反向,当有了第一个反向,并且确定船只改变后,接下来是需要思考如何使船只发生变换的问题了。在常规情况下,都是船头先进港或先出港的进出港航行,这也是船只进出港的常规特征。因此,这里的“倒航”是指船“倒着进港”或者“倒着出港”。无论是倒着进港还是倒着出港,对于船只进出港的常规特征来说,都是反向的。

【要点提示 17-2】 在对象观念引导下的创新思维,你首先要假设某一对象作为参照对象

本要点提示也在进一步地解答“要点提示 1-5”。正如我们在“空间与系统观念”章节中讲到的“在空间观察事物或思维与创新思维中,参考系的概念是不可缺失的”。关于参照的具体理解,你还可以阅读“要点提示 8-3 创新中的填词原理”等。但是,必须强调的是,在对象观念引导下的创新思维,你首先要假设某一对象作为参照对象,在此基础上才能对其他对象进行创新思维,也就是所谓的有的放矢。否则就像无目的的活动一样,而无目的的活动本身就是没有意义或价值的。

此外,大多数人为了尽可能快地摆脱问题的压力或困扰,他们的自然倾向是选择出现在脑海中的第一个合理的解决方案。不幸的是,第一个解决方案通常不是最好的。具有创新意识的人会采用“否定第一个想法,采用第一个想法后面的想法”的选择。在参照的选择上也应该是这样。在对象观念引导下的创新思维,你首先要假设某一对象作为参照对象,这不仅是一个重要的步骤,也是一个诀窍。

(2) 颠倒思维。笔者认为:颠倒思维与反向思维具有交叉性。主要的区别在于颠倒思维侧重于非规定性或非习惯俗成事物的范围。“规定性或习惯俗成事物”与“非规定性或非习惯俗成事物”的界定在于参照,即规定性或习惯俗成的事物是具有人们共识的参照性,而非规定性或非习惯俗成的事物则缺乏这种人们共识的参照性。其实,一种引导性的理解还含有“对称性”与“非对称性”的区别。

【案例 17－3】 “不利”颠倒、转换成“有利”

格德约是加拿大一家公司的普通职员。有一天，他在办公室里不小心碰翻一个瓶子，瓶子里装的液体泼在了一份正待复印的重要文件上。格德约着急起来，心想这一下闯祸了，文件上被污染的文字不可能再看清了！他拿起文件来仔细察看，让他大大出乎意料，也大大感到高兴的是，文件上被液体污染的部分，其字迹竟依然清晰可见。当他拿去复印时，又一个意外情况出现在他眼前：复印出来的文件中，被液体污染过而字迹依然清晰的那个部分，竟又变成了一块块漆黑一团的黑斑。这使他由喜转忧。就在他为如何消除文件上的黑斑绞尽脑汁却又一筹莫展的反复思考过程中，他头脑里突然冒出了一个将“液体”和“黑斑”颠倒过来想的念头：自从有了复印机以来，人们不是常在为怎样防止文件被盗印的事发愁吗？是不是可以以这种“液体”为基础，颠倒其不利作用为有利作用，而研制出一种能防止盗印文件的特殊液体来呢？

他产生了这种倒过来想的想法以后，立志从事这方面的研究。经过一段时间的努力，他最后推向市场的不是一种液体，而是一种深红色的防影印纸。这种纸能吸收复印机里的灯光，使复印出来的文件一片漆黑，什么也看不清，因而用这种纸书写的文件是不能复印的。但是，用这种纸写字或打印，又一点不受影响。格德约于 1983 年在蒙特利尔市开办了一家名叫“加拿大无拷贝国际公司”的企业，专门生产这种防影印纸。尽管这种纸价格昂贵，但销路却很好。

【点评】

本案例与上一个案例具有“反向”与“颠倒”的区别。前者具有参照性、对称性，而后者却无参照性和对称性。这是一个“不利”颠倒、转换成“有利”的案例。在创新的成功案例中，很多这样的例子都来自于这种无规定性或无习惯俗成参照下获得的偶然机会。

笔者认为，尽管“反向思维”与“颠倒思维”存在一定的区别，但这仅是一种探讨。在具体的操作中，你只要记住“相反地想一想”或“颠倒过来想一想”就可以了。

四、　右横向型思维方向

1. 图形

右横向型思维方向的图形见图 17－4。

2. 意义

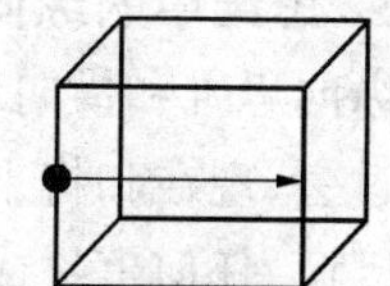

图 17－4　右横向思维模型

表示从基点出发，思维在方向上是横向向右的，并且规定：右为“正”，左为“负”。在右横向思维模型中，表示思维方向横向的有横向思维，表示思维观念的有平行思维。

(1) 横向思维。在方向上与平行思维相同，在意义上与纵向思维相对。正如上面所讲的，纵向思维与横向思维都属于比较思维；但是，由于比较的性质不同，就形成了纵向和横向两种不同的思维方向。横向思维是侧重于截取历史的某一横断面展开比较。所以，从时间的角度看，纵向思维具有历时性特征，横向思维具有同时性特征。兴盛乐在《超常思维的诀窍》一书中认为横向思维具有同时性、横断性和开放性的特点。

所谓同时性，也就是把时间概念的范围确定下来，然后再研究在这同一时间中各方面的相互关系。比如，第二次世界大战期间美国重工业和军事工业的发展就体现出同时性。它的时间概念范围是第二次世界大战期间，它的内容是美国的重工业和军事工业。只有从时间上作了限定之后，才可以展开横向的比较和研究。

所谓横断性就是在同时性的基础上，把研究的客体放到事物的相互联系的空间中去考察，依据同一层面上普遍联系和相互作用等的原理，去考察事物的本质和运动特点等。进一步说，就是从同时的性质出发，一方面研究同一事物在不同环境中的存在与发展情况，比如案例 11－4 中沈括对桃花早开与晚开的认识；另一方面研究同一事物不同子项对象的情况，比如大象的分解；再一方面研究同一内涵不同外延对象的情况，比如“简单上推下切技法”中的“下切”；并以这三种主要形式，在与周围事物相互关系和相互比较中，获得同一事物在不同环境中的异同性或同一环境中不同子对象、外延对象等的相似性、相异性和其他情况的思维活动。

从开放性的角度看，纵向思维是将对象自己与自己比，即把自己的“过去”、“现在”和“将来”进行比较，这是一种局限于自身的、比较封闭的思考过程。而横向思维则是一种开放性的，它要求把对象自己置于越来越多的事物、关系和环境中来加以比较，参与比较的关系、方面越多，对对象的揭示也就越深。

3. 思维中的纵向性和横向性

纵向思维和横向思维是沿不同方向运动的比较思维。但由于客观事物本身既有过去、现在和将来的历时性纵向过程，又有与自己周围事物同时性的横向联系。因此，任何事物或对象本身就是在纵向和横向的交叉关系中存在和发展的。所以，作为这种客观事实反映的纵向性和横向性又是统一的。也许，你还记得我们在“空间与系统观念”章节中讲到的“简单多屏幕空间模型技法”，其基本的原理之一就来源于空间观念下思维的纵向性和横向性的统一；但是，它又超越了这一概念。

【要点提示 17－3】　信息交合法

信息交合法，又可以称为“信息反应场法”。即把对象的信息按不同性质分解成若干要素、特征或属性，然后把该对象与人类各种实践活动相关的用途进行要素分解，再把两种信息项目分别连成信息标 X 轴与 Y 轴。两轴垂直相交，构成特定的“信息反应场”，每个轴上各点的信息可以依次与另一轴上的信息交合或搭配，从而生产、拓展或产生新信息的创新思维技法。

信息交合法是中国学者许国泰于 1983 年 7 月回答日本学者村上幸雄关于回形针用途求解问题后首次提出的。在回答这个问题时，他把回形针的总体信息分解成材料、重量、体积、长度、截面、韧性、颜色、弹性、硬度、直边、弧等 11 个要素，把这些要素用一根标线连接起来，形成一根横的信息标(横轴)；再把与回形针有关的人类实践活动进行要素分解，连接成纵的信息标(纵轴)；两轴相交并垂直延伸而形成特定的信息反应场。这样，两轴信息交合或搭配，就产生了回形针的一系列用途。

据说，有一次许国泰被邀请到中国食品报社去帮助出主意。有人提出食品方面的书除了食谱、菜谱外，好像出书的路子很窄。许国泰就以食品为思维核心，边讲解边描画出了如下的信息场，见图 17－5。

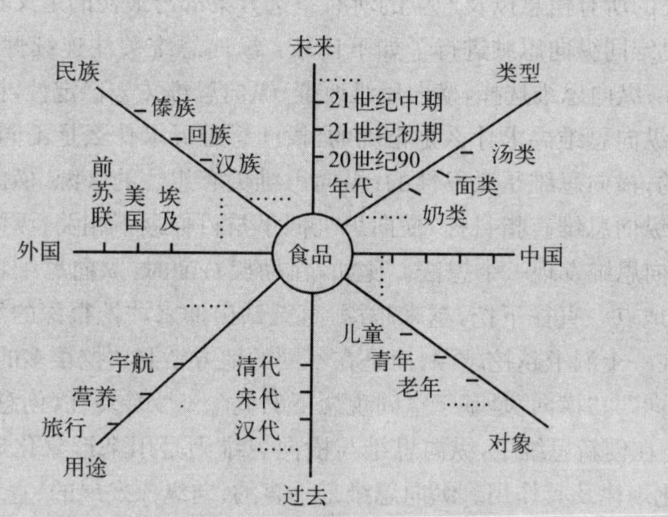

图 17－5　食品类书籍的信息交合示意图

（图片资料来源：张成滨《创造力开发与训练》）

从上图可以看到，任意一根标轴上的点都可以组成食品方面的一连串选题。如在对象轴线上就可有《儿童营养食品》、《老年补品》、《孕妇食品》等。在外国标线上有《前苏联食品大全》、《日本糕饼小吃》、《南美风味食品》等。在时间标线上可以有《古代食品》、《现代食品》等。再拿其中的清朝为例，可有《清代满汉饮食谱》、《红楼梦中的饮食》等。如果换一个角度，把各标轴上的信息点交合，又可得到更多的选题，如《当代各国面食》、《旅游食品与方便食品》、《世界饮食新潮流》等。再转动一个方位，还可得到《饮食与文化》、《食品与长寿》、《食品与智力》、《食品与生育》等。

信息交合法既是纵横向坐标统一的表达方式之一，也是生产、拓展或发散信息较为实用的技法之一（限于篇幅，具体技法在书中不展示）。

4. 创新思维中的纵向性和横向性

思维中的纵向性和横向性与创新思维中的纵向性和横向性是不尽一致的。美国学者大卫·A·惠顿在《管理技能开发》一书中谈及创造性问题解决时指出：纵向思维的概念是由爱德华·迪博诺提出来的，它指的是以单一的方式定义问题，然后无偏离地遵照这个定义直至找到解决方案，不考虑其他可选择的定义。收集的所有信息以及产生的所有备选方案都与最初的定义相一致。迪博诺将横向思维同纵向思维进行了如下比较：纵向思维关注连续性，横向思维关注不连续性；纵向思维选择，横向思维改变；纵向思维关心稳定性，横向思维关心不稳定性；纵向思维寻求什么是正确的，横向思维寻求什么是不同的；纵向思维是分析性的，横向思维是激发性的；纵向思维关心想法的来源，横向思维关心想法的去向；纵向思维直指目标，横向思维似乎与目标最不相关；纵向思维创造一个想法，横向思维发现一个想法。比如，在勘探石油时，纵向思维者确定石油的地点，在该地点一直往下挖，越来越深，直至钻出油来，"挖很深的洞"；横向思维者则不是在一个洞上越挖越深，而是在不同的地方钻洞，"挖很多的洞"。

"纵向"与"横向"是基于空间观念下的概念。罗玲玲在《创意思维训练》一书中认为：在创新思维中，纵向思维与横向思维则是用来形象化地说明思维方向上的变化规律及其作用。纵向思维是垂直的、向纵深发展的、直线式的思维——"挖很深的洞"；而横向思维则是横向地向空间发展，向四面八方扩散的思维，尝试着各种可能。横向思维使人们在横向上扩大注意力的范围，获得全新的信息，使得信息生产、拓展或搜索的过程更富有创造性。

(2) 平行思维。在方向上与横向思维相同，在意义上与对立性思维相对，它表示了一种思维观念引导下的思维方法。平行思维是爱德华·德·波诺提出的，他在《思考帽——平行思维应用技巧》一书中认为：在传统的对立性思维中，A 方和 B 方是相互冲突的，每一方都试图批判对方的观点，而六顶思考帽则提倡平行性思维。A 方和 B 方都各戴一顶思考帽，各自陈述自己的观点。以六顶思考帽对主题的合作性探讨来代替传统思维中的对立性思维。在同一主题下：

• 对立性思维(纵向)

A 先生认为：这个建议行不通。—→←—B 女士认为：不，这个建议行得通。

• 平行性思维(横向)

A 先生：该产品的开发基金很高。 —→

B 女士：该产品的一些原材料很难找到。 —→

A 先生：我们可以用现有的设备来生产该产品。 —→

B 女士：该产品的重量较轻，运输费用较低。 —→

两种思维方法都有结构的指向性，似乎，对立性思维指向的是"竞争对方"——对人不对事；平行思维针指向的是"同一主题"——对事不对人。显然，在创新思维的各种会议或讨论场合，比如头脑风暴法等中，平行思维的观念不仅是需要的，而且也是重要的。至于"白色"、"红色"、"黑色"、"黄色"、"绿色"和"蓝色"六顶思考帽技法的理解与具体应用方法，请阅读相关的书籍。

五、　左横向型思维方向

1. 图形

左横向型思维方向的图形见图 17－6。

2. 意义

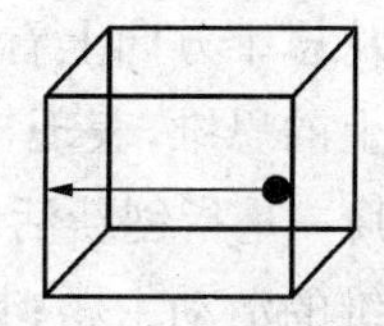

图 17－6　左横向思维模型

表示从基点出发，思维在方向上是横向向左的，并且规定：右为"正"，左为"负"。在左横向思维模型中，表示与右横向思维中相关对象、因素、特征或属性等方面的逆向性或相反性。当然，这种逆向性或相反性是建立在相对性基础上的。把右横向与左横向组合在一起，就成了一条数轴；在逆向等众多的观念参与下，我们可以用"T 字模型"来拓展性地认识事物，见图 17－7。

左横向思维	特征	右横向思维
慢	速度	快
黑	颜色	白
小	形状	大
轻	重量	重

图 17－7　左右横向思维"T 字模型"的示意图

六、　斜上与斜下型思维方向

1. 图形

斜上型思维方向的图形见图 17－8，斜下型思维方向的图形见图 17－9。

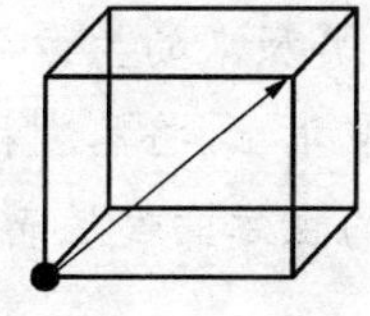

图 17－8　斜上思维模型

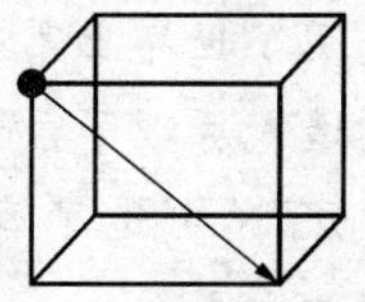

图 17－9　斜下思维模型

2. 意义

表示从基点出发，思维在方向上是旁侧斜上或斜下的，也许你此时会想起我们在“点线观念”中给出的图4－4。这里，在此基础上从原因上规定：斜上为无障碍性的主动侧向，表示为主动型侧向思维；斜下为障碍性的被动侧向，表示为被动型侧向思维。

3. 侧向思维

从思维方向上看，侧向思维是在主体沿既定的主方向思维的过程中转向到侧道上的思维，表现出另辟蹊径的行为。在这里，所谓的主方向主要有四层含义：其一是指创新活动的思维方向；其二是指创新思维的活动目的；其三是指创新思维的活动主题；其四是指创新思维的活动类型。当发生转向后，应该按照创新活动的SDCA模型，从主题开始；关于这方面更多的了解，可阅读“主题分析确定方法”章节。根据以上意义中的描述，主要有两种情况：

(1) 无障碍性的主动侧向。它表示在原来思维主方向活动的过程中，虽然没有遇到障碍，但是，主体由于某种原因而主动改变思维的主方向，另辟蹊径。在图形上发生了转动性的变换，用斜上型来表示，见图17－10；关于本图的更多了解，可复习“点线观念”章节中“点的移动”等相关部分。

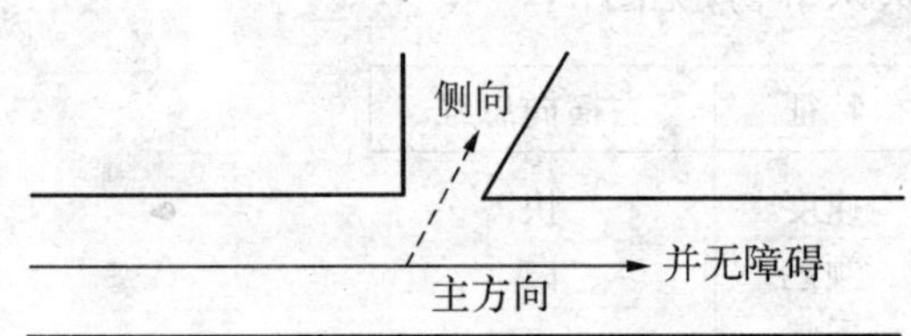

图17－10　主动型侧向思维示意图

这种转向可以是类型上的转向，也可以是主题或课题上的转向等。

【案例17－4】　类型上的转向

“瓦特发明蒸汽机”是一个脍炙人口的故事，具体内容在这里省略。

【点评】

瓦特发明了世界上第一台蒸汽机后没有沿着原来的主方向继续研究蒸汽机的构造或原理等，而是转向到蒸汽机的应用上，将蒸汽机与织布机组合，并成功了地创造了蒸汽织布机。就瓦特的主方向发展而言，他的转向属于类型侧向思维。

【案例 17－5】　课题上的转向

内容见案例 6－2：从“不会生锈”的现象中发现了不锈钢。

【点评】

在一次偶然中，布利阿里从原来选择具有高强度耐磨合金钢，改进枪支效能的课题，主动转向研究不锈钢在餐具上的用途，并且获得了巨大的成功。

(2) 有障碍性的被动侧向。它表示在原来思维主方向活动的过程中，遇到了障碍，起码暂时无法沿原来的主方向继续下去而不得不被动地改变思维的主方向，寻找另辟蹊径的方法。在图形上发生了转动性的变换，用斜下型来表示，见图 17－11。

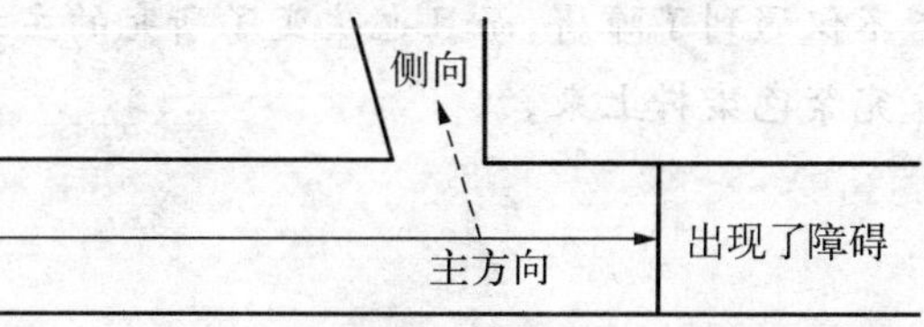

图 17－11　被动型侧向思维示意图

这种转向几乎是出于一种无奈，而导致无奈的原因有很多，包括消极定势等。

【案例 17－6】　在错误结果上的转向

1856 年，读大学二年级的帕金刚满 18 岁，霍夫曼独具慧眼，把他破格提升为助教。霍夫曼根据自己的实践认为可以用氧化苯胺衍生物来制造治疟疾的金鸡纳霜(奎宁)。这年暑假，他把这个课题交给了帕金。

年轻的帕金废寝忘食地工作，但是实验一次又一次失败了。有一天吃罢早饭，帕金又一头钻进了实验室。他用重铬酸钾处理苯胺盐，如果实验成功，他将得到白色的奎宁结晶。可是实验偏偏又失败了，他得到的是一种黑色的粘稠的液体。他无可奈何地摇了摇试管，正准备将它扔掉时，忽然想：“不管它是什么东西，我何不把它研究一下，看看它有些什么特性，说不定能派上什么用处呢!”黑色的粘稠液体在掺合进酒精后变成了深紫色的液体。

当时，纺织品染色用的都是从植物中提取的天然染料，颜色的品种不多。很多化学家已经想到用化学合成来制造染料，但这还仅仅是一种设想。帕金看到如此漂亮的紫色，很自然地就闪过一个念头：它能不能当染料呢？于是他拿过一条平时围在西服里的白围巾，用那紫色液体染了一番后，便挂在了户外的绳子上。第二天一早，他发现这条美丽的紫围巾掉在地上，粘上了尘土，他只好放到水盆中去清洗，不料那围巾竟一点也不褪色。他再用热水浸泡，又用肥皂搓洗，鲜艳的颜色还是依然如故，哪怕是放在太阳下晒上两三天也毫无变化。兴高采烈的帕金迫不及待地向老师报告了自己的发明，并且申请了专利，成了英国染料化学的权威和染料业的"大王"。

【点评】

帕金原来的主方向是通过实验得到白色的奎宁结晶，而他却得到了一种黑色的粘稠液体的非预期结果。相对于得到白色的奎宁结晶，帕金不仅遇到了障碍，而且也改变了研究的主方向，从研究奎宁结晶转向到研究紫色染料上来。

万丈高楼平地起；你希望是“要解决什么”还是“究竟要解决什么”

第18章 主题分析确定方法

一、 创新活动四阶段

任何活动都是有目的的，活动即可表述为“为达到某种目的而采取的行动”，思维或者创新思维，作为人类的活动形式，也具有目的性这一共同的关键表达。其行动，可以是常规的，也可以是非常规的；可以是逻辑的，也可以是非逻辑的。很多人将创新思维活动看成是漫无边际、天马行空般的思维漫游和胡思乱想，这其实是不对的，至少也是不全面的。

通过对创新活动及其成果(SDCA)的讨论，至少我们可以理解：

(1) 整个创新工作中，我们的活动过程是怎样划分的？——本书从目的成果的角度进行了划分，即考虑各阶段需要达到的预期结果，至于达到该结果的过程，则需要创新思维观念、路径、方法或技法等，其中也包括顿悟和灵感等。

(2) 创新活动由哪些阶段组成，各阶段的目的和需要达到的成果是什么？——一般，我们可以将创新活动划分为四个阶段，分别是：主题分析阶段(S)、发散信息阶段(D)、收敛选择阶段(C)、实现转换阶段(A)。

(3) 在每一阶段，我们可以选择哪些观念、形式、方式、方法或技法，用以达到本阶段的目的或获得本阶段的成果？——对于这个问题，我们在后文会有简单总结。

(4) 创新活动与创新思维有哪些区别？——后者主要表现在“主题分析

(S)”和“发散信息(D)”阶段。

(5) 在创新活动中也隐含着“冰山原理”的基本作用机理，也就是说，其背后实际隐藏的东西往往远大于显示在外面的部分，其模型表达了创新活动阶段及其成果、思维活动的范围划分，以及各阶段之间的相互关系和主要受影响的因素等，具体可参考图 18－1。

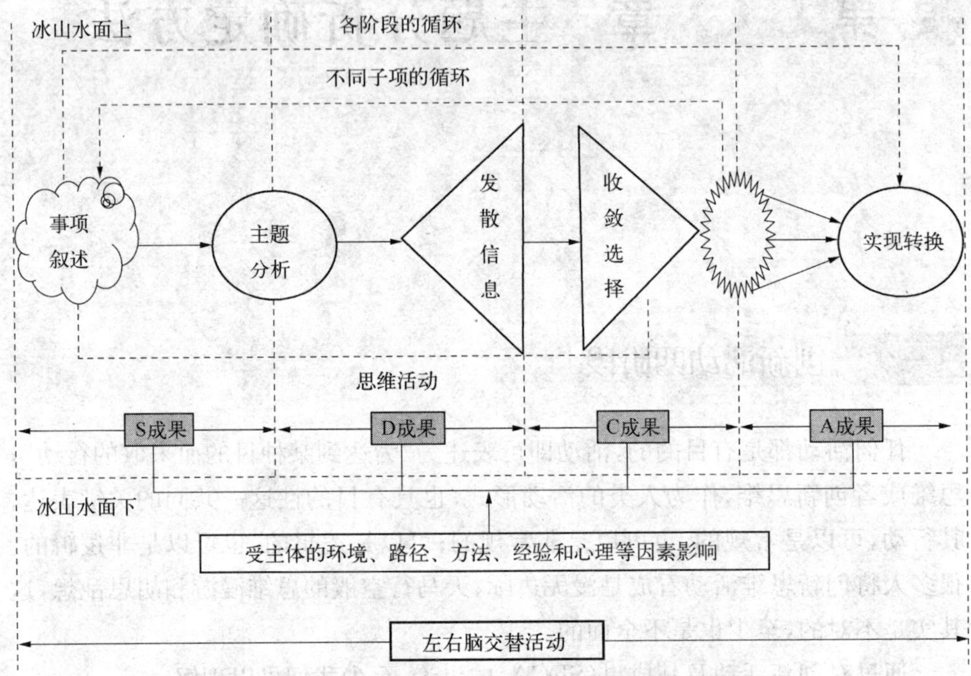

图 18－1　创新活动四阶段的过程和关系等模型图

【要点提示 18－1】　创新模式的阶段比较

美日两国创新体系的主要不同之处在于：

(1) 过程方法不同。日本企业注重程序和做事的方法；美国企业则相反，对创新过程中按部就班的程序和方法不是特别重视，创新初期很多人并不清楚要做什么或做到怎样的程度(有些是戈登法的运用)。

(2) 阶段成果不同。日本企业创新的重点在于 A 成果，即设计之后的制造；而美国企业创新的重点在于 C 成果。所以，美国的强势在创造性方面，日本的强势则在改良性方面。

就企业的行为而言，它必须满足“市场性接受”的条件。所以，可以在 SDCA 四成果的基础上再衍生一个成果，即市场成果（M 成果），则可以得到图 18－2 的比较示意图。

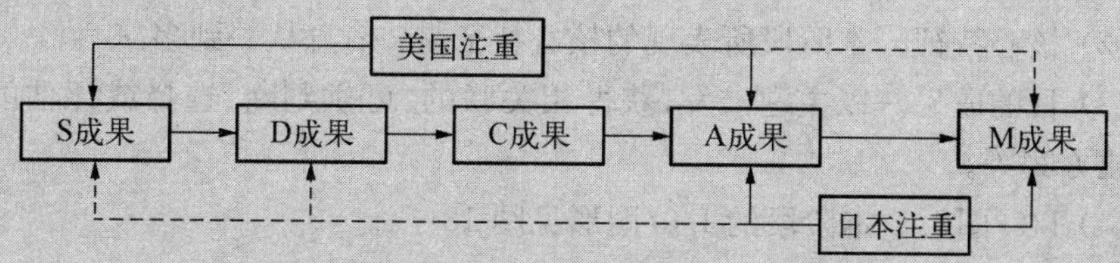

图 18－2　美日两国企业在创新活动中的不同注重阶段示意图

所以，有学者说：美国和日本的创新体制如能融合在一起是再好不过了。对于企业，它给我们的启发至少有两点：① 企业对于创新战略或某一创新项目，应根据情况的不同，首先要有一个注重阶段的定位；② M 成果对于企业来说是特有的，也是至关重要的。

1. 主题分析阶段（S）：确定事项目的方向

（1）基础前提。本阶段是建立在主体欲望动机的基础上的，创新事项产生的三大源头是“实际需要产生的”、“假设观念产生的”和“质疑观念产生的”（见“要点提示 16－1：创新思维中问题产生的三大源头”）。

（2）核心特征。本阶段所表现的核心特征是：在完善事项信息的基础上对创新主题进行分析、确认。

（3）目的成果。以创新事项出发，获得确认的主题或问题，得到“究竟要做什么”的回答。

（4）I/O 图形。本阶段的 I/O 图形见图 18－3。

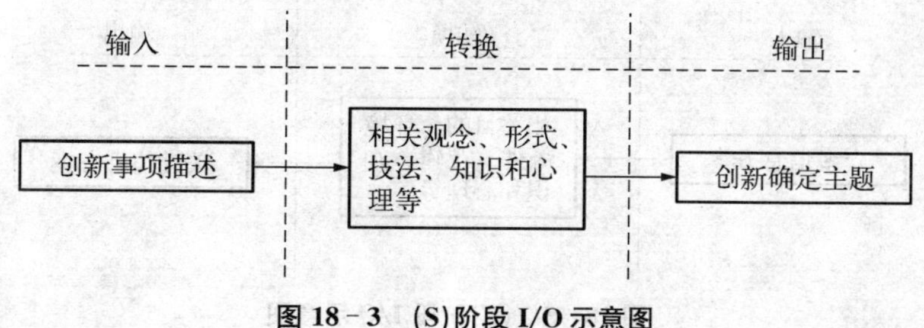

图 18－3　（S）阶段 I/O 示意图

(5) 补充说明。更多的了解见本章下面的相关内容;输出结果是用文字表达的创新主题。

2. 发散信息阶段(D):创新思维空间拓展

(1) 基础前提。本阶段是建立在主题分析阶段成果的基础之上的。

(2) 核心特征。本阶段所表现的核心特征是:信息从一到多。

(3) 目的成果。以主题出发,获得相关联的、可供判断、选择或评估的众多信息或方案等。

(4) I/O 图形。本阶段的 I/O 图形见图 18-4。

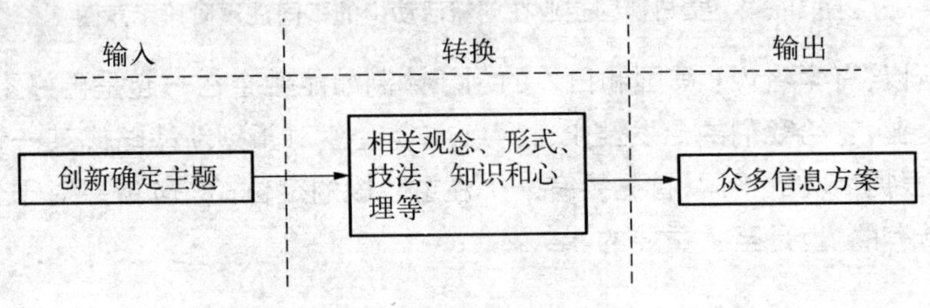

图 18-4 (D)阶段 I/O 示意图

(5) 补充说明,更多的了解见分散在各章的相关内容和"创新的思维方向"章节;输出结果的类型主要有两类:信息类和方案类(以下同)。

3. 收敛选择阶段(C):分析判断拓展成果

(1) 基础前提。本阶段是建立在发散信息阶段成果的基础之上的。

(2) 核心特征。本阶段所表现的核心特征是:信息从多到一。

(3) 目的成果。以众多的信息出发,从中初步识别、选择或评估符合主体目的、要求的和在环境条件下可能实现的创新关键信息或方案等。

(4) I/O 图形。本阶段的 I/O 图形见图 18-5。

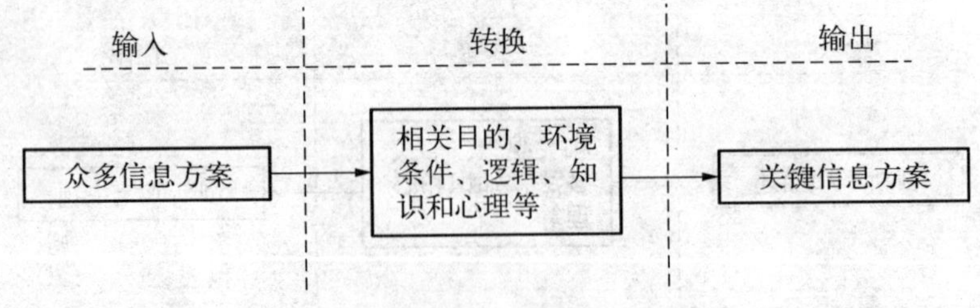

图 18-5 (C)阶段 I/O 示意图

(5) 补充说明。主要有如下四个方面：

首先，许多逻辑的方法是在本阶段集中使用的。在上阶段所获得的成果中，尽可能利用已有的知识和经验等，把众多可能性的信息或方案逐步收敛和引导到条理化的逻辑序列中去。按照获得信息的构成形态，主要进行两方面的活动：其一是判断选择，当获得的是“方案形态”时，可通过分析、判断和选择等，最终得出一个或一组合乎一般逻辑要求的结果；比如对几个想象设计方案的分析、判断和选择等，并进入(A)阶段。其二是继续延伸，当获得的是“信息形态”时，可使用逻辑的方法延伸性地进行再思维、再分析并得到符合预期的结果；比如对“头脑风暴法”所产生众多散在信息的分析、选择和再思维等；一般转入(S)阶段。

其次，收敛思维也是创造活动的一个组成部分。因为仅有发散思维，人们不可能从众多的信息或方案中选择出最合理的方案。在具体解决问题时，人们必须把发散思维的结果与原有的目的任务进行联系，并利用收敛思维从各种不同的信息或方案中作出正确或合理的选择。

第三，在一项创造活动中，人们需要从发散思维到收敛思维，又从收敛思维到发散思维，即表达为：发散-收敛。只有经过多次这样的循环往复，最终才有可能达到预期的结果。

最后，在收敛中，需要使用的相关逻辑学等方面知识的了解，请阅读相关的书籍文献。

4. 实现转换阶段(A)：创新思维成果兑现

(1) 基础前提。本阶段是建立在分析判断拓展成果方案类基础之上的。

(2) 核心特征。本阶段所表现的核心特征是：将创新思维成果转换为创新实现成果。

(3) 目的成果。以一个或一组合乎一般逻辑要求的方案出发，将其转换成用某一形式表达的、具有创意性的、能够创造新价值的具体事物，比如观念、产品、项目方案、程序、结构模型和剧本等。

(4) I/O 图形。本阶段的 I/O 图形见图 18-6。

(5) 补充说明。主要体现在六个方面：

首先，本阶段的输入是：一个或一组合乎一般逻辑要求的方案——创新思维方案成果；本阶段的输出是：将输入转换成预期具体事物的并通过实践或实验验证的活动结果。

其次，通过创新思维所形成的也许就是“点子”，但是，这种“点子”并不是通

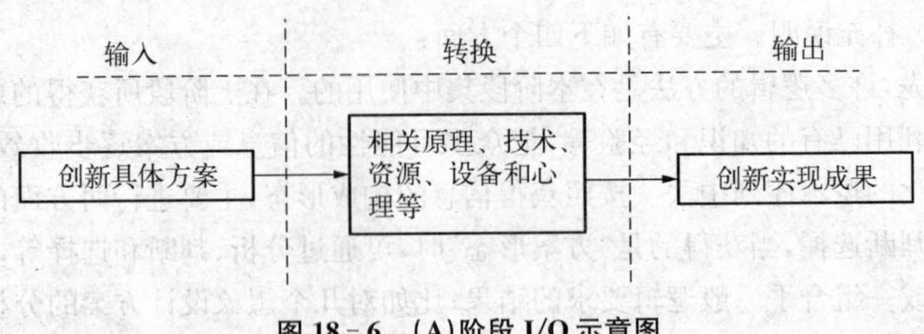

图 18-6 (A)阶段 I/O 示意图

常所说的一般性“点子”。点子是否可行，不仅需要通过转换来检验，还需要通过实践来检验。

第三，创新活动两大成果之间的转换在时间上可以是连续的，也可以是间断的。

【要点提示 18-2】 创新活动两大成果之间的转换在时间上可以是连续的，也可以是间断的

(1) 在整个创新思维活动中，总体产生两大成果，即由主题分析(S)、发散信息(D)和收敛选择(C)活动所产生的“创新思维成果”和由实现转换(A)活动产生的“创新实现成果”。

(2) 我们所预期、期待或希望的是：“创新思维成果”能够转换为“创新实现成果”。但是，在很多情况下，由于受到技术、条件、法律和市场等因素的制约而无法实现转换，这在“前人事例停止原因分析技法”也有过相应的讨论，见图 18-7。

图 18-7 创新活动两大成果的转换

(3) 青霉素的发明案例是对创新活动两大成果之间的转化在时间上可以是间断性的最有力的说明，同时也说明了间断性的转换成功，可以发生在不同主体的身上。

(4) 对于自己的或者别人间断的创新事例，我们可以使用“前人事例停止原因分析技法”，以达到事半功倍的效果。

第四，创新活动两大成果之间的转换可以是预期的或者说是成功的，也可以是非预期的或者说是不成功的。这两种不同的结果，将导致不同的后续活动。

第五，需要满足三个基本条件。在实现转换成果的测评中，德国学者希格弗里德·普莱斯尔在《创造力的训练》一书中认为，创新的结果必须满足三个条件，即：新颖、意义和接受。其中接受可理解为是一种验证行为的结果表示，它可分为"存在性接受"、"群体性接受"和"市场性接受"三种主要类型。

【案例 18-1】　一项当时市场不接受的创新现实成果

美国 GE 公司在 20 世纪 50 年代就研发成功了某型号的人造金刚石，但是其成本要比天然金刚石高出许多，因而也无法作为商品上市。经过不断地以降低生产成本为目的的继续努力，在 20 世纪 60 年代才得以作为商品上市。

【点评】

本案例是企业行为，所以，必须满足"市场性接受"这个条件，也就是我们在上面作为延伸思考提到过的市场成果(M 成果)。本案例说明：

(1) 不同的对象必须满足不同的条件，作为企业必须满足"市场性接受"这个条件；显然，如何获得市场的接受又是一个创新的课题。

(2) 在 A 成果与 M 成果之间的转换在时间上可以是连续的，也可以是间断的，见图 18-8。当出现这两项成果之间的转换在时间上是间断的情况时，我们不能认为创新活动没有成果，只能认为还没有获得市场成果。这种间断性的转换成功，可以发生在同一主体身上，也可以发生在不同主体的身上，比如通过转让获得 A 成果后再将其转换成 M 成果。

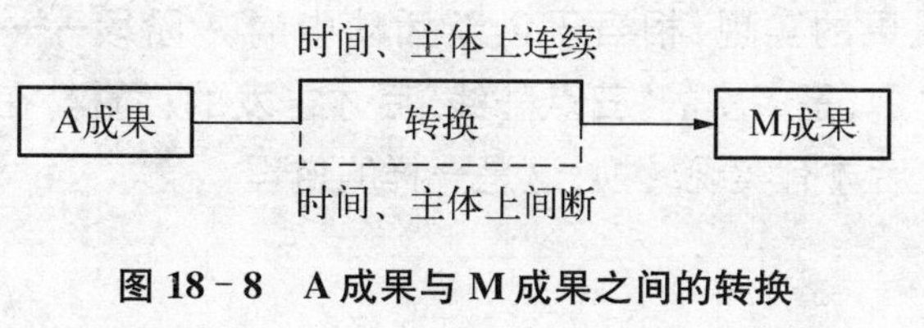

图 18-8　A 成果与 M 成果之间的转换

第六，对于企业，创新实现成果就是产品。产品可以是实体，也可以是服务。服务性产品是无形的，指他人能够使用的某一方法或得到的某项服务等；实体性产品是有形的，指能够提供他人直接消费的某一实体。它表明，我们以商品作为目的或目标，通过投入、转化，最后输出市场接受的、达到预期效果的某项产品、服务或认知，其具体分类可参见 ISO9000 的相关标准。

5. SDC 循环体

SDCA 是一个模型，在假设等思维观念的引导下，可以反复运行。

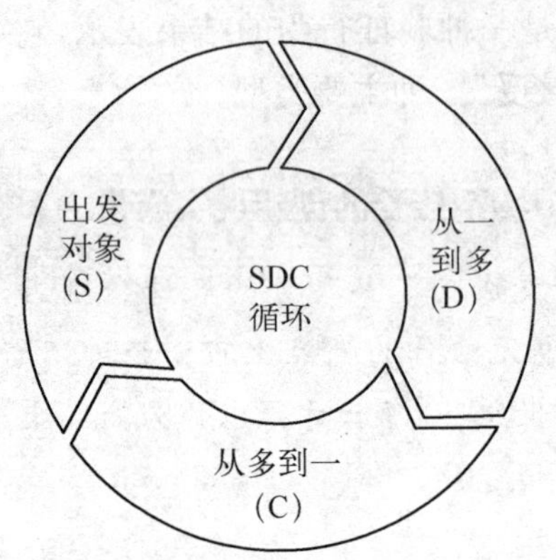

图 18－9　创新思维活动中的 SDC 循环体

显然，从创新活动的阶段划分来看，收敛选择阶段（部分）和实现转换阶段（全部）并不属于创新思维训练范围。在创新思维的范围中，更多地体现在 SDC 上；我们将其称为“SDC 循环体”。对于它的理解，一方面既是创新整体活动的阶段表示（可理解为“大循环”），另一方面也是创新活动过程中具体行为程序的表示（可理解为“小循环”），即“主题-发散-收敛”，就像质量管理中的 PDCA 一样，见图 18－9。

【要点提示 18－3】　SDC 循环是创新思维运作过程中的基本程式

SDC 循环体是一个模型，可以应用于任何过程中所出现的问题。在创新思维的过程运作中，SDC 循环体是最基本的单位、最小的系统、最简单的程序和最重要的结构，就像细胞、原子，也像地球的自转。也许你参加过射击，在射击活动中，每次瞄准，无论是大目标还是小目标，都离不开“三点一线”。如果将实现成果看成是“靶子”的话，那么，“主题-发散-收敛”也就是“三点一线”了（击发是瞄准成果的实现，相当于创新活动中的 A 阶段——成果转换）。当然，在射击活动中，是多次的“三点一线”后才击发的，同样，在创新活动中，也是多次的 SDC 后才有实现转换，这是一样的道理。

二、　主题观念

1. 主题描述

（1）主题可以有“表述”和“描述”之分。简单地说，表述是指说明、述说；描述是指形象地叙述。

主题一般是指文学、艺术作品中所表现的中心思想，是作品思想内容的核心，或是泛指谈话、文件、会议等的主要内容。主题词是指用来标明图书、文件、文章、事项等主题的词或词组。在创新思维中，主题是指需要解决、解释、讨论、分析和验证等的问题。

因此，我们可以从三个方面来理解主题的概念：① 主题具有像文章的中心思想或核心内容一样重要的地位；② 主题更多的是对需要解决或获得答案事物问题性内容的表述；③ 主题直接或隐含地表达了目的。

【要点提示 18－4】　“千里之行，始于主题”

中国古语说：“千里之行，始于足下”，是指走一千里路，要从认定方向的第一步开始，比喻事情的成功是从小到大逐渐积累起来的，即千里远的行程是从具有目标的脚下开始的。这个表述含有两个核心点：方向和努力，即全程的目标方向和过程的行动努力，也可以说：千里，志也；足下，恒也。

同样的，在创新活动中，主题是创新活动的第一步，它为后续的创新活动奠定了基础或指明了方向。所以我们说“千里之行，始于主题”，如果主题错了，就意味着方向错了，这时做得越多，反而错得越多。创新活动中充满了困难和迷惘，很多时候就是因主题不明确导致的。因此，在创新思维的活动中，千万不能忽视主题分析和主题创新思维的重要性。

(2) 主题具有系统和过程的双重角色。创新思维的任何活动或过程都有自己的主题，它是该活动或过程问题性内容的表述。在创新思维中，主题同时充当着两种角色：① 主题的系统角色，主题就像文章的标题一样表达出全文的中心思想、内容和问题，具有系统或整体或范围的地位，由此就衍生出主题的分解性和主题在空间“九屏幕”的布局等。② 主题的过程角色，主题像文章的各个段落一样部分地或过程性地表达中心思想、内容和问题，具有进程结点的地位，由此就衍生出主题的过程性和结构性以及主题无处不在等特征。

(3) 主题的中性色彩。在创新活动中，大部分的主题都是通过问题的形式表达出来的。通常，人们认为“问题”是一个贬义词，但在创新思维中，这是我们需要摆脱的消极定势，我们应该将“问题”的色彩意义视为中性，同样的，主题也具有中性色彩。如果过早地定性，就会给客体的人或事贴上标签，从而误导我们的思维与行为直线性地发生连接。

【案例 18-2】 新电脑无法启动

某君刚买回来一台新的电脑，欣喜若狂。几天的图画、视频资料的编辑使他欲罢不能，一种满足感令他久久不能平息。不久后的一天，他的电脑突然无法启动了，怎么按还是纹丝不动。你是怎么想的？

【点评】

也许，你马上对这一现象产生了贬义的意识：电脑坏了！其言下之意或者隐含的意思是供应商的责任。于是马上打电话给维修中心进行报修。维修人员上门检查后给你的结论是：电源没有连接上！

如果你是采用中性观念来思考问题：电脑无法启动（中性的色彩意义），不知道是怎么回事；于是你不是打电话给维修中心进行报修，而是打电话给技术支持中心进行咨询。

【要点提示 18-5】 防止主题阶段主体型的重复性思考

许多文献将这一现象定义为问题重复性思考，为了防止与 TRIZ 中“问题出现的重复性”这一概念相混淆，笔者以“主体型”的限定加以区别；显然，前者是指主观的认识，后者是指客观的现象。

主体型重复性思考是思维消极定势的主要表现之一。这种重复性思考培养的是僵化的思想，遇到事情常常肤浅地把它看作是过去经验中类似的问题，而实际上它可能是以前所遇问题的更深一层问题或者根本就不是以前所遇到的问题。重复性思考往往把我们引向惯常的方法，而不是新颖的方法。如果你经常按你惯常的思考方式思考问题，你将会总是得到你曾经得到的同样的结果。其实主体型的重复性思考在“主题分析”阶段就已经在悄悄地发生作用了，但是，我们却没有引起足够的重视，或者很少去关注它。

2. “要解决什么”和“究竟要解决什么”

与其具有相同意义的是:“解决什么”和“应该解决什么”。作为一个主题,就是要突出某一个中心,这个中心反映的是我们创新思维或活动需要解决的是什么。许多人将其认为是“核心问题”,其实应该是“问题核心”,即:核心问题中某一具体对象的某一方面的确定。它们之间的关系也涉及到“要解决什么”和“究竟要解决什么”。

由于创新活动是一个耗时、耗财、耗精力的活动,所以,创新思维问题诉求的关键是“究竟要解决什么”而不是“要解决什么”。我们应该注意到:“要解决什么”和“究竟要解决什么”是有区别的。因为,“究竟要解决什么”产生于“要解决什么”之中,并且是经过分析和选择而得出的主要、核心和关键方面。比如,一个人在沙漠中迷路了几天,此时他口渴、饥饿、疲乏、恐慌等都是属于“要解决什么”的“核心问题”;也许,解决口渴是属于“究竟要解决什么”的“问题核心”。

3. 主题中的目的

就问题性主题而言,无论你是否意识到,主题中的目的是或隐或现地存在的。同一事项,通常会由于思维观念、视角、知识和目的(有学者将其称为“企图心”)等不同而有所不同。一旦我们有了经验性的目的,那么它会以一种不可预料的微妙方式限制你以后的思维,同时也在淹没你的创新潜力。为了在解决问题时把各种可能的创造性都充分发挥出来,你要不断地用特定的方式去留意和挖掘你的目的。

(1) 目的与目标。详见要点提示 18-6。

【要点提示 18-6】　创新思维中的目的与目标

在创新思维中,一般是以目的起步的;我们不能混淆目的与目标的不同要求,更不能作茧自缚。所谓目的是指想要达到的境地,希望实现的结果;所谓目标是指想要达到的境地和标准。一般来说,目的与目标都是想要达到某一境地。但是,目标比目的更强调具体性;比如,目的要求到达某市(无论该市的什么地方),而目标则是要求到达某市的某点(具体的点,如某街的某小区甚至是某楼的某室)。所以,目的与目标是有区别的。许多时候,人们在创新开始的时候,往往会被一个具体的目标搞得不知所措。其实,很多创新是在没有具体的目标而有目的的情况下开始的(请再想一想“要点提示 18-1:创新模式的阶段比较")。比如,一家食品公司希望获得"有关金枪鱼产品和市场的新想法",在这里,"有关金枪鱼产品和市场的新想法"是目的而不是目标(你也可以用目标管理的 SMART 原则去区别)。

(2) 多目的性。同一个主题或活动可以有不同的目的,放弃常规的目的,选择新的目的也是一种创新。比如"明天去逛街"这一主题,就可以产生多种目的,见图 18-10。本图告诉我们:在同一个主题或活动所构成的空间中,可以有众多的、不同的目的。在特定的空间中,除了你当前选择或常规的目的外,还存在着许多客观的其他目的。

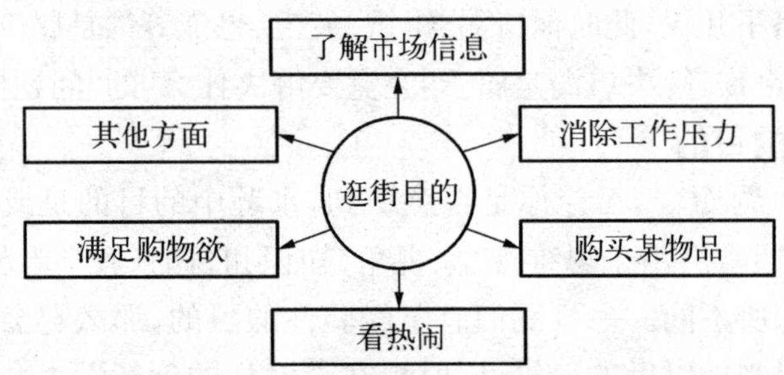

图 18-10 同一主题或活动下的不同目的

4. 其他事项

这里,我们主要提示两个方面:① 非专业术语表达主题,更有利于拓展思维。在定义主题时,我们应该尽量采用非专业术语来表达问题,因为专业术语往往禁锢人的思维。比如在"破冰船破冰"的惯性思维引导下,人们不会想到可以不用破冰船而将冰移走的方法。② 问题得不到解决时返回的第一步是重新审视主题。作为一种规则,经过分析或相关技法的应用后如问题仍无解,则应该被认为是"主题定义或有误",需要调整主题的表达、主题的结构或对主题进行重新定义。

三、 完善初始叙述

所谓初始叙述可以理解为是我们一开始从直接或间接获得的未经分析的信息中得出或获得的事项初步印象性的概况。无论是日常工作还是创新工作，我们首先接受的是用语言或文字对事项的叙述，即使我们亲临现场，语言和文字也会占很大的分量。所以，开始时我们需要思考：① 事项叙述信息的客观性怎样，这意味着信息的可靠性；② 事项叙述信息的维度性怎样，这意味着信息的完整性；③ 推荐或传递到的主题是什么，这意味着他人对事项叙述核心认识的参考；④ 事项叙述与主题之间具有怎样的关系，这意味着在分析因果的关系性。

下面我们借助“按结构完善初始叙述技法”来进一步说明这个问题。

【按结构完善初始叙述技法】

1. 基本描述

1.1　原理点

（1）理解叙述。叙述在这里是指将事项的前后经过写下来或说出来，其中应该包括描述引起问题的状态变化过程。叙述视角是叙述语言中对事项内容进行观察和讲述的特定角度。

（2）叙述的“不纯性”。这种现象的部分原因我们在“主体定势特征”中已做了简单说明。这种现象的过程还受到许多心理效应的影响。哲学解释学的代表人物伽达默尔说，事物在叙述或解释中并不局限于原来的意义，因为“它总是由解释者的历史环境乃至全部客观的历史进程共同决定的”。一项最新的科研成果证明：大脑视物有“成见”，人可能只看到部分事物。美国科学家进行的一项实验表明，进入人类视野的东西并不一定全都会被看到，大脑对于人看到的事物应该是什么样子，可能有一种先入为主的“成见”，即它只让我们看到部分的事物。

【案例 18－3】　善于观察的专家的错误

据说，在联邦德国召开的一次心理学会议上，突然从门外冲进两个人来，后面的一个人手里拿着枪，在会场里拼杀追赶。只听“叭”的一声枪响，那两个人就在会场上消失了。这桩突如其来的事件前后仅有 20 秒钟。事情过后，会议主席立即请全体与会者写出目击后的记忆。在上交的 40 篇目击记录中，只有一篇在主要事实上的错误少于 20%，有 14 篇存在 20%～40%的错误，有25篇出现了40%以上的错误。更为严重的是，还有不少细节纯属人为的臆造。

【点评】

目击者都是善于观察的专家，并且也都与这桩事件无任何关系。敏锐的观察和无偏见竟出现回忆差错。这究竟是怎么回事呢？

【要点提示18-7】 客观信息要与感性认识以及假设相区别

动物病理学家贝费里奇认为，人们的观察经常发生偏差或过错似乎是常见的事，而且他们常常臆造出虚假的现象；这种虚假的观察可能是由人们的错觉造成的。其实，在主体"看"和"听"到所发生的事项时，其客观的"真实性"被心灵中的观念"加工"了。事实经过观察而渗入了主观的烙印，这不仅为偏见埋下了种子，而且为事项的解决带来了"隐患"。所以，实际的事实不同于观点或推测，客观信息要从感性认识以及假设中分离出来，这是认识原始事项的一条重要原则。

(3) 同一主题不同立场的认为。立场，一般是指认识和处理问题时所处的地位和所抱的态度。同一主题不仅具有不同客观和主观的目的存在，而且同一主题从不同的立场去看，也有不同的理解和反应。"案例2-11"就是一个很好的例子。

1.2 理解点

(1) 用一定方法使叙述更趋可靠。无论是日常工作还是创新工作，我们首先面临的是事项叙述。所以，事项叙述信息的"可靠性"是我们必须重视的首要问题。当然，绝对的客观显然是不存在的，但是，我们应该使获得的事项叙述信息尽可能地接近客观事实和尽可能地完整。请想一想：开始错了，结果会正确吗？

(2) 应基本具备分析所需的体系要素。面对并不有序和并不完整的一堆信息，我们期望这些信息中应该基本具备分析所需的体系要素。最简单的方法就是根据"5W2H法"来明确事项叙述应具备分析所需的系统基本要素。在这里，5W2H 法的表示是：① What（什么），也可以是一个主题；② Why（原因），可以是一个，也可以是多个；③ Where（地方）；④ When（时间）；⑤ Who（对象），这里的对象是指客体，包括人、事、物；⑥ How much（要求）；⑦ How to（方法）。

(3) 事项要素的隐含分析。隐含分析在这里可以理解为是指隐含在某一个要素中的判断。它的特点一个是“隐”，一个是“含”。所谓“隐”，是隐而不显、未曾明言的意思；所谓“含”，是不依赖于别的条件而确实存在于某一要素之中或与某一要素发生联系的意思。在主题分析阶段，通过隐含分析能够揭示与要素相关的前提条件、情景环境和目的要求等。比如，“我去上班”中隐含分析的基本前提条件之一是：“我不是失业人员。”当然，隐含分析的结果具有“或然性”，有些具有“假设”的意味，其原因是：① 许多分析是分析人的主观行为；② 分析的结果与分析人的“影响因素”有关。

了解或证实隐含分析的结果，是我们全面理解事项叙述的重要方法之一。虽然在不同情况下每项要素并不可能都存在隐含分析，但是，在具体操作中要求或提倡我们尽最大努力。

(4) 不要考虑句子完美。在以上过程中，我们并没有，也不需要考虑语法或结构等问题。所以，会出现拗口、涩味，甚至是破句的情况，这是在预期中的，这也说明你并没有受到“句子完美”定势的控制。

(5) 主题分析的基础。“按结构完善初始叙述技法”是本书创新思维主题分析确定诸多方法的基础；或者说，所有的主题分析方法都是需要建立在完善初始叙述基础上的。

2. 目的对象

本技法的主要目的在于力求更系统、更客观、更深入地收集事项叙述信息，得到现象主题；适用于任何类型的事项，特别是复杂的日常事项和创新的事项。

3. 基本步骤

基本步骤见图 18－11。

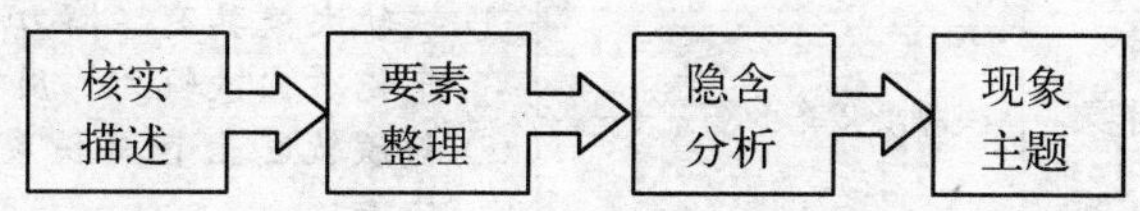

图 18－11 按结构完善初始叙述技法基本步骤

4. 操作实例

【案例18-4】 铁轨如何才能对火车行驶更安全

原来的火车车轮是不带凸缘的，而是铁路轨道带凸缘的。为了使火车行驶更安全，成千上万英里长的铁轨附带了钢铁凸缘，铁路安全的问题就被表述为"怎样的铁轨如何才能使火车行驶更安全?"人们一直在探索如何改进铁轨凸缘以更好地防止车轮倾覆到轨道外。

(1) 综合表，详见下表：

序号	名 称	内 容
1	核实描述	略
2	要素整理	见"事项要素隐含分析表"
3	隐含分析	见"事项要素隐含分析表"
4	现象主题	既要解决铁轨凸缘太低，同时也要解决凸缘检查、维修的困难以及成本问题

(2) 事项要素隐含分析表，详见下表：

要 素		整理内容	隐 含 分 析
What	什么	怎样的铁轨才能使火车行驶更安全?	① 铁轨带凸缘，防止车轮滑出铁轨 ② 铁轨对火车行驶的安全性主要在于凸缘部分
Why	原因	火车行驶不安全的原因大多来自铁轨	① 铁轨凸缘太低 ② 成千上万英里的铁轨给凸缘的检查和维护都带来了困难 ③ 轨道凸缘因磨损失去功能后需更换整段铁轨，成本很高
When	时间	?	
Where	地点	?	
Who	对象	铁轨、火车	① 铁轨大概具有摩擦力小和(凸缘)防止车轮滑出铁轨的作用 ② 与铁轨发生直接联系的还有路基、车轮等

（续表）

要素		整理内容	隐含分析
How much	要求	铁轨对火车的安全作用	关注的对象是“铁轨”
How to	方法	怎样满足？	当解决了原因①后，仍然无法解决原因②、③
初拟现象主题		既要解决铁轨凸缘太低，同时也要解决凸缘检查、维修的困难以及更换的成本问题	

【点评】

本案例与“案例 2－1”相同。通过这一方法，我们已经将原来的“怎样的铁轨如何才能使火车行驶更安全”转换成“既要解决铁轨凸缘太低，同时也要解决凸缘检查、维修的困难以及更换的成本问题”的现象主题；其中较多的来自隐含分析。

四、　以三种句型组合入手的主题分析

主题观念是一个很重要的概念。由于视角不同，所以，主题分析的切入点有很多，比如以三种句型组合入手的主题分析法、以思维观念入手的主题分析法、以目的入手的主题分析法和主谓宾与 OATVC 主题整理技法等。对于主题分析入手方法的选择，读者可以根据问题的性质、大小、简繁程度和个人的偏好等，进行选择性或组合性的使用。当然，你更可以采用本书中没有列举的其他方法。限于篇幅，本书只简要地介绍三种句型组合的主题分析和以思维观念入手的主题分析。

【三种句型组合的主题分析技法】

1. 基本描述

1.1　原理点

张斌在《现代汉语》一书中认为：句子是人们交流思想的基本语言单位。作

为句子可长也可短，作为结构可繁也可简，但是判断一个语言单位是不是句子，不是根据它的长短繁简，而是看它是不是起沟通作用的。比如，“当心”是一个词，词典上注明它含有留神或小心的意思。当有人看到地上滑，说一声“当心!”的时候，它就是一个句子了。为什么前边一个“当心”不是句子而后者是句子呢?这是因为：

(1) “当心”作为一个词，它有意义，但是无所指称。“当心”作为句子，或者指称路上滑，需要小心，或者指称别的什么意外情况，应该多多留神。总之，它叙述的内容与客观现实有特定的联系。

(2) “当心”作为一个词，它不表示任何主观意图的。作为句子，它包含了说话者的目的、意图之类。

(3) 句子的意义性和意图性这两个特点，合起来可以称为表述性。表，指的是表达客观现实；述，指的是陈述主观意图。

1.2　理解点

在思维或创新思维中，主题结构的类型有很多，但常见或常用的主要有三种，即:“陈述式”、“问题式”和“因果式”。

(1) 陈述式主题：是从说明的角度，对客观事实或现象加以概说；

(2) 问题式主题：是从需要解决疑问的角度，提出问题并隐含了目的或企图；

(3) 因果式主题：是从因果关系的角度，对客观事实或现象关系的主要方面加以述说。

【要点提示 18-8】　用三种句型组合起来对某一问题进行思考

用这三种句型组合起来对某一问题进行思考，是一种小技巧。在思维或创新思维中，对某一问题的思考，我们可以用这三种句型组合起来表达。陈述式突出性地表示了“事项是什么”，问题式突出性地表示了“要解决什么”，因果式突出性地表示了“原因是什么”。将这三种句型组合起来，从前到后的次序不仅体现了事项的具体性、要解决的问题性，同样也提供了问题的因果性。当然，要解决的是什么和原因是什么也许不止一个，你可以逐次地排列出。比如，事项是什么——关于产品质量；要解决什么——两个部件的连接问题；原因是什么——因为两个部件之间的焊接有假焊和漏焊，所以它们的连接不牢固。

2. 目的对象

通过用这三种句型组合起来的表述，不仅有利于问题的认识和解决，有时，也会给你带来更大的思考空间和某种启发，特别是对产生结果前提条件的揭示和判断。本技法适合于对各种简单事项的思维或创新思维。

3. 基本步骤

基本步骤见图 18－12。

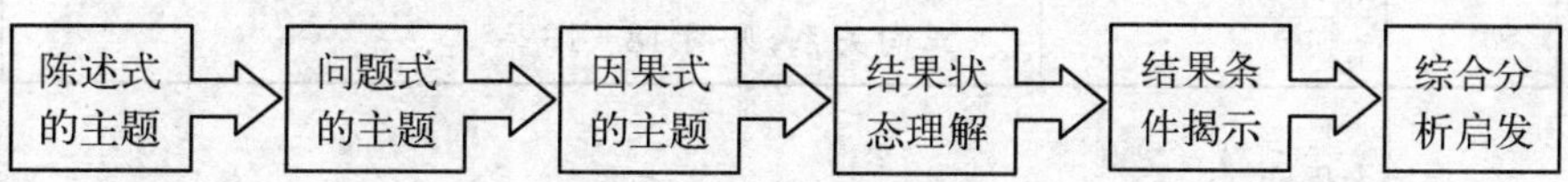

图 18－12　三种句型组合的主题分析技法基本步骤

4. 操作实例

【案例 18－5】　圆珠笔漏油

圆珠笔在日本市场上市后，开始效果很好，但使用一段时间人们就发现它会漏油。为了解决这个问题，中田藤一郎费尽了脑筋。过去人们已经认识到笔珠磨久了会变小致使笔油流出，因此总是在增强笔珠的耐磨性上下工夫，采用宝石或不锈钢做笔珠，但实验的结果还是漏油。

【点评】

序号	名　称	内	容	编号
1	陈述式的主题	圆珠笔用久后会漏油		
2	问题式的主题	如何使久用后的圆珠笔不发生漏油		
3	因果式的主题	因为久用的笔珠被磨得变小而间隙增大，所以产生漏油		
4	现象状态理解	主要现象	漏油	
		现象理解	漏油中的“漏”其真实的含义并非指动作性的“漏”，而是指超过“常量”的“多出”，所以真实的结果表达应该是：超量漏出油	
5	现象条件揭示	漏油的三个前提条件：① 久用；② 间隙增大；③ 有油可漏		

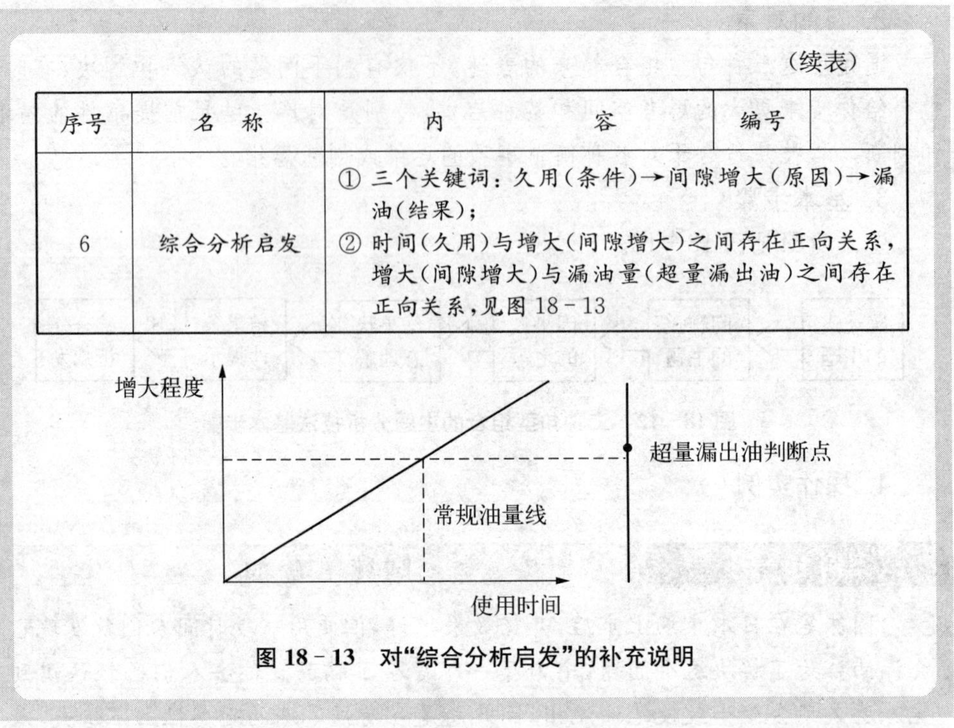

（续表）

序号	名称	内容	编号	
6	综合分析启发	① 三个关键词：久用（条件）→间隙增大（原因）→漏油（结果）； ② 时间（久用）与增大（间隙增大）之间存在正向关系，增大（间隙增大）与漏油量（超量漏出油）之间存在正向关系，见图 18－13		

图 18－13　对“综合分析启发”的补充说明

五、　以思维观念入手的主题分析

下面通过“简单思维观念选择分析技法”的介绍，来讨论“以思维观念入手的主题分析”。

【简单思维观念选择分析技法】

1. 基本描述

1.1　原理点

在思维活动中，观念具有定向的作用，它有意或无意地规定和支配着思维的角度和性质，即路径和方法等，并在思维运行中发挥着机理、“推手”和筛选等作用。

1.2　理解点

(1) 思维观念决定着思维的思路、视角、视野、方向或方法等。这在创新思维中具有十分重要的概念或原理，我们在“创新思维”章节中已有过讨论，更多的了解可阅读“创新思维”章节的相关部分。

(2) 如何最快地获得首选的或者适宜的思路。思路，简单地说就是思考的线索或路径；思路是用主题的形式来表达的。

(3) 当我们获得某一主题时，可以选择从思维观念入手；其基本过程是：① 从不同的思维观念出发，以获得一些带有路径性的看法或感觉(思路发散)；② 对有结果的不同思路进行比较分析，从中得到某些有价值的东西(思路收敛)。

2. 目的作用

通过不同观念审视同一主题的方法，以获得不同的思路；在观念收敛的基础上，一方面确定或得到某一新的主题，另一方面在其引导下运用相关的方法或技法解决问题。

3. 基本步骤

基本步骤见图18－14。

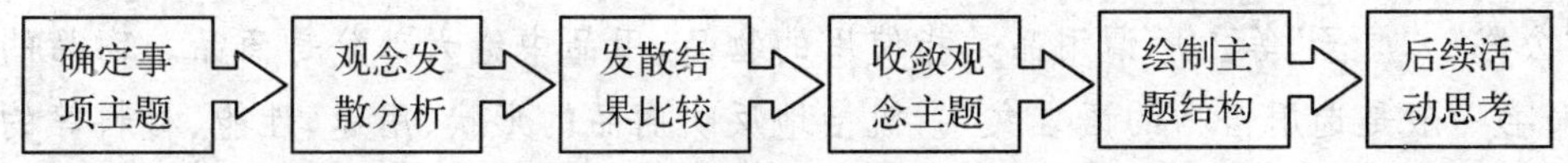

图18－14 思维观念选择分析技法基本步骤

4. 操作实例

请见“创新思维”章节中的“要点提示1－5”。

六、 重新定义用品名称

据说，较早前丰田公司曾向其员工征集“如何使企业变得更有生产力”的想法，几乎没有收到什么建议。于是把主题改了一下，重新定义为“你如何使自己的工作变得简单”。之后，他们收到了大量的建议。对主题的重新定义或许只是一个小小的改变，但却带来了巨大的成果。

重新定义不仅是对用品名称、功能、概念等的重新定义，也意味着转换主题。“重新定义主题”的办法会给我们带来新的空间和活力，例如：亚历山大·格雷厄姆·贝尔本来是想发明一种助听器，当他改变定义时则发明了电话；哈兰·桑德斯本来努力把他的食谱介绍给餐馆，当他改变定义时则创办了肯德基快餐店；卡尔·詹斯基本来是在研究电话的静电干扰，转变定义后则从银河系发现了无线电波，开创了无线天文科学。

重新定义主题的方法有很多，比如从目的与对象对应关系出发的“目的不变对象改变型主题转换技法”和“目的改变对象不变型主题转换技法”等。

下面，我们以“重新定义用品名称”为例介绍“重新定义用品名称技法”，读者可举一反三，思考其他一些重新定义主题的类型。

【重新定义用品名称技法】

1. 基本描述

1.1 原理点

(1) 名称是事物的名字，它一方面体现了本质属性或主要功能，另一方面以符号的形式来区分这事物与那事物。每项事物都有自己的名称，比如“西瓜”、“公路”、“原子”等。所谓用品是指使用的物品，用品中绝大部分是商品。商品的命名一般是选用恰当的语言文字，概括地反映商品的形状、用途、性能、材料等的特点。商品命名的根本目的是使商品的名称与消费者期望的使用价值和心理价值相吻合，对消费者产生积极的影响。

(2) 在现实生活中，人们在未接触到商品之前常常是通过商品的名称来判断商品的性质、用途和品质等的。当我们想到或看到用品的名称时，就会自然而然地在脑海中勾起它的主要形状、用途、性能和概念等。比如，当你看到或想到“电话”，头脑中就会跳出“利用电信号的传输使两地的人互相交流的通信方式”这个意识性的认识。

(3) 富有创新意识的人不应该拘泥于某用品名称所带来的习惯或定势，而应着意对它们有新的认识或赋予它们新的活力。比如，对于“洗衣机”的名称，你可以通过本技法，将其看成是“洗东西的机器”。显然，洗衣机还是洗衣机，但是随着“洗衣机”的名称向“洗东西的机器”这一名称转换，它的用途或作用也发生了变化；由于这一变化，也同样导致顾客群体的变化。

1.2 理解点

(1) 商品的命名一般常用的有九种方法，其中应该引起我们关注的和最容易切入的是“以商品主要效用命名的方法”。其特点是名称直接反映商品的主要性能和用途,使人们可以直接地从用品的名称上了解它的用途和功效,也似乎是"顾名思义"。

(2) 从一分为二的观点相对创新思维来说,它强调人们注意了这些方面,却忽视了另外的一些方面。久而久之,也许就会成为一种锁定或定势。比如,在你的意识中,"洗衣机"只能洗衣物,"头发吹干器"只能吹干头发等。

2. 目的对象

通过摆脱对用品习惯的认识,重新定义用品名称以求产生新的思维火花或结果;本技法侧重于对已有用品,特别是处在"成熟期末期"或"衰退期"的用品,在功能上扩展和在技术上的创新。

3. 基本步骤

基本步骤见图 18－15。

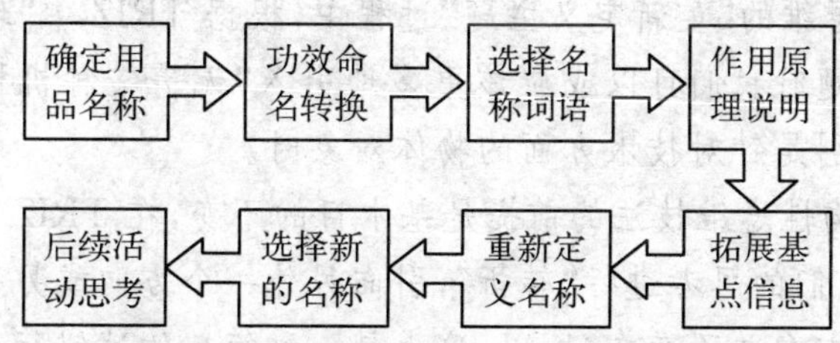

图 18－15　重新定义用品名称技法基本步骤

4. 操作实例

<table>
<tr><th>序号</th><th>步　骤</th><th colspan="3">内　　容</th></tr>
<tr><td>1</td><td>确定用品名称</td><td colspan="3">洗衣机(普通型)</td></tr>
<tr><td>2</td><td>功效命名转换</td><td colspan="3">不需要转换,仍为"洗衣机"</td></tr>
<tr><td rowspan="2">3</td><td rowspan="2">选择名称词语</td><td>动作词</td><td>动作对象词</td><td>功能意义</td></tr>
<tr><td>洗</td><td>衣物</td><td>祛除污物</td></tr>
<tr><td>4</td><td>作用原理说明</td><td colspan="3">通过衣物随滚筒的转动并结合其他功能来洗涤衣物的设备</td></tr>
<tr><td>5</td><td>拓展基点信息</td><td colspan="3">洗→衣物、土豆、黄瓜、脱鸡毛、荸荠等</td></tr>
<tr><td>6</td><td>重新定义名称</td><td colspan="3">洗土豆机、脱毛机</td></tr>
<tr><td>7</td><td>选择拓展结果</td><td colspan="3">这两个都可以,事实上已经成为一种现实用具</td></tr>
<tr><td>8</td><td>后续活动思考</td><td colspan="3">略</td></tr>
</table>

七、“与其(这样)+不如(那样)+那么”结构

【“与其(这样)+不如(那样)+那么”结构技法】

1. 基本描述

1.1 原理点

得到了周道生在《现代企业技术创新》一书中简单述说所给予的启发，笔者经分析研究后将其归纳为“与其(这样)+不如(那样)+那么”的结构。

1.2 理解点

(1) 在创新思维的“重新定义主题”过程中，根据 TRIZ 中“理想资源观念”，即在重新定义主题时我们可以或应该更多地引入“无需某种机构能够实现某项功能”的观念，特别是针对技术方面的物体对象时。

(2) 这种结构性思维技法的前提是基本目的不变，在 TRIZ“理想资源观念”的引导下，促使我们的思考进行“转折”，引向另外一个方向或另一个对象；当然，有可能另外一个方向并不存在，所以，这也是一种简单的试错行为。

【案例 18-6】 与其不断去掉杂草，不如种上庄稼

有一位禅师，带领一帮弟子来到一片杂草丛生的地方。他问弟子们，怎么可以去掉草地上的乱草。弟子们想了各种办法，拔、铲、挖等等。但禅师说，这都不是最佳办法，因为“野火烧不尽，春风吹又生”。

什么才是最好的办法呢？禅师说：明年你们就知道了。

等到第二年，弟子们再回来时发现，这片草地长出成片的庄稼，再也看不见原来的杂草了。弟子们这才明白，最好的办法是在原来的地里种上庄稼。这是禅师的智慧，用种庄稼根除杂草。

【点评】

与其(这样)	不如(那样)	那么
与其：如何拔除杂草	不如：不拔除杂草	那么：全部种上庄稼

2. 目的对象

本技法适用于创新活动中的用以重新定义主题，即调整思维的方向或对象；在TRIZ“理想资源观念”的引导下，适宜于技术方面的具体物体对象；对于其他对象，也可作为一种简单的试错行为，以促使跳出思维的习惯性。

3. 操作实例

与其(这样) [原来的问题]	不如(那样) [对原来问题的否定]	那么 [重新定义的新问题]
与其：降低割草机的马达噪音	不如：不使用割草机	那么：能否使草不会长高
与其：改进洗涤衣服用的洗衣机	不如：不使用洗衣机	那么：能否发明不会脏的衣服
与其：改进厨房抽油烟机的功能	不如：不使用抽油烟机	那么：能否设计不产生油烟的烹调设备
与其：使笔珠久用后不漏油	不如：放弃对笔珠的考虑	那么：能否设计一种不用笔珠的圆珠笔 那么：能否使圆珠笔要漏油时无油漏出
与其：使铁轨凸缘保证火车行驶中不脱轨	不如：放弃将凸缘安排在铁轨上	那么：能否将凸缘安排在其他的地方

八、　主题目的简单意味设问

下面通过“主题目的简单意味设问技法”的介绍来讨论“主题目的简单意味设问”的内容。

【主题目的确定简单意味设问技法】

1. 基本描述

1.1　原理点

针对某一消除差距型的问题，在很多情况下并不清楚目的是什么，或者一直按照原来的经验认为目的。其实,目的不同,将导致事项的主题不同;不同的主题也将会使操作的方法不同。关于消除差距型问题的更多了解,可阅读“管理者的问题解决”章节。

1.2 理解点

(1) 本技法中突出的是“意味设问”。意味在这里表达了一种不良或风险的预示或可能,可归纳为“非预期的”。通常,解决这类问题的目的之一就是要防止或阻止某种非预期事项的发生。而非预期事项的发生,其实也是由原因所导致结果的表现形式之一。因此,对于贬义性问题的解决,其目的之一就是要防止或阻止非预期的结果发生。

(2) 意味设问的句型是:你认为这个问题(发生)意味着什么

2. 目的对象

(1) 通过本技法确定事项问题的目的,以检验问题的主题,防止主题的偏离,从而明白究竟要解决什么;

(2) 通过本技法,也表现出“一因多果”的结果,同样也会产生诸多可能发生的结果,以供我们思考;

(3) 本技法适用于消除差距型的问题,并且简单易行,可用于各种类型的贬义性问题。

3. 基本步骤

基本步骤见图 18-16。

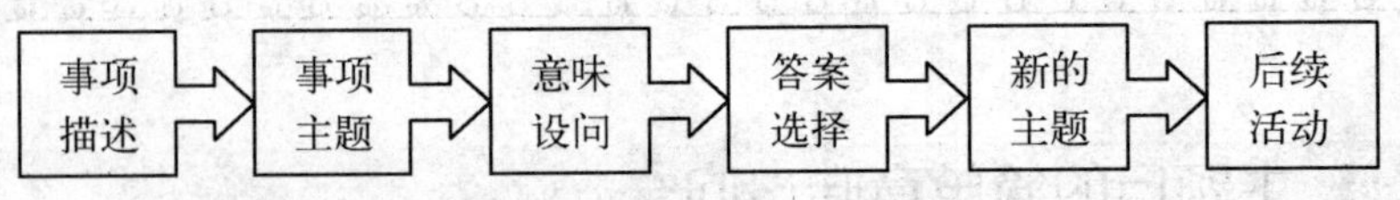

图 18-16 主题目的确定简单意味设问技法基本步骤

4. 操作实例

【案例 18-7】 转换主题才获得更好的方法

在 20 世纪 50 年代,专家们认为海运船只正在退出历史舞台,因为成本在增加,并且运输货物的时间越来越长。为了应对这一情况,航运企业缩减了公司规模,减少了运输船只,并且只建造耗油少、速度更快的船只。但是,运输成本仍然持续不断上升。尽管如此,整个行业的重点还是把它放在减少运输船只的具体成本上。

【点评】

(1) 该操作实例的步骤可归纳如下：① 事项描述：见案例；② 事项主题：减少运输船只的具体成本；③ 意味设问：你认为这个问题（发生）意味着什么？——经营没有利润等；④ 答案选择：经营没有利润；⑤ 新的主题：用什么方法可能阻止经营没有利润。

(2) 通过本技法，主题从“减少运输船只的具体成本”被重新定义为“用什么方法可能阻止经营没有利润”。

(3) 该主题的转换：一方面，从“具体成本”转换到“经营利润”；另一方面，从“运输船只”的对象，扩大到能够影响“经营利润”的所有客观对象上，其中也包括原来的对象。

(4) 在此基础上，通过新主题重新思考对问题解决的方法。

一股全世界都在掀起的热潮- TRIZ 理论

第19章 TRIZ 初步认识

一、TRIZ 简介

1. 来源

20 世纪 90 年代以来，一个叫做 TRIZ（发音为[triːz]，国内也有将其称为“萃智”）的方法学，逐渐在世界各地流行起来，其意是“发明问题解决理论”或“创造性解决问题的理论”。

20 世纪 40 年代，前苏联海军专利调查员根里奇·阿奇舒勒在审查各种专利时发现，在问题解决上（或各解决方案间）有一些模式可借鉴，即便是那些独特且原创的发明创造也是如此。他进一步认为：一旦分析大量的好专利并将其解决问题的结构和原则提取出来，人们就可以通过学习这些结构和原则来提升创新能力。从 1946 年起，以阿奇舒勒为首的专家们开始对世界数以百万计的专利文献和自然科学知识进行研究、整理和归纳。经过 50 多年的努力，最终建立起一整套系统化的、实用的、解决发明问题的理论和方法体系，这种方法体系被称为 TRIZ，这就是 TRIZ 的来源。

2. 作用

TRIZ 对于要在较短时间内产生具有创造性的解决方案极为有效，并且会对各个领域的发展产生巨大的推动。如今，TRIZ 已成为许多现代企业技术创新的利器，它可以轻易解决那些“看似不可能解决的问题”。比如：在对某型号汽车的刹车系统进行创新设计的洛克威尔汽车公司，通过应用 TRIZ，在保持原有功能的前提下，刹车系统发生了重要的变化，由原来的12个零件缩减为4个，成本减少50%；三星于1997年引入TRIZ，到2003年的近7年时间里，他们采用TRIZ指导项目研发而节约相关成本15亿美元，同时通过在67个研发项目中运用TRIZ技术，成功申请了52项专利。也许，最为成功的要算是福特汽车公司了，他们利用TRIZ创新的产品为其每年带来超过10亿美元的销售利润；比如推力轴承在大负荷时出现偏移的问题上，通过应用TRIZ产生了28个解决方案，其中一个非常吸引人的方案是利用热膨胀系数小的材料制造这种轴承。经过实践，该方案很好地解决了推力轴承的偏移问题。

位于华盛顿州西雅图市的TRIZ咨询公司创始人Zinovy Royzen这样说："TRIZ不仅能帮助解决问题和帮助企业节省资金，它还是一种分析式的思维方式，它能提高人们的创造力。"当前，TRIZ不仅仅只适用于技术领域，已逐步向其他领域渗透和扩展，由原来的工程技术领域分别向自然科学、社会科学、管理科学、生物科学等领域发展。比如，2003年，新加坡的TRIZ研究人员就利用40项创新原则，提出了防治"非典型性肺炎"的一系列方法，其中许多措施被新加坡政府采纳并用于工作中，收到了非常好的效果。

3. 体系结构

从方法学的角度来分析，虽然TRIZ理论还有一些需要完善之处，但它仍不失为一个比较完整的理论体系，具体可概括为：以自然科学、系统科学和思维科学为科学支撑，以辩证法、系统论、认识论等为理论指导，以技术系统进化法则作为理论主干，以技术系统、技术过程、矛盾、资源、理想化最终解为基本概念，以解决工程技术问题和复杂发明问题所需的各种问题分析工具、问题求解工具和解题流程为操作工具。读者亦可参考王亮申《TRIZ创新理论与应用原理》中的总结，如图19-1所示。

4. 六个基本观点

(1) 问题和方案的重复性。阿奇舒勒通过大量的专利案例分析，并进行归纳、抽象得出某种规律性的模式、标准和程式，认为人们在解决发明问题过程中，所遵循的科学原理和技术进化法则等是一种客观的存在，也就是说是具有规律性的，具体表现在：① 问题标准化的重复，大量发明所面临的基本问题是相同的，也就是说，所需要解决的矛盾从本质上说也是相同的，即：都可以被技术矛盾或物理矛盾这两大类型所包括。② 方案标准化的重复，同样的技术创新原理

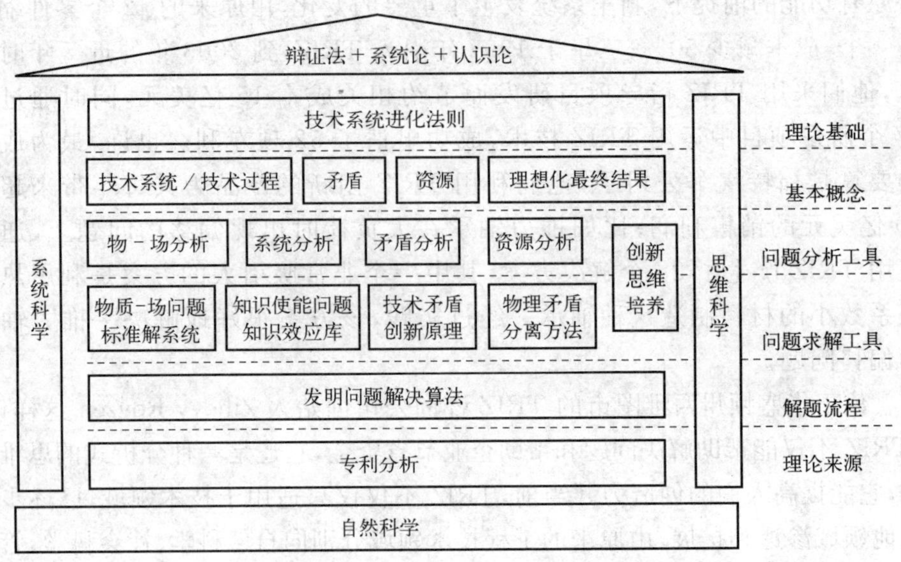

图 19－1　TRIZ 基本理论体系结构

和相应的解决问题的方案，也会在以后的一次次发明中被反复应用，只是被使用的技术领域不同而已。

【要点提示 19－1】“标准化程序”、“标准化问题”和“标准化方案”的基本关系

利用 TRIZ 理论解决问题突显了三个核心关键，那就是：“标准化程序是什么”、“如何将问题标准化”和“如何使用标准化方案”。它们之间的关系是：

(1) 通过一定的标准化程序来标准化“问题”和标准化“方案”；

(2) 通过一定的标准化程序由“标准化问题”来链接“标准化方案”，见图 19－2。

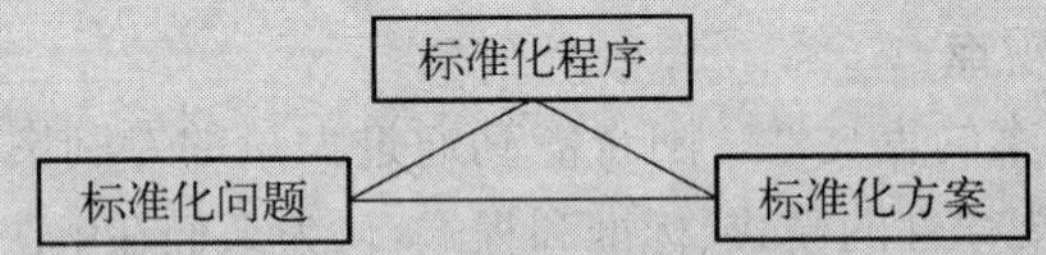

图 19－2　“标准化程序”、“标准化问题”和“标准化方案”之间的关系

在这样的前提下，才可能具有问题标准化的重复和方案标准化的重复。虽然技术性事项与非技术性事项具有很大的差异性。但是，在以非技术性为

对象的创新研究中，对于这种方法的模型是可以借鉴和参考的。

通过对 TRIZ 理论中“标准化程序”、“标准化问题”和“标准化方案”之间关系的研究，也可以引导我们用于非技术类问题的解决；当然，这是一个很大的课题，在本书中多少是有所体现的。

(2) 技术发展的进化性。所谓技术系统的进化，是指实现技术系统功能的各项内容，从低级向高级变化的过程；对于一个具体的技术系统而言，人们对其子系统或元件不断地进行改进，以提高整个系统的性能，这个不断改进的过程就是技术系统的进化过程。但是，技术系统的进化并非随机的，而是遵循着一定的客观规律进化，所有的系统都是向理想化最终解进化的，系统进化的原则或规律可以在过去的专利发明中发现，并可以应用于新系统的开发，以此可以避免盲目的尝试和浪费时间。

(3) 目的确定的理想化性。在解决问题之初，首先抛开各种客观限制条件，通过理想化来定义问题的理想化最终结果，以明确理想方案所在的方向、位置和组成，以限定在解决问题过程中沿此目的前进，并获得理想化最终结果，从而避免了传统创新设计方法中就事论事、缺乏综合性目的的弊病。

理想化最终结果是一个新的概念，它是“客观性＋主观性”、“过去＋现在＋未来”、“解决性＋预防性”、“自然性＋人文性”和“满足性＋引导性”等多种概念的融合。“目的确定的理想化性”具有通用性，不仅可用于技术方面的事项，也可以或应该用于非技术方面的事项。问题结果总是要以主题的形式来表达的，关于这一方面，你还可阅读“主题分析确定方法”章节。

(4) 解决问题的动力性。发明问题的核心是解决问题，没有克服矛盾的设计不是创新设计，设计中不断地发现和解决矛盾是推动产品向理想化方向进化的动力。产品创新的标志是解决或移走设计中的矛盾，从而产生新的具有竞争力或更理想化的解决方案。

TRIZ 是来自专利案例的分析，所以，它更多关注的是技术性因素，并将发现和解决矛盾作为创新思维中技术方面的主要动力，这是事实。但是，在创新活动过程中，还存在着主体的动机因素、情感因素等，需要“人”的参与，这是我们无法忽视的。关于这方面，你可以通过前面章节中相关案例和讨论，从中获得体会。

(5) 技术创新的移植性。在技术创新中，具有强烈的移植观念是很有必要的。因为，一方面，只有20%左右的专利可以称得上真正的创新，许多被称为专利的技术其实早已在其他技术领域出现并应用过；另一方面，解决本领域技术问题的最有效的原理与方法，往往来自其他领域的科学知识，比如运用物理、化学、几何和生物等效应，可以使解决方案更理想和简单地实现。

一些创新原理、技术或方法大多是客观存在的；如果能够掌握它们，不仅可以提高创新的效率，而且能使创新的问题更具有可预见性。所以，利用跨行业或跨学科的知识大多都能开发出一些新的东西来。关于移植，你还可阅读“移植与转换观念”章节。

(6) 描述表达的图形性。在传统设计方法中通常是用文字来对问题进行描述，但是由于不同主体的知识背景不同，因而对文字有不同的理解。实验证明，很少有两个人对同一段文字有相同的认识。在创新思维中，由于文字很难清楚地表达需要描述的问题，因而造成不能正确地分析和理解问题。经过实验发现，图形描述所引起的歧义相对较少，同时也有利于创新者想象力的发挥。在这一方面，本书虽然没有专门讨论思维图谱，但是你可以从所给出的相关图形中得到体会。

5. 发明等级

(1) 五个发明等级。在TRIZ理论中，发明等级系列对指导创新工作是很有意义的，尽管它所针对的是技术方面的，但对其他的创新成果具有衡量定级的参考价值。阿奇舒勒把发明划分为五个等级，见下表。需要说明的是：阿奇舒勒在这里回避了对创新、革新、发明、创造、发现等词汇在概念上的区别，将它们看成具有“同义性”和“相似性”。

1级：最小发明问题	
成果描述	是指在本领域范围内正常的设计，或仅对已有系统做简单改进与仿制所做的工作，属于小改小革
需要能力	主要依靠设计人员自身掌握的常识和一般的经验就可以完成
成果举例	增加隔热材料，以减少建筑物的热量损失；用大型拖车代替普通卡车，以实现运输成本的降低
所占比例	该类发明大约占人类发明总数的32%

（续表）

2 级：小型发明问题	
成果描述	是指在解决一个技术问题时，对现有系统某一个组件进行改进
需要能力	主要采用本专业内已有的理论、知识和经验；解决这类问题的传统方法是折中法
成果举例	在气焊枪上增加一个防回火装置；把自行车设计成可折叠等
所占比例	该类发明大约占人类发明总数的 45％
3 级：中型发明问题	
成果描述	是指对已有系统的若干个组件进行改进
需要能力	需要运用本专业以外，却是一个学科以内的现有方法和知识；在发明过程中，人们必须解决系统中存在的技术矛盾
成果举例	汽车上用自动换档系统代替机械换档系统；在冰箱中用单片机控制温度等
所占比例	该类发明大约占人类发明总数的 18％
4 级：大型发明问题	
成果描述	是指必须采用全新的原理，以完成对现有系统基本功能的创新
需要能力	需要多学科知识的交叉，主要是从科学底层的角度而不是从工程技术的角度出发，充分挖掘和利用科学知识、科学原理，来实现发明
成果举例	世界上第一台内燃机的出现、集成电路的发明、充气轮胎等
所占比例	该类发明大约占人类发明总数的 4％
5 级：重大发明问题	
成果描述	是指利用最新的科学原理，导致一种全新系统的发明、发现
需要能力	主要是依据人们对自然规律或科学原理的新发现
成果举例	计算机、蒸汽机、激光、晶体管等的首次发明
所占比例	该类发明大约占人类发明总数的 1％或者更少

通过上表，也许我们起码会产生这样两点印象：① 某些一级发明和五级发明似乎都是“首次”出现的事物。但是，此“首次”非彼“首次”。一级发明仅仅是首次复现了自然界或当前已经存在的现象或功能，比如竹筒、椰子壳、葫芦等可以有“盛水”的功能，粗糙的石头条可以有“锉掉”材料的功能等，仅是根据既有的原理，用不同的“材料”把它们做成了产品而已，而五级发明则是创造出自然界或当前从未

有过的东西，其他发明级别是对一级发明产品的逐步“升级与再造”。② 发明的五个等级划分看起来是针对技术类发明的，但仔细想一下就会明白，它的划分原理也完全可以移植或运用于非技术类对象，比如对企业中创新的评定等。

(2) 发明等级中的几种关系。阿奇舒勒在 TRIZ 中，通过统计揭示了“发明等级”、“创新程度”、“占总数的比例”和“知识领域”等之间的关系，见下表。

发明等级	创新程度	占人类发明总数的比例(%)	知识领域
一	明确的结果	32	个人的知识
二	局部的改进	45	行业内的知识
三	根本的改进	18	跨行业的知识
四	全新的概念	4	跨学科的知识
五	重大的发现	<1	最经典和最新产生的知识

【要点提示 19-2】 TRIZ 技法的一个局限性

在运用 TRIZ 技法解决问题时，我们应该根据发明等级的划分原理，充分意识到它的局限性。正如赵敏在《TRIZ 入门及实践》一书中指出：从来源上看，TRIZ 是在分析二级、三级和四级发明专利的基础上，归纳、总结出来的。因此，利用 TRIZ 可以解决一级到四级的发明问题。但是，对于五级发明问题来说，是无法利用 TRIZ 技法来解决的。因此，就技术创新而言，如果预计是第五等级的话，则需要使用其他的创新思维方法，以免误入歧途。这一局限性是使用 TRIZ 技法时应该避免的一个重要前提。

6. 技术矛盾与物理矛盾

(1) 技术矛盾。技术矛盾的含义见下面的“简单技术矛盾参数模型技法”。当我们把实际问题转化为技术矛盾的问题模型后，可以利用“TRIZ 矛盾矩阵表”，得到推荐的创新原理。并且，以这些创新原理作为启发，就容易找到针对解决问题的一些可行方案。

(2) 物理矛盾。物理矛盾的含义见下面的“简单物理矛盾分离模型技法”。当我们把实际问题通过分离原理转换后，可以利用“TRIZ 分离原理引导的 40 个发明原理表”，得到推荐的创新原理。并且，以这些创新原理作为启发，就容易找到针对解决问题的一些可行方案。

二、 理想态趋势与最终解

1. 一种具有代表性的进化法则

我们在“进化观念”章节中提到了 TRIZ 的八大进化法则，并就其中的“技术系统的 S 曲线进化法则”进行了简单的介绍。这里，我们再简单地介绍一种具有代表性的进化法则，见图 19－3。

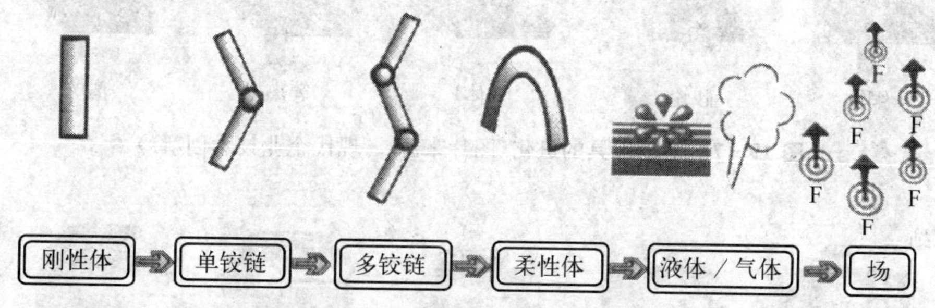

图 19－3 一种具有代表性的进化法则(图片来源：《TRIZ 入门及实践》)

我们通过门锁、打印模式、量具、切割工具和轴承等进化过程的了解来进一步加深理解，见图 19－4、图 19－5、图 19－6、图 19－7 和图 19－8。

图 19－4 门锁的进化(图片来源：《TRIZ 入门及实践》)

图 19－5 打印模式的进化(图片来源：《现代企业技术创新》)

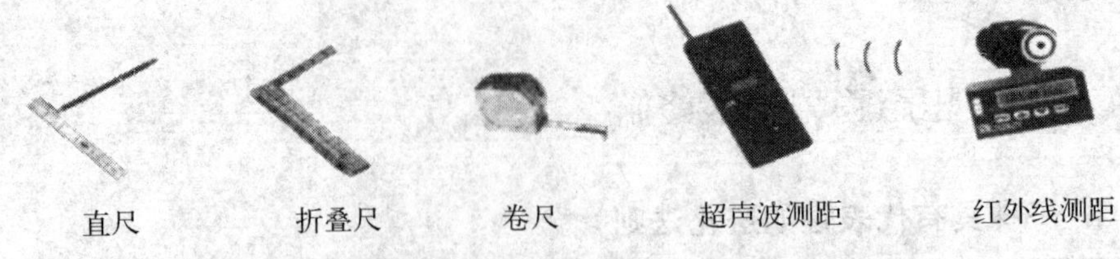

图 19－6　量具的进化（图片来源：《现代企业技术创新》）

图 19－7　切割工具的进化（图片来源：《现代企业技术创新》）

图 19－8　轴承的进化（图片来源：《现代企业技术创新》）

自行车是十分常见和大家熟悉的，周道生在《现代企业技术创新》一书中提出了一个有趣的问题：首先要根据图 19－9 判断自行车两百年来的发展是否有实质性的改变，再根据技术进化法则预测一下它会向哪个技术进化阶段或方向发展？

图 19－9　自行车的进化示意

也许有人会说现在自行车已经发展得很好了，上万项专利使得自行车有了很大的进步，或许也有人会说自行车基本没有发展，两个轮子从原始阶段到现阶段还是一样。根据技术进化趋势分析，自行车的车体结构应从现在的单或多铰链（可折叠）结构向柔性（任意变形）结构发展，各个部件由刚性（硬）、有形（可见）到柔性（软）、无形（理想化）进化。你觉得有道理吗？

2. 理性态特性趋势

生物的进化是一个自然的适应性发展过程，在非生物性进化中，一方面随科技和社会的发展而存在某一特性或方面类似进化的适应性发展趋势，另一方面也存在着由欲望导致某一特性或方面物质丰富的结合性发展趋势。无论是由于适应性发展还是欲望性结合，都会类似进化性地就某一特性或方面形成一种态势，表达了某种发展可能的特性趋势，我们把它称为理想态特性趋势，简称“理想态趋势”。

（1）欲望结合型。所谓欲望，一般是指想得到某种东西或想达到某种目的的要求。在经济学的资源稀缺性中，稀缺是相对于人类社会欲望无止境而言的，在营销学中的欲望是指对具体满足物的愿望。在企业的创新活动中，生产者的主观欲望和使用者的客观欲望在相互作用中会就某一特性或方面形成一种结合性的理想态趋势。这种趋势大多是客观形成的，也有主观引导产生的，比如 20 世纪索尼所引导的电子产品小型化。

（2）发展适应型。在科技和社会发展的环境中，我们可以通过当前对象与过去对象的比较获得或启发得到发展趋势的特性。比如：在“手摇计算器”与“电子计算器”的比较中，我们得到机械性向电子性发展的趋势特性；同样，在这种比较中，我们还可以得到大体积向小体积发展的趋势特性等。这种趋势性的预测，主要是在三时态和三系统的框架中进行的，见图 19－10。

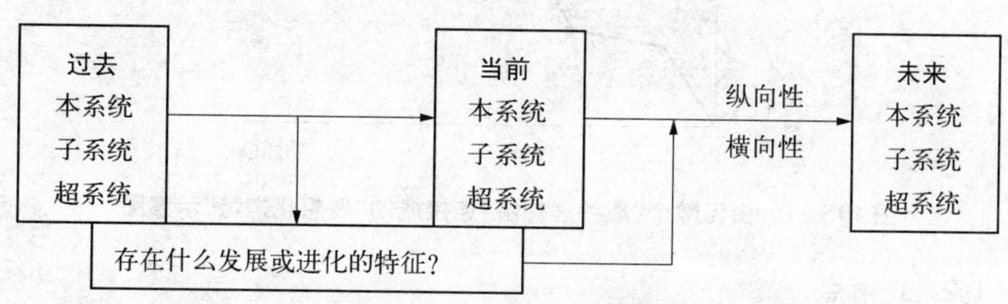

图 19－10　在三时态和三系统框架中预测理想态特性趋势

3. 理想化最终解

下面通过“理想化最终解的组成技法”的介绍来讨论“理想化最终解”的内容。

【理想化最终解的组成技法】

1. 基本描述

1.1 原理点

(1) 理想化最终解来自TRIZ理论中的基本概念。其基本含义是指基于理性技术系统的理念产生的工程设计问题的理想化解决方案。

(2) 如果将TRIZ解决问题的方法比作通向胜利彼岸的船，那么，理想化就是这艘船上的罗盘。TRIZ要求在问题解决之初，首先抛开各种限制条件，克服惯性思维，通过理想化来定义问题的最终理想解，形成一个特定的空间，明确理想化解所在的方向、位置和内容，保证在问题解决过程中沿着理想化的目标前进并获得最终理想解。这有利于避免传统创新设计方法中缺乏理想解的弊端，提高了创新设计的效率。尽管在产品进化的某个阶段，不同产品进化的方向各异，但如果将所有产品作为一个整体，那么，低成本、高功能、高可靠性、无污染、人性化等应该是产品的理想状态。

(3) 产品处于理想状态的解称为“最终理想解”；这种理想状态，从静态的当前来讲是“最终理想解”；从动态的未来讲，也许是“理想化态势”。从进化论或者发展的角度看，理想化态势是由无数的最终理想解连接组成的一条线，但并不一定是直线，见图19-11。

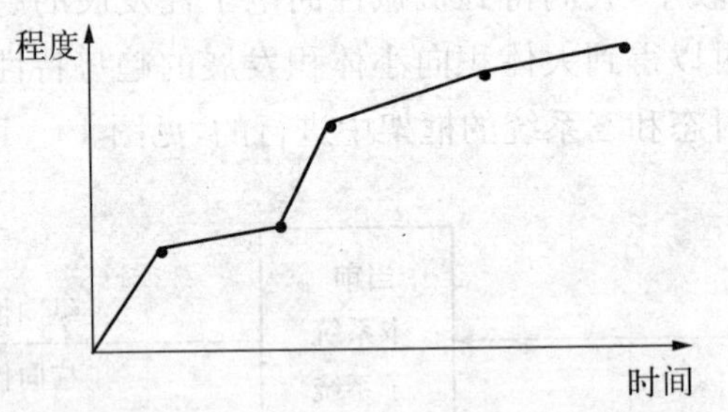

图19-11 由无数个“最终理想解”连接成的“理想化态势”示意图

1.2 理解点

(1) 理想化模型观念。在TRIZ中，理想化模型观念包括理想系统、理想方法、理想过程及理想资源等。① 理想系统观念：没有实体、没有物质、不消耗能源，但能实现所有需要的功能。② 理想方法观念：不消耗能量和时间，但通过自身调节，能够获得所需的结果。③ 理想过程观念：只有过程的结果，而没有过程本身，突然就获得了结果。④ 理想资源观念：存在无穷无尽的资源，供随意使用，而且不必付费；在产品设计中，我们应随时提醒自己如何减少相应的部件来实现应有的功能。

(2) 最终理想解的特点。产品处于理想状态的最终解决方案称为理想化最终解，它也是技术结果的表现。当我们策划理想化最终解时，可以通过以下几个特点来进行评估：① 保持了原系统的优点；② 消除了原系统的不足；③ 没有使系统变得更复杂；④ 没有引入新的缺陷等。

(3) 理想化最终解确定。理想化最终解的确定是解决问题的关键所在。虽然它以目标的形式体现，但却隐含了理想化的目的。这需要通过问题主题，将理想化最终解正确地理解并描述出来。

2. 作用

理想化最终解的观念对于主体创新活动是很重要的，特别是对技术人员在进行产品或流程设计等工作中是非常有帮助的，它能够引导创新人员：① 把重点放在必需的功能上；② 开始时就剔除重复的工作；③ 引导突破性的思路或想法；④ 避免产生不必要的后遗症。

3. 基本步骤

基本步骤见图 19－12。

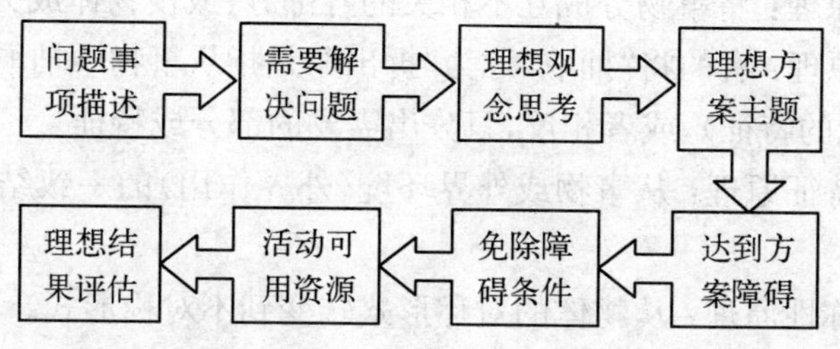

图 19－12　理想化最终解的组成技法基本步骤

4. 操作实例

略，也可参考周道生《现代企业技术创新》第 178 页之案例。

三、 40个发明原理及其应用

1. 简要介绍

原理一般是指带有普遍性的、最根本的、可以作为其他规律的基础的规律，是具有普遍意义的道理。因此，创新原理是人类解决问题、实现创新的共性方法的高度总结和概括，是人类共有的知识体系，其作用是使创新活动的过程能够走上方法学的高速路，让创新变成人人都可以学习和掌握的一门知识。如果我们能够掌握这些创新原理，不仅可以缩短发明的周期，而且还可以提高创新的效率，使有些问题更具有可预见性。当前，40 个发明原理不仅在不断地完善，而且也已经从传统的工程领域扩展到微电子、医学、管理、文化教育等多个领域。

实践证明，这 40 个发明原理是行之有效的创新方法，但是，各原理并不是独立的，彼此之间存在着复杂的关系，融合性是它们的基本特点。所以，正确理解每条原理的基本含义、每条原理各子项间的关系和各原理之间的相互关系是十分重要的。只有这样，才能事半功倍。

2. 基本含义

理解并掌握 40 个创新原理，对快速读懂和熟练运用创新原则会有很大的帮助。对于 40 个创新原理，我们可以从“基本含义”、“具体描述”、“应用技巧”和“实例说明”这四个方面来加以说明。限于篇幅，本书只给出“基本含义”这一部分，其他更多的了解，读者可阅读相关的书籍。

(1) 分割原理：将事物分成互不相关的各部分，或使物体成为可拆卸的。

(2) 抽取原理：有的将“抽取”称为“拆出”，是指从事物中抽取或拆出有干扰的部分(有干扰的特征)，或者相反，只分出需要的部分或特征。

(3) 局部特征原理：从事物或外界环境(外界作用)的一致结构过渡到不一致的结构。

(4) 不对称性原理：从物体的对称形式转变到不对称形式。

(5) 组合原理：把相同的或指定做辅助性操作的物体联合起来，或在时间上将相同的或辅助性的操作联合起来。

(6) 多用性原理：一物体执行若干个不同的功能，因此就不需要别的物体了。

(7) 嵌套原理：一物体放在第二个物体内，而第二个物体又放在第三个物体内等。

(8) 重量补偿原理：与具有上升力的另一物体相结合以补偿或抵消物体的重量。

(9) 预先反作用原理：如按项目的条件必须完成某种作用，则应在预先完成反作用。

(10) 预先作用原理：预先完成所需要的作用(完全完成或部分完成)。

(11) 事先防范原理：采用事先准备好的应急措施，补偿物体相对较低的可靠性。

(12) 等势原理：改变操作条件，以减少将物体提升或下降的需要。

(13) 反向作用原理：不实现项目条件所要求的作用，而实现相反的作用。

(14) 曲面化原理：从直线部分过渡到曲线部分，从平面过渡到球面，从正方体或平行六面体部分过渡到球形结构；利用辊子、球体、螺旋。

(15) 动态特性原理：如果物体整个是不活动的，就把它改为能活动的、能移动的。

(16) 未达到或过度作用原理：如果很难取得 100%的所要求的效果，那么就应当得到"略少一点"或"略多一点"的效果——这时可能将项目大大简化。

(17) 空间维数变化原理：① 将物体一维运动变为二维(如平面)运动，以克服一维直线运动或定位的困难，或过渡到三维空间运动以消除物体在二维平面运动或定位的问题；② 单层排列的物体变为多层排列；③ 将物体倾斜或侧向放置；④ 利用给定表面的反面；⑤ 利用照射到邻近表面或物体背面的光线。

(18) 机械振动原理：使物体发生机械振动；增加它的频率(直到达到超声频)；利用共振频率；用电压振子；利用超声振动。

(19) 周期性作用原理：从非周期作用过渡到周期作用(脉动作用)或改变它的周期；利用脉动的间隙完成别的作用。

(20) 有效作用连续性原理：让工作不间断地进行或消除空转和间歇性的行程。

(21) 减少有害作用时间原理：用很快的速度进行一过程或者其个别阶段(如有害的或危险的阶段)。

(22) 变害为利原理：利用有害的因素(包括外界的有害作用)以达到有益的效果；或将有害的因素减弱到不再有害的程度。

(23) 反馈原理：在系统中引入反馈；如果已引入反馈，改变其大小或作用。

(24) 借助中介物原理：利用转移或传递某种作用的中间物。

(25) 自服务原理：物体应执行辅助性和修理性的工作，以进行自我服务；并利用废物(即其可利用的能量、物质)。

(26) 复制原理：不用难以得到、复杂、贵重、不方便或脆弱的物体，而用它的简单、便宜的复制品。

(27) 廉价代替品原理：用一廉价的物体代替贵重的物体，这样做时就放弃了某些品质(如持久性等)。

(28) 机械系统替代原理：用光学的、声学的或“味觉的”设计来代替机械学的设计；或从不动场过渡到动场，从固定的过渡到时间上变化的，从无结构的过渡到有一定结构的。

(29) 气压和液压结构原理：利用气体及液体的部件代替物体的固体部件。

(30) 柔性壳体或薄膜原理：利用薄壳或薄膜代替普通的结构或将物体与外界环境隔开。

(31) 多孔材料原理：使物体成为多孔的，或利用添加的多孔物(如嵌入物等)。

(32) 改变颜色原理：改变物体或外界环境的颜色、透明程度；利用有色添加剂或荧光粉观察看不到的过程。

(33) 均质性原理：存在相互作用的物体用相同材料或特性相近的材料制成。

(34) 抛弃或再生原理：物体完成了自己使命部分，应当在工作过程剔除(蒸发或溶解)或直接发生变化或者物体的消耗部分应当在工作中直接再生。

(35) 物体聚合态改变原理：① 改变聚集态(物态)；② 改变浓度或密度；③ 改变柔度；④ 改变温度。

(36) 相变原理：利用物质相变时产生的某种效应，如体积改变、吸热或放热。

(37) 热膨胀原理：利用物质的热膨胀(或收缩)。

(38) 强氧化剂原理：① 用富氧空气代替普通空气；② 用纯氧代替空气；③ 将空气或氧气进行电离辐射；④ 用臭氧代替含臭氧氧气。

(39) 惰性环境原理：用惰性介质代替普通介质。

(40) 复合材料原理：用复合材料代替均质材料。

四、 几种简易解决问题的技法

1. TRIZ 解决问题的基本模型

通常，利用 TRIZ 原理解决问题的基本模型由四个步骤组成（见图 19－13）：

（1）确定问题主题。其关键表达的是“特定问题”，即将要解决的特殊问题加以明确、定义，并以主题的形式表达出来；

（2）转化问题模型。其关键表达的是“问题模型”，即根据问题的内容和主体的认为并结合 TRIZ 的相关要求，将特定的问题转化为问题模型；

（3）得到解决方案。其关键表达的是“解决方案”，即通过不同的问题模型，应用不同的 TRIZ 工具，从而寻找、并获得具有针对性的解决方案模型；

（4）获得特定答案。其关键表达的是“特定答案”，即将这些解决方案模型应用到具体的问题之中，得到问题解决的特定答案。

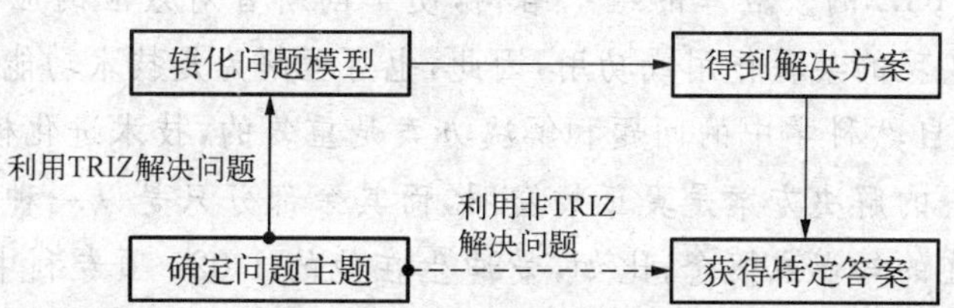

图 19－13 利用 TRIZ 和非 TRIZ 解决问题的区别

【要点提示 19－3】 对图 19－13 的两点重要提示

（1）对于一个技术系统的问题，我们可以利用 TRIZ 的方法来解决，也可以用非 TRIZ 的方法得到解决。但是，无论是 TRIZ 的解决方法还是非 TRIZ 的解决方法，它们的共同出发点是“确定问题主题”。也就是说，在还没有确定用什么方法解决问题前，对主题的分析和确定不仅是重要的，也是共同的基础。如果你将本书中介绍的主题分析确定方法与 TRIZ 的解决方法结合起来，那么肯定会有更大的收获。

（2）当我们确定了问题主题（不是要解决什么，而是究竟要解决什么）后，一个技术系统的问题会表现出不同的问题属性，因此，利用 TRIZ 来解决问题的手段也是多种多样的，关键是要区分技术系统的问题类型和产生问题的根源。

2. 技术目标功能模型

【简单技术目标功能模型技法】

1. 基本描述

1.1　原理点

本原理来自 TRIZ 的理论。

1.2　理解点

(1) TRIZ 理论中的科学效应。传统的科学效应多按照其所属领域进行组织和划分，侧重于效应的内容、推导和属性的说明。由于创新者对自身领域之外的其他领域知识通常具有相当的局限性，造成了效应在搜索上的困难。在 TRIZ 理论中，按照"从技术目标到实现方法"的方式组织效应库，创新者可根据 TRIZ 的分析工具决定需要实现的"技术目标"，然后选择需要的"实现方法"，即相应的科学效应。TRIZ 的效应库的组织结构，便于创新者对效应的应用。技术目标在这里是指实现的某种作用或功用，因此，也可理解为是技术功能。阿奇舒勒认为，在工业和自然科学中的问题和解决方案是重复的，技术进化模式是重复的，只有百分之一的解决方案是真正的发明，而其余部分只是以一种新的方式来应用以前已存在的知识或概念；比如，爱迪生在他的 1 023 项专利中只用了 23 个效应。

(2) 物理效应和现象应用表。解决发明问题时会经常遇到需要实现的 30 种功能，这些功能的实现经常涉及到 100 个科学效应和现象。物理效应和现象应用表中列举了可以实现技术创新中的 30 种功能的 100 个物理效应和现象。

(3) 关于"100 个科学效应和现象"以及"30 种功能与 100 个物理效应和现象关系"等知识，请阅读相关书籍。

2. 目的

在确定对象技术目标功能的基础上，利用 30 种功能与 100 个物理效应和现象关系表，获得某些相关效应和现象的启发并引导问题的解决。

3. 基本步骤

基本步骤见图 19－14。

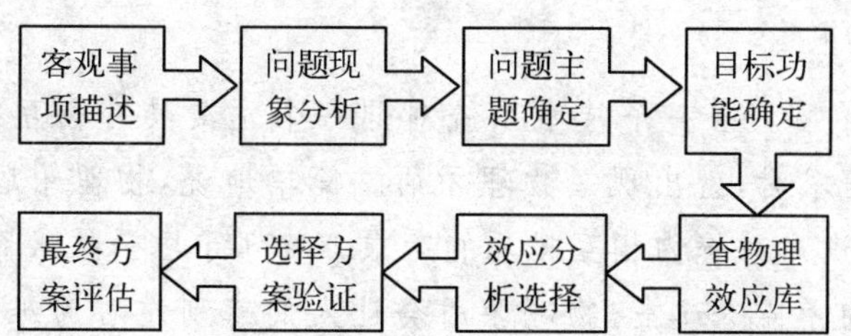

图 19－14 简单技术目标功能模型技法基本步骤

4. 操作实例

序号	名　称	内　容
1	客观事项描述	电灯泡厂的厂长将厂里的工程师召集起来开了个会，他让这些工程师们看一叠顾客的批评信，顾客对灯泡质量非常不满意
2	问题现象分析	工程师们觉得灯泡里的压力有些问题。压力有时比正常的高，有时比正常的低
3	问题主题确定	准确测量灯泡内部气体的压力
4	目标功能确定	测量气体压力
5	查物理效应库	(测量压力)机械振动、压电效应、驻极体、电晕放电、韦森堡效应等
6	效应分析选择	经过对以上效应逐一分析或试错，只有“电晕”的出现依赖于气体成分和导体周围的气压，所以电晕放电适合测量灯泡内部气体的压力
7	选择方案验证	如果灯泡灯口加上额定高电压，气体达到额定压力就会产生电晕放电
8	最终方案评估	用电晕放电效应可以测量灯泡内部气体的压力

资料来源：《TRIZ 创新理论与应用原理》

3. 物理矛盾分离模型

【简单物理矛盾分离模型技法】

1. 基本描述

1.1 原理点

本原理来自 TRIZ 的理论。

1.2 理解点

(1) 物理矛盾。当一个技术系统对同一个元素具有相互排斥的(相反的或是不同的)需求时,就出现了物理矛盾。简单地说,物理矛盾是技术系统中一个参数无法满足系统内相互排斥的需求。物理矛盾是技术系统中一种常见的、难以解决的矛盾。通常,物理矛盾会让人们感到左右为难,无所适从。比如,狮子和驯兽员之间的矛盾,既要狮子表现出必要的野性,又不能伤害驯兽员。这时,对狮子的要求是,既要表现野性又不能真有野性,这就是一个物理矛盾。

在分解观念的引导下,解决物理矛盾时有必要对矛盾的需求所涉及的参数(空间、时间、条件、系统级别)进行一番选择,然后找到一个适当的方式,改变所选的参数,从而使该矛盾得以解决。

(2) 四大分离原理。四大分离原理包括空间分离原理、时间分离原理、条件分离原理和系统级别分离原理,赵敏在《TRIZ 入门及实践》一书中作了如下的描述:

空间分离原理,是指将矛盾双方在不同的空间上分离。当关键子系统的矛盾双方,在某一空间中只出现一方时,可以进行空间分离。

【案例 19-1】 既能矫正近视,又能矫正远视

一些患有屈光不正的老年人,看远处和看近处时需要戴两副不同度数的眼镜。这多见于远视眼合并老花眼,或近视眼合并老花眼的情况。如 50 岁的 100 度近视眼的老年人,看远处时用 100 度近视眼镜,看近处时则需 100 度远视眼镜。如果他准备两副眼镜,拿上拿下地反复更换,肯定会感到极不方便。

在改进眼镜的历史上,美国的富兰克林首先提倡制造双光眼镜。所谓双光眼镜,是在这些眼镜的同一块镜片上,有两种屈光度数(远或近/老花)的区域,矫正远距离视力的屈光度数区域,通常位于镜片的上方;矫正近距离视力的屈光度数区域,则设在镜片的下方。由于在同一镜片上,同时包括看远及看近的屈光度数区域,人们交替地看远处及近处时,就不需更换眼镜,这比单用老花眼镜更方便。

时间分离原理，是指把矛盾双方在不同的时间段上分离，以解决问题或降低解决问题的难度。当关键子系统的矛盾双方，在某一时间段上只出现一方时，就可以进行时间分离。

【案例19-2】 既要展开，又要折叠的飞机机翼

对于舰载飞机的机翼来说，为了具有更好的承载能力，以提供更大的升力，我们希望它大一些；但是，为了在航空母舰有限的面积上多放些飞机，我们又希望它小一些。我们用时间分离原理，来解决这样一个物理矛盾：在航空母舰上停放时，机翼（包括前翼、尾翼）可以折叠存放；而在飞行时，机翼打开。

条件分离原理，是将矛盾双方在不同的条件下分离，以解决问题或降低解决问题的难度。当关键子系统的矛盾双方，在某一条件下只出现一方时，可以进行条件分离。

【案例19-3】 水既是硬物质，又是软物质

在水与跳水运动员所组成的系统中，水既是硬物质，又是软物质，完全取决于运动员入水时的相对速度。如果入水的相对速度高，水就是硬物质；反之，则是软物质。

系统级别分离原理也就是整体与部分分离原理，是将矛盾双方在不同的层次分离，以解决问题或降低解决问题的难度。当矛盾双方在关键子系统的层次只出现一方，而该方在子系统、系统或超系统层次内不出现时，可以进行整体与部分分离。

【案例19-4】 既是刚性的，又是柔性的

对于自行车链条来说，在微观层面上是刚性的，在宏观层面上是柔性的。

(3) 分离原理与发明原理对应关系。TRIZ理论在总结解决物理矛盾的各种研究方法的基础上，提出了四大分离原理来解决物理矛盾；关于“四大分离原理与40个发明原理对应关系”表，请阅读相关书籍。

2. 作用

当某一技术问题确定为物理矛盾的类型后，在区别四大分离类型的基础上，通过“四大分离原理与40个发明原理对应表”来引导问题的解决。

3. 基本步骤

基本步骤见图19－15。

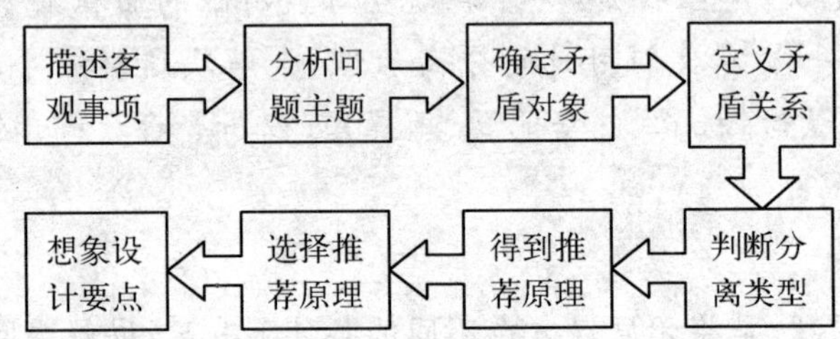

图19－15　简单物理矛盾分离模型技法基本步骤

4. 操作实例

<table>
<tr><th>序号</th><th>名　　称</th><th colspan="4">内　　　　　　容</th></tr>
<tr><td>1</td><td>描述客观事项</td><td colspan="4">在利用轮船进行海底测量工作的过程中，早期是把声呐探测器安装在轮船上的某个部位。这样在实际测量时，船体本身就会成为干扰源，影响测量的精度和准确性</td></tr>
<tr><td>2</td><td>分析问题主题</td><td colspan="4">使船体不对声呐探测器产生干扰</td></tr>
<tr><td>3</td><td>确定矛盾对象</td><td colspan="2">船体</td><td colspan="2">声呐探测器</td></tr>
<tr><td>4</td><td>定义矛盾关系</td><td colspan="2">船体位于干扰声呐探测器的范围之内</td><td>矛盾特征</td><td>“太挤”</td></tr>
<tr><td rowspan="2">5</td><td rowspan="2">判断分离类型</td><td>空间上分离</td><td>时间上分离</td><td>条件上分离</td><td>系统上分离</td></tr>
<tr><td>√</td><td>?</td><td>?</td><td>?</td></tr>
<tr><td>6</td><td>得到推荐原理</td><td colspan="4">按空间分离，得到发明原理：序号1、2、3、4、7、13、17、24、26、30</td></tr>
<tr><td>7</td><td>选择推荐原理</td><td colspan="4">选择序号1：分割原理</td></tr>
<tr><td>8</td><td>想象设计要点</td><td colspan="4">通过电缆，船拖着千米之外的声呐探测器；在空间上就处于分离状态，互不影响，实现了矛盾的合理解决</td></tr>
</table>

4. 技术矛盾参数模型

【简单技术矛盾参数模型技法】

1. 基本描述

1.1　原理点

本原理来自 TRIZ 的理论。

1.2　理解点

(1) 技术矛盾。如果技术系统中两个通用工程参数(特性、功能、子系统)间的矛盾呈现以下特征,即被称作是技术矛盾:① 在某一子系统引入或强化有用功能,引起另一子系统产生有害功能;② 在某一子系统消除有害功能,引起另一子系统有用功能的弱化;③ 强化有用功能或减少有害功能,引起另一子系统或全体系统产生无法接受的并发症。这里,我们可以将前者简称为"改进参数",将后者简称为"恶化参数"。简单地说,技术矛盾是技术系统中两个参数之间存在的相互制约。

(2) 技术矛盾是在一个系统中两个参数之间的矛盾。产生技术矛盾的两个参数之间是矛盾对立统一的双方,既相互依存,又相互制约,具有紧密的相关性。在所有的人工制造物中,可以说技术矛盾无处不在、无时不有。比如,提高了汽车的速度,导致了汽车的安全性发生恶化。在这个例子中,涉及的两个参数是汽车这个运动物体的速度(改进参数),以及由这个运动物体速度提升后所产生的有害因素(恶化参数)。显然,这是一对具有紧密相关性的参数。又比如,为了改善生产车间的"温度"条件,导致了产品流水线上"生产率"指标的降低。

(3) 通用工程参数。为了更好地解决实际问题,阿奇舒勒通过对大量专利文献的分析,陆续地总结出 39 个通用工程参数。阿奇舒勒发现,利用 39 个通用工程参数就足以描述工程中出现的绝大部分技术内容。这首先需要把组成技术矛盾的两个参数分别用该 39 个通用工程参数中的两个来表示,也就是所谓的转化为标准的技术矛盾,或者是说要用 39 个通用工程参数表示技术矛盾,然后通过矛盾矩阵查找相关的答案。这 39 个参数进行配对组合,产生了大约 1 300 对典型的技术矛盾。现在比较成熟的是 48 个通用工程参数,可参考阅读相关书籍。

(4) 矛盾矩阵表。阿奇舒勒创建了矛盾矩阵表,目的是为了提高解决技术矛盾的效率,搞清楚具体在什么情况下使用哪些创新原理。在矛盾矩阵表中,表中第一列所列的是改进参数的名称，第一行所列的是系统在改善那个参数的同时，导致恶化了的另一个参数的名称，即恶化参数。矛盾矩阵表上每一个单元格内的数字，均表示解决对应的技术矛盾时对人们最有用的那些创新原理的编号。赵敏在《TRIZ入门及实践》一书中特别提到：在矛盾矩阵中，相同序号的行和列的参数所构成的矛盾，不是技术矛盾，而是物理矛盾。

关于“参数矛盾矩阵表”请阅读相关书籍。

2. 作用

当某一技术问题确定为技术矛盾的类型后，可用39个通用工程参数中的名称来替换技术矛盾的一对参数，然后通过“参数矛盾矩阵表”来引导问题的解决。

3. 基本步骤

基本步骤见图19-16。

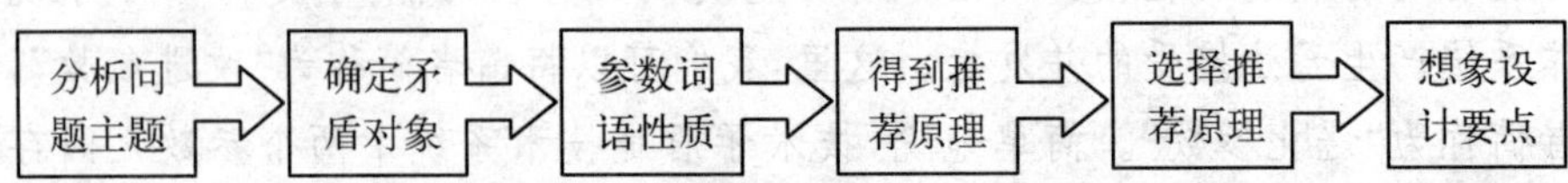

图19-16 简单技术矛盾参数模型技法基本步骤

4. 操作实例

【案例19-5】 环境温度改善，导致工作效率降低

某企业改善了生产车间的温度情况，却导致了产品流水线上工作效率的降低。

序号	名 称	内 容		
1	分析问题主题	改进环境温度，引起了工作效率的降低		
2	确定矛盾对象	环境温度		工作效率
3	参数词语性质	性质	改进参数	恶化参数
		词语	温度	生产效率
4	得到推荐原理	从39个参数矛盾矩阵表得到发明原理序号：15、28、35		
5	选择推荐原理	选择序号28：机械系统替代原理		
6	想象设计要点	……		

优秀管理者的基本技能之一——分析性和创造性地解决问题

第20章 管理者的问题解决

无论在工作、学习还是生活中，每个人都会面临各种各样的问题。对于企业的管理者而言，其工作本身就是不停地解决问题。如果组织中没有问题需要解决，管理者就没有必要存在了。因此，很难想象一个不合格的问题解决者会成为一名成功的管理者。对于解决问题，提倡两种方法：分析性的和创造性的。虽然解决不同类型的问题需要不同的技巧，但高效率的管理者不但能分析性地解决问题，更能创造性地解决问题。

一、问题类型

【要点提示20-1】对问题的基本认识

《新华词典》中对问题的定义是：① 需要解决的矛盾；② 要求回答或解释的题目；③ 事故、毛病、困难；《韦氏大辞典》中的定义是："为了解决而被提出的疑问"等。

对于问题的理解，虽然各自的表述不同，但都不约而同地表示了某种"不满足"，这是问题的核心意思。不难看出，这种不满足既有褒义的也有贬义的，更有中性的。所以，问题既具有消极的意义，也具有积极的意义。对于问题，我们应该具有这样的基本认识：预防问题就是节约资源，解决问题就是积累财富，发现问题就是获得机会，创造问题就是驱使进步。

1. 问题一般类型

从总体上说,问题一般的表现可分为实现与目标、客观与主观、已知与未知等之间的关系矛盾和“不满足”。据此,我们可以把问题一般性地分为三种类型。

(1) 消除差距型问题。主要体现了实现与目标的关系,表现出对目标结果现状的不满,为了消除这种差距而需要解决的事情。比如,考试的目标成绩是90分,而考试的结果却是80分;又比如,目标的月产量是10个,结果却是9个;我们用图20-1来表示。

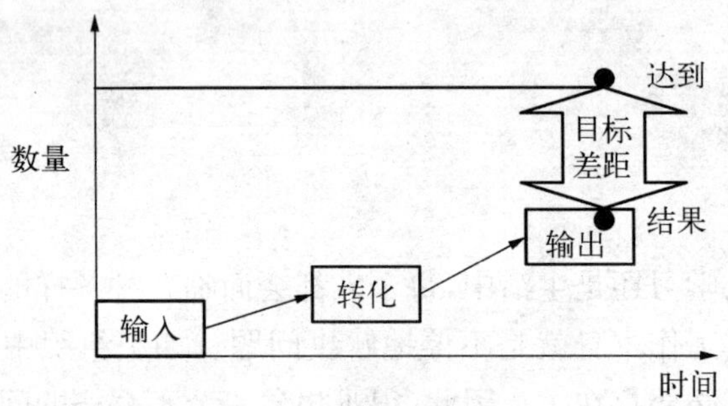

图 20-1 消除差距型示意图

(2) 创造满足型问题。主要体现了客观与主观的关系,表现出虽对现状比较满意,但为了达到更大的满足而要去创造的事情;比如,我们现在的利润率是5%,但希望提高到8%;我们用图20-2来表示。

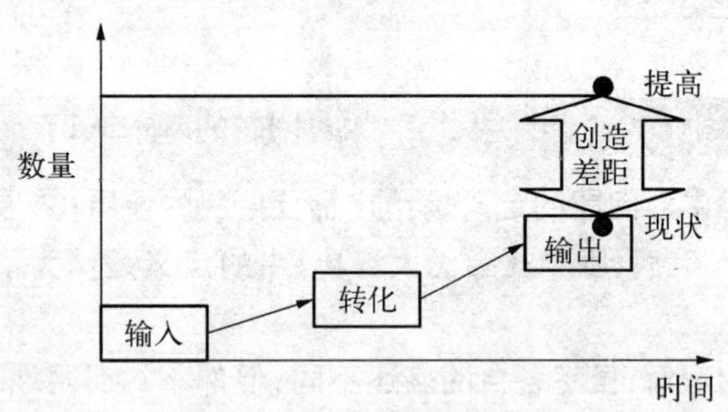

图 20-2 创造满足型示意图

(3) 质疑解惑型问题。主要体现了已知与未知的关系,表现出针对困惑、疑问等的事项,为了得到答案而需要去努力的事情;比如,熟透的苹果为什么是掉下来而不是飞出去?我们用图20-3来表示。在这里,这种困惑、疑问是按照群体常识性的标准来加以区别的；如果一个高中毕业生不知道勾股定理，那么，这个问题就不属于质疑解惑型问题，而属于消除差距型的问题。

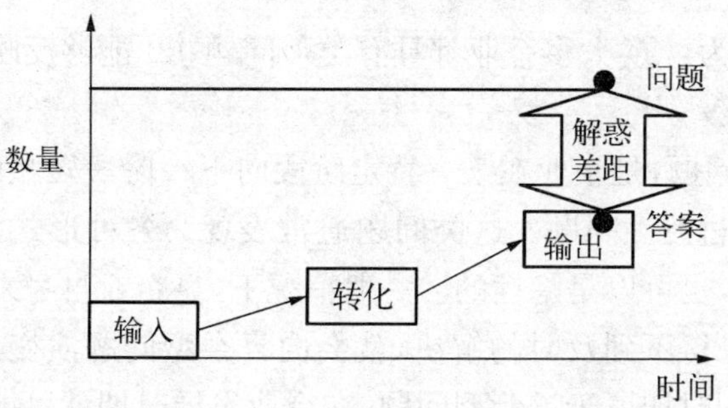

图 20－3　质疑解惑型示意图

2. 企业问题类型

当你接触一个企业时会感到或发现许多的问题，事实上，没有问题的企业是不存在的。无论在理论上还是在实践上，对问题类型的正确认识和界定都是十分重要的，因为类型往往含有性质或趋势的喻示。参考麦迪思在《企业生命周期》一书中所给出的观点并结合笔者的实践与研究，将企业问题分为四类，即正常型问题、过渡型问题、复杂型问题和病态型问题，见图 20－4。

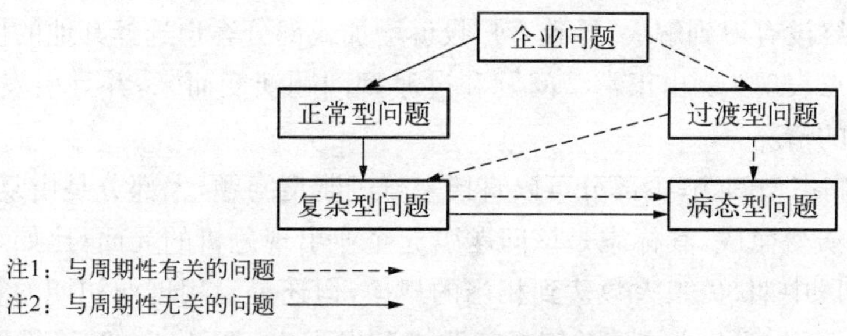

图 20－4　企业问题类型及其演变

(1) 正常型问题，可出现在企业生命周期的各阶段。从一般的经营管理逻辑看，是客观存在的，也是可以预料的。在管理上，通常表现在与规章或事项要求比较的行为执行性上，比如质量满足率、设备有效利用率等；在经济上，通常表现为欲望与现实不一致的资源稀缺上，比如资金短缺、人力资源不足等；在特征上，通常体现了管理模式以及生命周期阶段特征的表现。这是一种企业共性的问题，仅在问题的影响程度、表现方式和持续时间上有所不同。一般来说，企业自己是可以解决这类问题的；但是，有些问题如果得不到及时的解决，就会向复杂型问题演变。

其特点表现为：① 大多企业都具有类似问题；② 能够反映企业管理模式以及当前阶段特征。

(2) 过渡型问题，是企业在某一特定阶段向下一阶段转型时，或刚进入新阶段早期所出现的过渡性问题。这类问题通常表现为各种形式的冲突，而这种冲突可以是显性的，也可以是隐性的。一般情况下，靠企业自身来识别是比较困难的；有些问题如果得不到及时的解决，就会向复杂型问题演变。比如，规章制度不全，在企业初创时期属于过渡型问题，在企业发展时期就可能转化为复杂性问题；又比如，中层干部的管理技能不足，在企业初创时期属于过渡型问题，在企业发展时期就将可能转化为复杂性问题。

其特点表现为：与当前企业阶段主题并不十分吻合，可引起企业局部或某一方面的混乱。

(3) 复杂型问题，可以来自过渡型问题，也可以由于正常问题处理不力演变而成，其标志是该问题已引起企业局部出现困扰的情况；比如，当企业处于成长阶段中期，员工人数达到相当的规模，但企业的管理层却没有出现能力和知识结构等的调整。又比如，生产上出现质量问题，每次出现每次开会，但同类型的质量问题始终没有得到解决，导致客户投诉增加或部分客户选择其他的供应商。

其特点表现为：由正常型问题和过渡型问题演变而来，并且引发企业局部出现困扰的情况。

(4) 病态型问题，少部分可以直接来自过渡型问题，大部分是由复杂型问题处理不力演变而成，其标志是该问题引起企业出现危机的局面；比如，当企业处于成长阶段中期，员工人数达到相当的规模，但还是沿用创业初期的管理模式、奖惩方式等，久而久之导致关键员工跳槽和发生出工不出力的“隐性罢工”等情况，企业业绩急速下降。

其特点表现为：该问题已引起企业出现危机的局面。

3. 管理者管理技能问题类型

管理者需要特定的技能来完成他的职责和活动，根据罗伯特·卡茨的研究，管理者需要三种基本的技能，即技术技能、人际技能和概念技能。

(1) 技术技能。是指完成特定任务而需要熟悉和精通专业领域的知识，诸如工程、计算机科学、财务、会计或者制造等。可以通过学校教育、工作实践、经验积累来掌握这项技能。这种技术技能，层次越高要求却越弱。虽然技术技能对于各层次的管理者都是需要的，但是相对于基层管理者来说，却是岗位性的。

（2）人际技能。具有良好人际技能的管理者能够使员工作出最大的努力；具有这种管理技能的管理者知道如何与员工沟通，如何激励、引导和鼓舞员工的热情和信心。人际能力是有效运用领导艺术最重要的一个方面，很多时候领导艺术的高和低，其实是与影响下属的水平有关系的。虽然人际技能对于各层次的管理者都是需要的，但是，相对于中层管理者来说，却是关键性的。

（3）概念技能。概念能力是管理者对复杂情况进行抽象和概念化的技能。运用这种技能，管理者必须能够将组织看作一个整体，理解各部分之间的关系，想象组织如何适应它所处的广泛的环境；其中还包括思维能力和对这个行业发展前景的一种认识或洞察力。可以说管理者的层级越高，这种技能的要求也越高。显然，这种技能对于高层管理者来说是至关重要的。

二、 分析性解决问题

1. 问题意识

（1）表现不满。问题意识是指对现状不满足的自觉反映，是否满足是需要通过与参照物相比较来体现的；在很多情况下，参照的设定是主体的自觉行为。比如在一个班级中，有的人将考试的目标成绩设定为 70 分，有的人设定为 80 分，而有的人却设定为 90 分。由此也可看出：衡量的行为是绝对的，而衡量标准的设定是相对的。

（2）体现责任。在管理中，问题意识更多的是来自管理者的责任性；在创新中，问题意识更多的是来自主体的质疑性……无论是我们下面要讲到的处理、解决问题，还是分析性或创造性地解决问题，极为重要的前提条件是首先要有问题的存在，问题的存在既可以是表现出来的，更可以是发现的。如果没有意识到问题的存在，那么解决问题也就无从谈起了。也就是说，只有问题的存在，才有问题的解决。

（3）发现问题。一般来说，上级布置任务，或者是他人提出的课题，我们往往都会很自然地把它们当作问题来认真地对待；但是，我们自己却很少去首先发现问题。在许多时候，领先他人一步就是领先在能够先人一步地发现问题，或者快人一步地意识到问题的存在。

佐藤允一在《解决——成功者最基本的能力》一书中认为：关于“问题意识”这个词，通常用于以下的几种场合：第一，预测在不久的将来可能会发生的事情时，即“事先考虑到某种状态的产生”。第二，向新的或更高的目标发出挑战时，即“希望比现在更好”。第三，假设环境的变化时，即“致力于某些新生的事物”。

2. 问题的“处理”与“解决”

在我们的语言习惯中，“处理问题”和“解决问题”常常混淆使用，其实，这两个词的意义是不一样的。《新华词典》中表明：处理，即处置、安排解决；解决，处理问题，使有结果。

(1) 处理问题。“处理”一般是指消除表面现象或症状使问题暂时缓解，但其包含的更重要信息是：消除表面现象或症状使问题暂时缓解，并为解决打下基础。实质上，处理问题包括了对事项现象的处置、信息的反馈、对事项解决安排和预防后续问题发生这四项主要内容。比如，在交通事故发生之后，一方面送受伤的病人去医院，与其亲属取得联系，恢复正常的秩序；另一方面是对事故的调查等。又比如，当发生产品生产质量问题后，一方面对问题产品进行分类、进行处罚等；另一方面安排返工、召开事故分析会、追回已发出的产品等；前者属于对问题现象的处置，后者属于对问题解决的安排。

(2) 解决问题。“解决”一般是指“通过消除基本原因使问题缓解或消失”。其包含的重要信息是：分析出根本原因，使问题得到纠正、缓解或消失。实质上，解决问题表明的是对问题原因的分析、对原因结果的预防和对原因行为的纠正这三项主要内容。

问题的解决应该产生两个结果，即分析结果和纠正结果。而在“分析结果”与“纠正结果”之间还存在着“执行”这个词的活动。没有执行，分析结果是不会转换为纠正结果的。只有当预期的纠正结果出现并得到维持后，我们才能说问题得到了解决或我们解决了问题。

3. 问题与问题点

在“主题分析确定方法”章节中，我们讨论到在分析问题时的“要解决什么”和“究竟要解决什么”这一概念，这是纵向性地看待问题，其目的是要获得该问题的关键点。佐藤允一在《解决——成功者最基本的能力》一书中提出了“问题与问题点”的概念，这是横向性地看待问题，其目的是要获得该问题主要的原因点。

作者认为：一般说来，“问题点”这个词主要是指“某些必须要搞清楚的事情”，也就是说，它并不是指问题本身，而是指造成或引起问题的原因，见图 20－5。比方说，在“由于野蛮驾驶而造成了交通事故”这个事例中，我们会提出这样的疑问：野蛮驾驶是问题，还是交通事故是问题？那么，正确的理解应该是：交通事故是问题，而野蛮驾驶只是一个问题点。

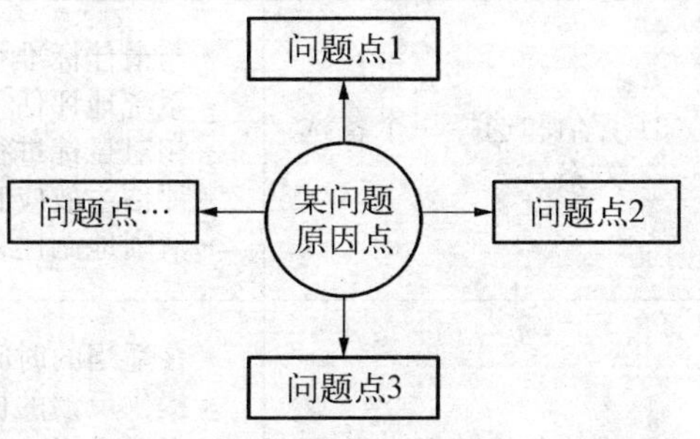

图 20－5　某问题原因点分析发散示意图

所以，所谓的解决应该是针对促使问题发生的原因，或者说针对使问题有可能发生的原因。在“因果与逆向观念”的章节中，我们曾讨论过“因果关系的转换特点”，即：原因产生结果，结果在一定条件下又转化为原因；同一现象在一种关系上是原因，在另一种关系上又是结果。比如，在发生产品质量事故后，调查事故发生的原因是解决问题，但是，有问题的产品可能会成为顾客索赔或“脚投票”的原因，所以，追回问题产品也是在解决问题，是在预防因果链上的下一个问题。

4. 分析问题的步骤

美国学者大卫・A・惠顿在《管理技能开发》一书中给出了一个问题解决的模型，见下表。

步　骤	特　征
(1) 定义问题	* 区分事实和观点 * 明确背景原因 * 要求参与的每一个人提供信息 * 清楚地阐述问题 * 识别违反了哪个标准 * 确定是谁的问题 * 避免把问题描述为隐藏的解决方案
(2) 产生备选方案	* 延迟评估备选方案 * 确保所有参与的个体都提出备选方案 * 明确与目标一致的备选方案 * 明确短期和长期的备选方案 * 以其他备选方案为基础 * 明确解决问题的备选方案

（续表）

步　骤	特　征
(3) 评估和选择一个备选方案	* 与最佳标准相比较而进行评估 * 系统地评估 * 相对目标进行评估 * 评估主效应和副作用 * 清晰地阐述备选方案
(4) 实施和追踪解决方案	* 在适当的时间，以适当的次序实施 * 提供反馈的机会 * 促成受影响人的接受 * 建立持续的监控系统 * 基于问题解决进行评估

这四个步骤中的第一项是“定义问题”，这与本书“主题分析确定方法”章节中的许多观点是一致的。所以，你可以借助该章节的相关内容进行思考和实践。对这四个步骤的名称，在不改变原意的情况下，可调整为：主题分析确定、产生备选方案、评估选择方案和实施追踪方案，见图 20－6。如此，本书所讨论的三种类型的问题，都基于同一个起步的程序——“主题分析确定”。

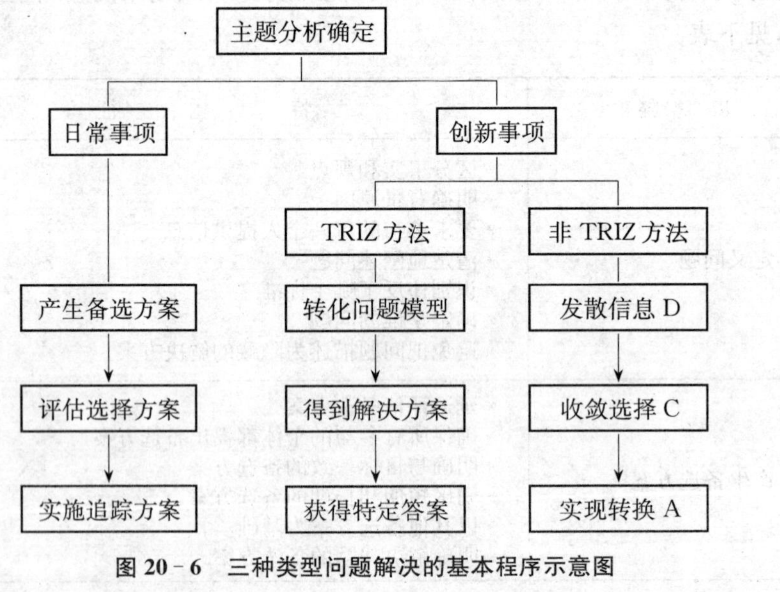

图 20－6　三种类型问题解决的基本程序示意图

三、　创造性解决问题中的障碍

也如我们前面提到过的一样，大多数人都设法尽可能快地摆脱问题，他们的自然倾向是选择出现在脑海中的第一个合理的解决方案。不幸的是，第一个解决方案通常不是最好的。在典型的问题解决过程中，大多数人都会采用一个最低限度，即可以接受的或仅仅是令人满意的解决方案，而不是最佳的或最理想的解决方案。事实上这也是思维定势在起作用，避免这种思维定势或习惯思维的一个最好的办法是：否定你的第一个想法，采用第一个想法后面的想法。虽然第一个想法也可以使用，但关键的区别在于你的意愿，是一切照旧，得过且过，还是适当改变，有所创新。

在当今的时代，创新技能应该被列为企业管理者的重要技能之一，这也体现在管理者的问题解决上。正如前面所说的，管理者有效、合理地解决问题的方法有两类，即：分析性地解决问题和创造性地解决问题。分析性的问题解决所关注的核心是摆脱问题或困惑。创造性的问题解决则关注产生一些新的东西。显然后者要比前者更为理想，但是麻烦在于：大多数人在创造性地解决问题时会遇到一些障碍，表现在：① 大多数人都将创造错误地理解为单维的，即将创造性局限于产生新的思想；也就是说，将创新活动等同于创新思维。这在本书的“主题分析确定方法”章节中已有较为详细的讨论，在这里不再重复。② 我们在问题解决的活动中都制造了某些概念障碍，而我们对此却大都毫无意识。这些障碍使人们无法有效地解决问题。尽管还存在着知识概念障碍、创新心理障碍和创新方法障碍之说；但是，更为重要的是创新概念障碍。虽然这些障碍大多是个人的，而不是人际的或组织的，但却是人们最难解决的一个障碍。因此，这里重点讨论创新概念障碍。

1. 创新概念障碍描述

概念障碍，是限制问题确定方式的心理障碍，其主要表现在限制了人们想到的备选方案的数量。随着时间的流逝，每一个人都发展了一些概念障碍，但有些人的概念障碍更多、更深入。概念障碍大多源自面对问题时解决者运用的思维过程。正如在“思维检核表技法”中提到的那样：一方面，我们需要它们中的一些来应对日常生活、日常工作和与人交往。另一方面，一个人受到的教育越多，工作经验越多，就越不能创造性地解决问题；因为正规教育经常得到的是“正确”

的答案、分析的规则或者思考的界限，而工作经验会带来处理事情的“适当”方式和方法，并且经实践证明是“可取的”。事实上，正规教育中获得的“正确”答案、分析规则或思考界限变相地也是经实践证明是“可取的”，例如通过考试得到高分或老师的称赞等。于是，在非科技领域中，“正确答案”会逐渐被“适当答案”替代或发生相融，形成“利我答案”，并意识性地引导着你。

【案例 20－1】　瓶子中的蜜蜂与苍蝇

把一些蜜蜂和同等数目的苍蝇放在瓶子里，并把瓶子水平放置，把底部朝向窗户。你将会发现，蜜蜂努力在瓶子里寻找出口，它们坚持不懈直至死于疲劳或饥饿；而苍蝇在不到两分钟的时间里，将全部从相反的颈部飞出去……

【点评】

对此，大卫·A·惠顿作了以下富有启发性的分析：是(蜜蜂)对光线的热爱，是它们非凡的智慧使得它们在这个实验中无所作为。它们理所当然地想，每一个监狱的出口必定在光线充足的地方，并据此做出反应，坚持过于逻辑化的行动。对它们来说，瓶子是它们在自然界从未遇到过的超自然的神秘东西，它们没有这种突然冲不出去的经验，它们的智商越高，这个奇怪的障碍就越不可理解、越深奥。而头脑简单的苍蝇无视这个不可思议的逻辑，不理会光线的召唤，只是胡乱地四处飞，因此碰到好运，发现了获救的方法，而智者却毁灭了。

这个例子指出了“正确”或“适当”的“答案”的矛盾性：一方面，在日常的时候需要使用这种“正确”或“适当”的“答案”，并且越多越好；另一方面，在创新的时候这种“正确”或“适当”的“答案”将会成为障碍，并且“答案”越多，障碍越显著。如何解决呢？大卫·A·惠顿认为：我们每个人生来就有两种相互对立的指导机制：一种是保守倾向，它源于自我保护、自我强化和节省能量的本能；另一种是扩张趋势，它源于探索、享受新奇事物和冒险的本能，由好奇导致的创造力就属于这一机制。二者对我们缺一不可。然而，第一种趋势需要较少的勇气和外界的支持来激发行为，第二种倾向如果没有得到栽培就会枯萎。如果使好奇产生意义的机会太少，如果在冒险和探索的道路上存在太多的障碍，引发创造性行为的动机就很容易消退。

2. 创新概念障碍四种类型

大卫·A·惠顿在《管理技能开发》一书中认为限制创造性问题解决的概念障碍主要有四种类型，它们是：一贯性、承诺、压缩和满足。

(1) 一贯性。一贯性是指在现在的背景下，一个人热衷于一种看问题的方式或采用一种方法定义、描述或解决问题，或以单一的方式来定义问题，不考虑其他观点。在解决问题的过程中，一贯性是非常普遍的。因为，一贯或一致是我们大多数人高度推崇的一种品质。人们普遍喜欢在生活中至少保持适当的一致，并且认为一贯性经常与成熟、诚实，甚至智慧联系在一起。同样，人们也会把缺乏一贯性评价为不可靠的、古怪的或多变的。几位著名的心理学家得出结论，实际上对一贯性的需要是人类行为的主要驱动力。许多心理学研究表明，一旦人们对一个问题采取了某一立场或采纳了某一特定的方法，将来他们似乎也会高度遵从这一方法，而不产生太大的偏离。所以，一贯性会限制某些类型问题的解决，甚至会赶走创造性。避免“一贯性”，可以阅读“辩证观念”章节中的“坚持与固执”的相关文字，你会得到一些启发。

(2) 承诺。承诺也是创造性问题解决的一个概念障碍。一旦人们变得执着于某一特定的观点、定义或者解决方案时，似乎将一定会坚持这个承诺。承诺虽然与一贯性有所区别，但同样也是大多数人高度推崇的品质之一，中国有句成语“一诺千金”，就是比喻说话算数，极有信用。

由承诺所引发的概念障碍主要有两种表现形式：

第一个表现形式是“基于过去经验的知觉定势”。正如马奇指出那样：创新性问题解决的一大主要障碍在于，人们倾向于以他们曾经遇到过的问题为基础来定义现在的问题。当前的问题通常被看作一些过去情境下的变式，解决现有问题的备选方案是过去曾经证明成功了的方案，因此问题的定义和解决方案的提出都受到过去经验的限制，这种限制被称为知觉定势。

承诺障碍的第二个表现是“忽视共性”，也就是说，主体由于承认各因素之间彼此不同的事实而忽略了它们的联系，不能在看起来分散的信息或数据之间发现相似性。在两个看起来不同的问题间发现一个问题定义或解决方案的能力是有创造力的特征之一，比如想象、类比、共轭等。忽视共性会使主体在解决问题时每一次都按“新的问题”来对待，往往是事倍功半。

(3) 压缩。作为压缩想法的结果，概念障碍也会发生。过于狭隘地看待一个问题,过滤掉太多的相关数据,以及做出限制问题解决的假设,都是常见的例子。

压缩行为有正反两个方面的表现:

压缩行为的正向表现是"人为制约"。有时人们会根据自己的知识和经验,理所当然地给需要解决的问题设置界限,或者限制其他可能解决的方法,这使问题变得难以解决。这种制约来源于人们对问题所做的隐含性假设,包括对象、特征、量值和条件等。由于人们对于所获得的一些问题定义、解决方案和信息已经超出这个范围,而任意删除或者忽略了它们。避免"人为制约",可以阅读"空间与系统观念"等相关章节。

压缩行为的反向表现是"无力收敛"。人为制约是过于"缩小",而无力收敛是过于"夸大"。无力收敛主要表现在不能有效地限制问题以使它们得到解决,或者对问题几乎从未有过准确的界定,因此不知道真正的问题是什么。不能从信息集中区分出重要的,而且无法适当地简化问题,就是一个概念障碍,因为它夸大了问题的复杂性,阻碍了简单定义的原则。避免"无力收敛",可以阅读"移植与转换观念"和"主题分析确定方法"等相关内容。

(4) 满足。一些概念障碍的发生并不是因为不好的思维习惯或不适当的假设,而是因为害怕、忽视、不安全感或仅仅是普通的心理惰性。

满足障碍有两个突出表现:

首先是缺乏质疑。人们有时不能解决问题,是因为根本不愿意提出问题,担心提出或重新定义一个问题,会使他们暴露自己的无知,也可能对他人形成威胁,因此也不会主动寻求信息或收集数据。关于这一方面,阅读"质疑与假设观念"和本章中的"问题意识",你会得到一些启发。

其次,是主体的思维偏见。比如,有一天你经过你属下的办公室时,看见他靠在椅背上,两眼盯着窗外,半小时过后你再次经过,他把脚放在桌子上,仍然盯着窗外,而且 20 分钟以后,你注意到他的举止并没有多大改变。你的结论是什么呢? 也许大多数人都会假定,这个家伙并没有在工作;除非我们看到他后续的实际行动。这方面的内容可阅读"主体定势特征"章节。

主要参考文献

1. 胡春风.自然辩证法导论[M].上海：上海人民出版社,2007.
2. 杨春燕.可拓工程[M].北京：科学出版社,2007.
3. 赵敏.TRIZ入门及实践[M].北京：科学出版社,2009.
4. 罗玲玲.创意思维训练[M].北京：首都经贸大学出版社,2008.
5. 彭聃龄.普通心理学[M].北京：北京师范大学出版社,2004.
6. 张浩.思维发生学[M].北京：中国社会科学出版社,1994.
7. 何名申.创新思维修炼[M].北京：民主与建设出版社,2000.
8. 马林.思维科学知识读本[M].北京：中央党校出版社,2009.
9. 梁良良.创新思维训练[M].北京：新世界出版社,2006.
10. 王立科.世界科技五千年[M].太原：希望出版社,2001.
11. 张鹏翔.历史思维对科学思维的解蔽[M].北京：中国社会科学院出版社,2007.
12. [美] 迈克尔·米哈尔科.创新精神[M].北京：新华出版社,2004.
13. [日] 高桥浩.怎样进行创造性思维[M].北京：科学普及出版社,1987.
14. 王亮申.TRIZ创新理论与应用原理[M].北京：科学出版社,2010.
15. 钱学森.人体科学与现代科学纵横观[M].北京：人民出版社,1996.
16. 陈勇勤.管理思维导论[M].北京：经济管理出版社,2000.
17. 王健.超越性思维[M].上海：复旦大学出版社,2003.
18. 官鸣.管理哲学[M].上海：东方出版中心,1993.
19. [美] 理查德·格里格.心理学与生活[M].北京：人民邮电出版社,2003.
20. [英] 东尼·博赞等.思维导图[M].北京：中信出版社,2010.
21. [英] 克雷格.看清你的思维图谱[M].北京：机械工业出版社,2003.
22. 张成滨.思维力开发与训练[M].北京：北京燕山出版社,2009.

23. 刘培杰. 发展空间想象力[M]. 哈尔滨：哈尔滨工业大学出版社，2010.
24. [美] 爱因斯坦. 相对论[M]. 重庆：重庆出版社，2008.
25. 江乐新. 思维战争[M]. 北京：北京工大出版社，2009.
26. 邱章乐. 思维风暴[M]. 北京：东方出版社，2009.
27. [德] 伊曼努尔·康德. 纯粹理性批判[M]. 北京：商务印书馆，2007.
28. [英] 爱德华·德·波诺. 严肃的创造力[M]. 北京：新华出版社，2003.
29. [美] 项目管理协会. WBS实施标准[M]. 北京：电子工业出版社，2008.
30. 葛本仪. 现代汉语词汇学[M]. 济南：山东人民出版社，2004.
31. 金顺福. 辩证思维论[M]. 北京：北京燕山出版社，1996.
32. 陈伟. 创新管理[M]. 北京：北京科学出版社，1996.
33. [美] 斯蒂芬·P·罗宾斯. 管理学(第7版)[M]. 北京：中国人民大学出版社，2004.
34. 俞文钊. 当代经济心理学[M]. 上海：上海教育出版社，2004.
35. [英] S·威廉姆斯. 业绩管理[M]. 大连：东北财经大学出版社，2003.
36. [美] 大卫·A·惠顿. 管理技能开发[M]. 北京：清华大学出版社，2008.
37. [英] 牛顿. 牛顿自然哲学著作选[M]. 上海：上海译文出版社，2001.
38. 原来. 创意思维训练游戏[M]. 北京：新华出版社，2004.
39. [美] 彼得·圣吉. 第五项修炼[M]. 上海：上海三联书店，1998.
40. A·爱因斯坦. 狭义与广义相对论浅说[M]. 上海：上海科学技术出版社，1964.
41. 兴盛乐. 超常思维的诀窍[M]. 北京：企业管理出版社，2006.
42. 刘月华. 实用现代汉语语法[M]. 北京：外语教学与研究出版社，1983.
43. 任恢忠. 物质·意识·场[M]. 上海：学林出版社，1999.
44. 陈书凯. 动物实验的人生启示[M]. 哈尔滨：哈尔滨出版社，2004.
45. 李中莹. 重塑心灵[M]. 北京：世界图书出版公司，2006.
46. 谭大容. 笑话、幽默与逻辑[M]. 北京：北京大学出版社，2005.
47. [英] 爱德华·德·波诺. 思考帽[M]. 北京：企业管理出版社，2006.
48. [美] 理查德·福布斯. 创新者的工具箱[M]. 北京：新华出版社，2004.
49. 任顺元. 心理效应学说[M]. 杭州：浙江大学出版社，2004.
50. 邱霈恩. 领导者素质[M]. 北京：中国言实出版社，2003.
51. 周道生. 现代企业技术创新[M]. 广州：中山大学出版社，2007.

52. 周琳. 创新力开发与培训[M]. 广州：中山大学出版社，2007.
53. [美] 德姆·巴雷特. 逆向思维——释放你潜在的创造力[M]. 上海：上海人民出版社，1999.
54. 编委会. 西方思想宝库[M]. 长春：吉林人民出版社，1988.
55. 邵强进. 逻辑与思维方式[M]. 上海：复旦大学出版社，2009.
56. 米甘干·理佛克. 不按牌理出牌[M]. 北京：中国书籍出版社，2004.
57. 黄俊华. JACK 是谁？[M]. 北京：经济科学出版社，2004.
58. 陈国海. 企业心理教练[M]. 广州：暨南大学出版社，2005.
59. 徐长福. 理论思维与工程思维[M]. 上海：上海人民出版社，2002.
60. [英] 利德尔·哈特. 战略论. [M]. 北京：战士出版社，1981.
61. 徐斌. 创新头脑风暴[M]. 北京：人民邮电出版社，2009.
62. [法] 笛卡尔. 笛卡尔文集[M]. 北京：中国戏剧出版社，2008.
63. [美] 哈德费尔德. 笛卡尔与第一哲学的沉思[M]. 桂林：广西师范大学，2007.
64. [美] W·福斯特. 责任制造结果[M]. 北京：中信出版社，2003.
65. 张斌. 现代汉语[M]. 北京：中央广播电视大学出版社，1996.
66. [日] 佐藤允一. 解决——成功者最基本的能力[M]. 北京：中央编译出版社，2004.
67. [美] 伊查克·爱迪思. 企业生命周期[M]. 北京：中国社会科学出版社，1997.
67. 王国有. 日常思维与非日常思维[M]. 北京：人民出版社，2005.
68. 陶学忠. 创新创造能力训练[M]. 北京：中国经济出版社，2008.